미래세대와 생태윤리

Future Generations and Ecological Ethics

한면희 지음

미래세대와 생태윤리

Future Generations and Ecological Ethics

한 면 희 지음

철학과현실사

머리말

연구실 창문 바깥으로 보이는 경관이 참으로 아름답다. 남향으로 앉은 학교 건물의 시야 오른쪽으로 산줄기가 내달리고 있는데, 지리산에서 출발한 백두대간이 학교 뒤편 백운산으로 이어지고 있다. 가을을 지나 겨울 문턱에 들어서고 있지만, 지리산이 품고 있는 산세가 넉넉하여 산자락 언저리에도 기운이 가득 드리워져 있다.

지리산은 무수히 오랜 세월 동안 산으로 펼쳐져 있고, 높고 광활하게 드리워진 자태로 인해 골짜기마다 물을 잉태하여 흘려보내는데, 그것이 합류하여 내와 천, 강을 이루어 이곳 사람들에게 문화적 혜택을 만끽하게 하고 있다. 그런데 비단 인간만 혜택을 입는 것은 아닐 것이다. 산과 물에 힘입어 숱한 생명체들이 어우러지며 살아왔고, 또 인간이 건드리지 않으면 앞으로도 그렇게 살아갈 것이다. 자연(nature)은 그저 의연하게 그 모습 그대로 있어온 것이다.

인간의 모습은 자연과 사뭇 다르다. 한결같은 모습으로 있기보다 늘 변화를 꾀하고 있다. 인간은 정신을 갖고 있는 탓에 지각과 믿음, 욕구, 판단을 행하고 그에 따라 의식적 실천을 수행한다. 그래서 순수 자연과 다른 문화(culture)를 구축했다. 진화 과정에서 정신을 갖게 되었다면, 인간의 문화 구축도 필연적이다. 인간은 한편으로 자연적 존재이기 때문에 물질적 삶을 자연에 의존하게 되고 또 다른 한편으로 사회적 존재이기 때문에 정신적 가치에 따른 문화를 조성할 수밖에 없다. 이때 지구상 곳곳에 퍼진 인류가 어떤 유형의 태도와 가치관, 지식, 욕망을 갖느냐에 따라 사회적 양태가 달라져서 문화적 색채가 최소화된 자연적 삶에서부터 시작해서 자연과 최대로 거리를 둔 문화에 이르기까지 그 사이의 스펙트럼에서 생활양식을 구축하게 된다.

그런데 문화가 자연과 거리를 두면 둘수록 인위성이 가중됨으로써 자연에 대한 압박으로 이어지게 된다. 문제는 인간으로 인해 자연이 받는 폐해가 거기서 멈추는 것이 아니라 그 부담이 인간 문화에게 되돌아오고, 그 과정에서 생태계 파괴와 생물 종의 다양성 약화, 인간의 환경적 재난으로 나타난다는 데 있다.

문화가 도시를 거느릴 정도로 물질적으로 팽창하고 또 문자를 사용하게 되면, 그런 문화를 일러 문명(civilization)으로 표현하게 된다. 거대한 강을 낀 유역권에서 인류의 4대 문명이 먼저 출현했고, 또 이에 다소 영향을 받은 서양이 발전과 정체를 거듭하면서 농업문화의 차원을 넘어 산업문명을 탄생시켰으며, 이것이 세계화를 통해 지구촌 전역으로 확산되고 있다. 여기서 산업화는 양면의 야누스적 얼굴을 한 것으로 드러났다. 현대인에게 인류 역사 어느 시대와도 비교할 수 없을 정도로 생산적 풍요를 가져다줌으로써 물질적 쾌락을 만끽하게 만들었고 또 달리 자연에 대한 압박과 착취를 초래함으로써 환경위기를 고조시키고 있다. 물질적 풍요를 더욱 확장하기 위해서는 현대적 산업화를 재촉해야 하지만, 그것이 문화의 생명적 뿌리인 자연을 황폐화함으로써 스스로의 기반을 허물어 마침내 문명 자체도 허물게 되는 화를 자초할 수 있다. 따라서 현대인은 딜레마 상황에 놓여 있다고 볼 수 있다.

이제 현대인은 물질적으로 달콤한 유혹과 문명적 참화의 딜레마에서 벗어나야 하는 새로운 도전의 지평에 놓이게 되었다. 이 도전에 대해 어떻게 응전하느냐에 따라 단기적 쾌락에 따른 몰락을 자초하거나 또는 시련을 극복하면서 인간다운 새 문화를 재구축할 수 있다. 이것이 매우 중요한 이유는 오늘의 우리가 어떻게 하느냐에 따라 우리의 후손인 미래세대(future generations)가 비극을 맞이할 수도 있고, 새로운 기회를 맞이할 수도 있기 때문이다.

현세대인인 우리는 미래세대 인류에 대해 더 책임(responsibility) 있는 자세로 다가가야 한다. 그것은 물질적 탐욕으로 점철된 산업문명의 욕망의 굴레에서 벗어나는 것에서 출발하는 것이다. 물론 이것이 원시 수렵사회나 또는 농업사회로 돌아가야 함을 뜻하는 것은 아니다. 역사의 물줄기를 되돌릴 수 없기 때문이다. 이렇게 보면 강한 의미의 인간 중심주의가 위기의 주요 뿌리 가운데 하나임은 분명하지만, 그렇다고 해서 자연으로 회귀하는 생태 중심주의도 실질적 대안일 수 없음을 뜻한다.

제임스 러브록이 가이아 이론을 통해 밝힌 것처럼, 지구 자연은 보통 사람들이 생각하는 것처럼 그렇게 허약한 것은 아니다. 그토록 오랜 세월을 숱한 생명을 부양하며 의연하게 견뎌낸 존재이다. 46억 년 전에 탄생한 지구가 11억 년이 지나면서부터 생명을 탄생시켜 지금까지 지속적으로 부양해 온 것이 그것을 말해 준다. 수백 발의 원자폭탄이 동시에 터져서 지구가 쪼개지는 극단적 사태만 벌어지지 않는다면, 인간이 어지간한 일을 저질러도 지구 자체의 생명력은 결정적 타격을 입는다고 볼 수 없다. 어림잡아 수만 년이면 다시 생명이 살아 움트는 보고로 만들 것이기 때문이다.

문제는 현세대 인류가 저지른 과욕이 자신과 미래세대 인류에게 치명적이 되고, 그리고 인간과 함께 생명을 호흡하며 진화해 가는 현재의 생물 종이 함께 비극을 맞이하게 될 것이라는 데 있다. 바로 이런 연유로 오늘의 우리는 특별히 미래세대 인류와 현재의 지구 공동체 구성원들에 대한 각별한 의무를 자각해야 한다. 한편으로 지구 생물권에 대한 자연적 책임과 또 다른 한편으로 우리 후손에 대한 문화적 책임이 요청된다. 따라서 필자는 인도적 생태주의(humanitarian ecologism)에 따른 윤리와 사회제도가 새롭게 구축될 필요가 있다고 본다. 이것은 산업문명을 넘어 새 문명의 차원으로 진입하는 것이다. 즉 초록문명의 새 세상을 개척해야 한다. 필자가 2004년에 『초록문명론』(동녘)을 집필한 데 이어, 그 후속으로 이 저술을 출간하는 연유가 여기에 있다. 물론 이것으로 필자의 저술 작업이 완결되는 것은 아니다. 최소한 동아시아 한국의 생명사상도 더욱 분명하게 대안을 구성하는 주된 축으로 등장해야 하기 때문이다. 이것은 필자의 향후 과제가 될 것이다.

끝으로 이 책이 나오는 데 큰 힘이 된 든든한 아내 권성아와 정신적 자세를 늘 새롭게 가다듬는 데 도움을 주는 방송대 법학과 강경선 교수님, 동료로서 깊이 의지하는 녹색대 대학원장 김창수 샘, 워싱턴의 친구 김근 선생 등에게 특별히 고마움을 전하고 싶다.

2006년 11월 20일
녹색대 함양 연구실에서
가언(駕言) 한면희 모심

차 례

제 1 장

생태윤리의 필요성

1. 환경 현장, 울산 모기 마을 사례

우리나라에서 모기 마을이란 불명예스러운 이름을 얻게 된 곳이 있다. 다름 아니라 울산 울주군 청량면 용암리 오대마을과 오천마을이다. 이 마을 바로 앞에는 외항강이 흐르다가 이내 동해 바다와 만난다. 1960년대까지만 해도 이곳은 참으로 살기 좋은 곳이었다. 주변 평지의 논과 밭에서는 벼와 곡식, 채소가 자라고, 외항강으로 들어서면 숭어가 뛰어놀며, 강과 바다가 만나는 곳에 이르면 어류 산란장이어서 장어와 게 등 각종 어류가 많이 잡혔던 곳이다. 남쪽으로 조금 내려가면 동해 바다로 고래를 잡으러 나가던 장생포 항구가 있다.

오대 · 오천마을이 환경적으로 곤경에 처하게 된 계기는 외항강을 사이에 두고 마을 건너편 200-300m 지척의 거리에 울산국가산업단지가 조성되면서 시작된다. 1962년 제1차 경제개발 5개년 계획에 의해 울산이 산업단지로 지정되면서 석유화학 설비가 들어서기 시작했다. 초기의 작은 규모로는 별 다른 문제로 비화되지 않았다. 그러다가 산업단지가 확장을 거듭하면서 지금과 같은 규모로 완성되던 1980년대 들어서서 주민에게 비극이 찾아왔다. 다름 아니라 모기와의 전쟁을 치르는 삶을 살게 된 것이다.

이 마을은 산업단지 남동쪽에 위치하고 있었던 탓에 편서풍을 타고 공단의 매캐한 연기가 마을로 들이닥치기 일쑤였고, 정체된 날씨에서는 아황산가스 등이 두루 퍼지면서 호흡이 곤란한 경우도 간혹 발생했다. 그러나 냄새는 모기떼의 습격에 비교하면 참을 만한 것이었다. 봄이 되면 모기가 극성을 부리기 시작하여 늦가을까지 지속되었다. 울주군 보건소는 하루에도 여러 차례 소독 방역을 실시했지만, 그렇다고 해서 모기의 극성이 사라지지는 않았다. 왜냐하면 공단에서 배출되는 오폐수가 외황강을 거쳐 하구 8만여 평의 저습지로 흘러들어 그곳 생태계가 거의 죽어버린 상태에서 일부 갈대만 무성하게 자라는 사이사이에 모기가 집단적으로 번식할 수밖에 없는 여건이 조성되어 있었기 때문이었다. 모기 발생의 주 서식지를 방치한 채 행해지는 방역만으로는 모기떼를 잠재울 수 없었다. 마침내 인내의 한계를 넘어섰다고 판단한 주민들은 집단으로 서울로 상경하여 정부 관계 요로에 대책을 세워주거나 마을 이주를 요청하는 시위를 벌임으로써 사회문제화가 되었다.

울산광역시는 먼저 모기 퇴치를 위한 대책을 세워서 집행하기 시작했다. 대표적으로 모기 유충의 천적인 미꾸라지 수만 마리를 하천과 저습지에 방류하였다. 그러나 시가 기대한 효과는 나타나지 않았다. 미꾸라지는 철새의 먹이로 노출되어 잡아먹혔고, 또 이미 과도하게 오염된 저습지 생태계가 미꾸라지 생존에 전혀 적합하지 않았기 때문이었다. 결국 시는 마을의 집단 이주를 중앙정부에 건의하게 되었다. 그러나 정부로부터 돌아온 답변은 모기 마을과 더불어 비슷한 처지에 놓인 곳 전부를 이주시키기에는 예산이 부족하다는 것과 2002년의 월드컵을 성공적으로 치르기 위해서 대기를 맑게 하는 정책을 시행할 예정이므로 참고 기다려달라는 것이었다.

주민들의 삶은 고달프기 한이 없었다. 정도가 심할 때는 분무형 모기약을 가지고 다녀야만 했다. 방을 나설 때 모기가 달려들지 못하도록 모기약을 뿌리면서 열고 닫고, 바깥 화장실에 들어설 때도 연신 모기약을 뿌려대야 했다. 오죽하면 전국에서 유일하게 울주군 보건소가 군의 예산을 배정받아 각 가구별로 모기향과 모기약을 배급하는 지경에 이르렀겠는가? 아이들에게는 더운 여름임에도 불구하고 가급적 모기에 덜 물리도록 하기 위해서 어머니 스타킹을 여러 겹으로 싸서 신겨야 했다. 그럼에도 불구하고 아이들의 팔과 다리 등은 모두 모기에 물리고 가려워서 긁은 상처투성이였다. 주민들의 입장에서 더욱 견디기 힘든 것은 고단하게 지은 농산물을 시장에 출하하거나 판매할 때 오대 · 오천마을의 생산지가 밝혀지면 영락없이 패대기를 치면서 계약파기나 환불을 요구하는 데 따른 정신적 박탈감이었다.

주민들의 고달픈 삶의 애환이 계속 언론매체를 통해 보도되면서 그리고 여수국가산업단지 인근의 유해한 환경에 노출된 다른 지역의 마을도 함께 재검토를 할 수밖에 없게 된 상황에서 정부와 울산광역시는 마침내 2005년 6월 모기 마을 137가구 주민을 집단 이주시키기로 결정을 내렸다. 그리고 이와 더불어 울주군 청량면 용암리 오대 · 오천마을과 인근 저습지, 온산읍 처용리 75만여 평을 신항만과 연계한 물류 및 유통 등의 복합 산업단지로 조성하겠다는 계획을 밝혔다. 주민들은 비로소 25년 만에 지긋지긋한 모기와의 전쟁에서 벗어나게 된 것이다. 참으로 다행이 아닐 수 없다.

돌이켜보면 국가가 사회 발전이라는 이름 아래 일방적으로 개발을 추진하면서 소수 주민에게 형용할 수 없는 피해를 준 정책에 대해 반성적으로 평가를 하지 않을 수 없다. 분명히 국가와 다수 국민, 참여한 기업은 국책 사업으로 인해 부를 창출하고 그에 따른 혜택을 볼 수 있는 기회를 갖게 되지만, 그 이면에는 자연이 돌이킬 수 없을 정도로 파괴되고 또 그 과정에서 일부 사회적 약자인 주민들이 환경상의 고통을 겪게 된다는 것이다. 특히 오대·오천마을 주민은 조상으로부터 아름답고 살기 편안한 환경을 물려받았지만, 국가산업단지가 들어서기 시작하면서 복이 화로 바뀌었고, 과거 권위주의 정부는 이를 무시했다는 점이다. 이제 각종 환경재난에 처한 오늘의 우리는 문화를 유지하면서 필요한 산물을 자연으로부터 얻어야 하지만, 우리의 행위로 인해 자연이 극도로 피폐해지지 않도록 또한 사회적 약자가 불필요한 환경상의 위해를 당하지 않도록 분별 있게 다가갈 필요가 있다.

2. 환경문제와 학문 연계적 접근

오늘날 생명위기를 불러일으키고 있는 환경문제는 복합적 성격을 띠고 있다. 위기 극복 방안을 찾으려면, 문제로 부각되고 있는 환경 주제의 성격을 올바로 인식해야 한다. 제대로 알고 바른 해법을 모색하기 위해서 편의상 단순화된 환경 이야기에서 출발할 필요가 있다.

지구촌에 환경재난이 빈번하게 발생하고 있다. 이런 재난은 인간에게 피해를 주는 형태로 나타나기 때문에 사회문제로 부상한다. 인간이 입는 환경 피해가 사회의 주목을 받기 시작할 때, 비로소 환경문제는 사회과학의 조명을 받게 된다. 구체적으로 누가 또는 무슨 집단이 어떤 형태의 피해를 받았는지를 조사할 필요가 생긴다. 그리고 응당 사태 해결을 통해 관련된 사회문제를 수습해야 할 것이 요구된다. 예컨대 울산 울주군 오대 · 오천마을의 사태가 이런 경우에 해당한다.

환경 관련 사회문제를 제대로 해결하기 위해서는 먼저 환경재난이나 피해의 실상을 객관적으로 파악해야 한다. 그것은 흔히 자연과학적 수치를 통해 밝혀진다. 먼저 인간이 입게 된 건강상의 위해 정도는 의학적 수치로 드러난다. 그리고 인간에게 부정적 영향을 끼친 공해 또는 오염 요인을 조사하고, 이것을 구조적으로 가능하게 하는 대기와 수질, 토양 상태 등을 국지적으로 밝히되, 공학적 수치를 토대로 객관화한다. 이 과정은 자연과학의 접근이다. 당연하게도 공해 및 오염 피해 문제가 발생하기 전 그 지역의 공학적 수치는 피해 발생 후의 공학적 수치와 비교된다. 그리고 문제가 발생하지 않은 다른 지역의 수치와도 비교하게 된다. 그 결과 서로 다르게 나타난 경험적 사실 관련 자료를 확보하게 된다. 여기서 자료상의 '변화'를 확인하는 사실판단(fact judgements)을 내리게 된다. 어디까지나 순수하게 자연과학적으로만 표현할 경우, 그것은 우리를 둘러싼 사실 관련 상태의 변화일 뿐이다. 이 상태 변화가 '악화되었다'거나 또는 '나빠졌다'로 파악되려면, 실천철학의 윤리적 가치판단(value judgements)이 개입되어야 한다.

일반적으로 인간의 행위는 크게 사실판단과 가치판단으로 구분된다.[1] 사실판단은 "1984년 인도 보팔에 소재한 다국적기업 유니언 카바이드 공장의 화학가스 누출 사건으로 2,800여 명이 즉사하

---

1) 좀 더 자세한 것은 다음을 볼 것. L. P. Pojman, *Ethical Theory*(Belmont, CA: Wadsworth Publishing Co., 1995), Part VIII.

고, 피해를 입은 주민이 20만 명에 이른다" 또는 "태양계 행성은 9개가 아니다"와 같이 세계에 대해 정보를 제공함으로써 참이나 거짓으로 가려낼 수 있는 경험적(empirical) 주장으로 구성된다. 전자는 사회과학적 사실이고, 후자는 자연과학적 사실이다. 이렇게 보면 사실판단은 '이다'와 '아니다'로 분류할 수 있다.

반면 윤리적 또는 미적 가치판단은 성격을 달리한다. 물론 윤리학은 도덕적 사실에 대한 규명과 도덕적 용어에 대한 분석 작업도 포함하지만, 기본적으로 행위나 동기의 규범적 체계에 관계한다. 이때 규범적 판단은 사실판단과 대조적으로 표현된다. 그것은 "곤경에 처한 자를 돕는 것은 옳다"나 "타인을 배려하는 자상한 마음씨가 참으로 아름답다" 또는 "개를 몽둥이로 패서 죽이는 개 도축업자는 정말로 사악하다" 또는 "새에게 돌팔매질을 해서는 안 된다"와 같이 나타난다. 이렇게 보면 윤리적 가치판단은 규범적(normative)인 것으로서 긍정적 유형과 부정적 유형으로 갈린다. '좋다'와 '옳다', '선하다', '아름답다' 등은 긍정적 가치판단을 이루고, '나쁘다'와 '그르다', '악하다', '추하다' 등은 부정적 유형을 이룬다. 긍정적 가치는 인간이 마땅히 '해야 하는' 것으로 권장되고, 부정적 가치는 '해서는 안 되는' 것으로 규제된다. 이런 가치판단에 따라 규범적 체계를 구축하고자 하는 이유는 많은 사람들이 함께 살아가는 사회를 건강하고 바람직하게 조성하기 위함이다. 이렇게 접근할 때, 우리에게 환경문제는 먼저 사실의 문제로 다가오지만, 그것을 근본적으로 평가할 때 불가피하게 가치판단을 내리는 지평에 이르게 된다.

특정 지역의 인간에게 공해와 오염으로 고통을 주는 직접적 원인은 그 지역의 생태계 이상으로 진단된다. 과거 생태계 상태에서 현재의 생태계 상태로 변했는데, 그 변화된 여건이 지역 주민에게 건강과 재산상의 피해를 주고 있는 것이다. 그런데 좀 더 자세히 살펴보면, 생태계가 파괴되어 동식물 피해가 선행되어 있고, 그것이 먹이사슬 체계에 따라 인간에게도 전파되어 문제로 나타나고 있다는 것으로 드러난다. 여기서 생태계의 상태와 자연적 존재 간의 관계를 파악하는 순수 자연과학의 생태학적 접근이 요구된다. 그리고 마찬가지로 과거의 생태계 여건에 비해 현재의 생태계 여건이 인간과 동식물에게 부정적 영향을 주는 형태로 더 '나빠졌다'고 파악하려면, 윤리적 가치판단이 요청된다. 그리고 좋은 상태는 계속 지속해야 하는 것으로 간주하지만, 나쁜 상태는 방치해서는 안 되는 것으로 여겨서 다시 좋아지도록 노력해야 할 의무와 책임을 일깨우는 데, 역시 '해야 한다'와 '해서는 안 된다'는 윤리적인 가치판단에 이르게 된다.

이제 나빠진 자연 상태를 좋은 상태로 되돌리려면, 어떻게 해야 하는가? 사회는 나쁜 것을 좋은 것으로 다시 바꾸거나 또는 더 악화되는 것을 차단하거나, 좋은 상태가 나빠지는 것을 막을 여러 형태의 환경정책을 채택해야 할 것이다. 따라서 환경정책도 기본적으로 규범적 정당성에 의거하여 수행될 경우에만 윤리적으로 바른 것으로 평가되지, 그렇지 못할 경우 부당한 정책에 영향을 받는 집단의 거센 저항에 직면하게 된다. 환경정책은 좋았던 생태계의 특정 상태를 기준(criterion)으로 삼아 악화된 수질과 대기, 토양 등의 여건을 개선하는 데 주안점을 두게 된다. 그것은 산업사회 활동에서 기인하는 것을 정화하는 작업이기 때문에, 주로 공해와 오염을 줄일 과학기술에 또다시 의거하게 된다. 현대가 과학기술의 시대인 만큼 환경공학에 의존하는 정도가 갈수록 커질 것이다. 당연히 그럴 필요가 있다.

환경 과학기술은 절대적으로 긴요하다. 그러나 환경공학에만 의존할 수는 없다. 왜냐하면 과학기술이 산업사회의 동력으로 작동하여 오늘의 환경문제를 초래한 주범 가운데 하나이기 때문이다.[2] 따라서 과학기술만으로는 병 주고 약 주는 방식이고, 약 처방이 병을 완치하지 못하는 것은 물론, 발병과 치유 사이의 간격을 갈수록 더 커지게 만들 뿐이다. 인간의 물질적 풍요만을 위해 쓰이던 과학기술이 환경문제를 초래하는 데 직접 관여되었는데, 또다시 그것에만 의존할 수는 없다.

환경정책이 과학기술에 의존하는 정도와 무관하게, 그것은 제도화된 규범인 환경법의 테두리 안에서 집행된다. 그런데 여기서 헌법과 법률, 시행령, 조례에 어떤 내용의 규범을 반영하느냐에 따라 정책의 정당성 여부는 물론 정책적 차이도 현실에서 크게 달리 나타난다. 예컨대 나빠진 상태를 좋은 상태로 바꿀 때, '누구'의 관점을 취할 것이냐가 문제시된다. 이때 '누구'를 변수 X로 상정하자. 변수 X에 선진국이거나 지배계층이 대입되면, 환경 제국주의나 환경 부정의 정책으로 나타난다. 왜냐하면 선진국이나 지배계층에 유리하도록 집행되는 정책은 후진국이나 사회적 약자에게는 현저히 불리하게 나타날 수밖에 없기 때문이다. 환경 제국주의의 대표적 형태는 선진국이 공해산업과 유해 폐기물을 후진국으로 수출하는 것이다.[3] 또는 공리주의의 '최대 행복을 추구할 최대 다수 인간'이거나 자유주의의 '최소국가 개인 집합'이거나 또는 제 3의 길의 '생산적 복지 혜택을 입을 국민'이 대입될 때, 그 정책도 천양지차로 달라진다. 그럼에도 불구하고 이런 견해는 모두 인간에게 나빠

---

2) Lynn White, Jr., "The Historical Roots of Our Ecological Crisis", *Science* 155(1967), p.1204.

3) 토다 키요시, 김원식 옮김, 『환경정의를 위하여』(창작과비평사, 1996), 132-137쪽.

진 상태를 좋아진 상태로 개선하는 것이다. 인간 중심의 관점을 취하는 것이다. 여기서 강한 인간 중심주의 입장을 취하면 인간에게는 좋지만 동식물과 생태계에 나쁜 것이 정책으로 채택될 것이다. 반면 변수 X에 자연이나 지구(또는 가이아)를 대입하면, 생태계에는 좋지만 인간에게 나쁜 것이 정책으로 채택될 수도 있다. 물론 절제된 형태로 인도주의 입장을 취하되, 자연 및 동식물과 공존할 수 있는 생태주의 관점을 채택하면, 환경정책이 또 달라질 수 있다.

독일의 경우를 예로 들어보자. 독일은 1970년대 이후 헌법에 자연보호 조항을 어떤 내용으로 반영할 것인지와 관련해서 오랫동안 논쟁을 벌여 왔다.[4] 보수적인 기민당 · 기사당 연합의 안은 "인간의 자연적 생활기반은 국가의 보호를 받는다"로 하자는 것이고 그리고 진보적인 사민당 안은 "자연적 생활기반은 국가의 특별한 보호를 받는다"로 하자는 것이다. 양자의 차이는 '인간의'라는 수식어를 넣을 것이냐의 여부에 달려 있다. 전자는 자연이 인간에게 도구적 가치(instrumental value)를 갖지만 경우에 따라 법적으로 특별하게 관리를 하겠다는 것이다. 후자는 인간과 연계된 특정의 생태계 자체가 인간의 수단일 수만은 없다는 것이다. 경우에 따라서 그것은 인간의 건강한 생명을 유지하는 데 필수불가결한 자연이 본래부터 지닌 가치(values in themselves)에 비추어 도덕적 지위를 가지며, 그에 따라 법적 권리로 설정되어 존중될 수 있어야 한다는 것으로까지 해석될 수 있다. 만일 보수적 안이 채택되면 인간에게 이익이 되는 경우에 한정해서 자연보호가 이루어진다. 이 말을 뒤집으면 더 큰 이익이 발생할 경우 보호가 언제든 개발로 바뀔 수 있음을 뜻한다. 반면 진보적 안이 채택되면 인간에게 특징적 이익

4) 박기갑 외, 『환경오염의 법적 구제와 개선책』(소화, 1996), 1장 2절 참조.

을 주는지와 무관하게 생태적으로 중요한 자연은 그 자체로 보호되어야 함을 뜻한다.

이 접근을 전라북도 새만금 갯벌 간척사업의 문제에 대입해 볼 수 있다. 보수적 접근은 자연의 보존과 이용 여부를 오직 인간을 위한 잣대에 의해 판단한다. 갯벌을 그대로 유지하는 것이 인간에게 이롭다고 판단하면 갯벌로 보존할 것이다. 이 시점에서 갯벌은 백합과 같은 어패류 등이 가져다주는 경제적 소득과 여가를 즐기는 사람에게 주는 미적 가치 등이 보존의 평가 요인이 될 것이다. 그러나 시대적 상황이 바뀔 수 있다. 갯벌이 가져다주는 어패류 소득 등의 경제적 가치와 자연경관이 여가를 즐기는 사람에게 주는 미적 가치의 합산보다 더 큰 경제적 가치 창출이 가능하게 되었다고 하자. 예컨대 간척에 따른 국토의 증대와 그곳에 들어설 농지의 쌀 생산 또는 공단의 상품 생산 가치, 그리고 대규모 국책사업에 따른 고용 창출의 가치 등의 총체적 합이 갯벌 보존 가치보다 더 커지는 상황이 올 것이다. 이런 경우 곧바로 갯벌을 간척지로 바꾸는 개발이 진행될 것이다.

반면 진보적 접근은 다르게 다가간다. 물론 갯벌은 인간에게 어패류와 같은 자연의 산물을 제공하고, 또 인간이 버린 오염물질을 정화하는 등의 경제적 유용 가치를 갖는 것이 사실이다. 그러나 그것만 고려하지 않는다. 갯벌 생태계에는 철마다 그곳을 찾는 도요새 등의 온갖 철새, 그곳에 서식하는 말뚝 망둥어, 백합을 비롯한 온갖 다양한 조개, 하구형 갯벌에 산란하는 어류, 그리고 수중 수초 등 다양한 생물 종이 있다. 특히 세계적으로 멸종에 처한 저어새도 살고 있다. 새만금 지역과 같이 민물과 해수가 만나면서 지형도 낮고 또 조수간만의 차가 큰 하구형 갯벌은 인간에게만 이로운 것이 아니라 그곳 생태계와 관련된 숱한 생명체가 서로 의지하며 살아가는, 그래서 모든 생명체에게 유익한 생명의 소중한 터전이다. 따라서 속 좁은 인간의 도구적 가치를 넘어선 그 자체 고유의 가치를 지니는 것으로 평가할 수 있다. 특히 새만금 갯벌 지역은 다른 생태계에 비해 더 많은 종 다양성을 구현하고 있기 때문에 더욱 그렇다. 이런 생명적 조망을 가질 경우, 인간을 비롯한 모든 생명체에게 좋은 새만금 갯벌을 그 자체를 위해서 보전하자는 입장에 서게 된다. 이런 견해는 근본적이어서 인간 사회의 변화되는 상황과 무관하게 그런 곳이 개발될 가능성을 차단한다. 두말할 필요도 없이 진보적 견해가 보수적 입장에 비해 자연보호에 원천적으로 다가간 것임을 알 수 있다.

자연을 보호하자고 할 때 어떤 태도를 취하느냐에 따라서 그 보호가 시늉을 내는 정도에 그칠지 아니면 근본적으로 보전에 다가갈 것인지는 하늘과 땅 만큼이나 크게 벌어질 수 있다. 여기서 인간의 태도에는 윤리적 가치관과 철학적 세계관이 포함되는 것은 당연지사다. 그러므로 자연과 문화의 관계에 대해 어떤 윤리와 철학의 관점을 취할 것이냐에 따라 각 나라의 정책과 법, 제도 그리고 지구촌 인류의 생활양식이 달라지고, 그에 의거하여 자연보호의 실질적 성공 여부가 가려질 수 있다. 물론 환경문제 해결에 주안점이 모아질 경우, 경제와 정치, 사회 등의 모든 분야도 도미노처럼 영향을 받아 변화가 도모될 것이다.

이 이야기는 환경문제를 인식하고 해법을 찾아가는 과정이 학문 연계적 선상에서 유기적으로 이루어져야 함을 뜻한다. 우리가 직면한 환경문제가 복합적인 한에 있어서 그 접근은 학문 연계적이어야 하며, 위기로 치달을 정도로 심각한 한에 있어서 근본적이어야 한다.

이런 일련의 환경 이야기가 우리에게 시사하는 것은 명확하다.

그것은 환경위기 극복을 위해 학제간(interdisciplinary) 상호작용 속에서 문제를 풀어야 한다는 것이다. 사회의 환경 관련 정책을 입안하고 결정하며 집행하는 경우에 그런 연관 속에서 이루어져야 한다. 그러므로 자연과학과 사회과학, 그리고 인문과학의 학문적 연계 속에서 환경문제 해결을 도모해야 하며, 교육도 같은 선상에서 진행되어야 한다. 그런데 한 가지 유념해야 할 것은 자연과 관련된 사회적 실천과 정책을 실행할 때, 그 지침 역할을 하는 생태윤리(ecological ethics)를 건강하게 조성하여 규범적으로 바르게 진행되도록 해야 한다는 것이다.

3. 생태윤리의 필요성

환경문제를 인식하고 해결하는 데 학문 연계적 접근이 필요하다면, 응당 생태주의 철학과 생태윤리가 환경문제 인식과 해법 제시에 고유한 역할을 할 것이 분명하다. 철학을 편의상 이론철학과 실천철학으로 구분할 수 있다. 윤리학은 실천철학의 분야로서, 인간으로 하여금 어떻게 행동하는 것이 옳은 것인지에 대한 실천적 지침을 제공한다. 이런 실천적 지침에는 가치판단을 포함한다. 아래 논증을 살펴보자:

가-1) 어린 자녀들은 자기 부모의 사랑을 필요로 한다. (전제, 사실판단)

그러므로 가-2) 부모는 어린 자녀들을 사랑해야 한다. (결론, 가치판단)

여기서 사람들은 "어린이는 부모의 사랑을 필요로 하기 때문에, 부모는 어린이를 사랑으로 보살펴야 한다"고 말하는 경향이 있다.

이때 가-1)은 사실에 대한 판단이다. 실제로 유아나 어린이의 행동을 지켜보면, 많은 경우에 아슬아슬할 정도로 위험한 짓을 행하게 된다. 그래서 부모나 성인의 손길이 자상하게 미치지 않으면 유아나 어린이의 생명과 건강이 위태로워질 수 있다. 결국 어린 자녀는 부모의 사랑을 필요로 한다는 것을 사실로 확인할 수 있다. 반면 가-2)는 마땅히 '해야 한다'로 표현되어 있는 가치판단이다. 그런데 많은 사람들은 가-1)과 같은 사실을 이유로 가-2)와 같은 가치판단을 행하는 것으로 곧바로 넘어간다. 그렇다면 과연 사실판단만으로 가치판단으로 이행할 수 있는가? 또 달리 말해서 가치진술은 오직 사실진술로부터 도출되는가?

가치관을 형성하기 위해서 관련된 사실에 대한 인식을 필요로 하지만, 그것으로 충분할 수 없다. 이에 사실판단에서 곧바로 가치판단으로 이행할 수 없다. 그 이유는 가-1)과 같은 유형의 사실판단에서 가-2)와 같은 유형의 가치판단으로 곧바로 이행할 수 있다고 할 경우, 다음도 성립하게 되기 때문이다:

나-1) 아편 중독자들은 사회에서 아편을 필요로 한다. (전제, 사실판단)

그러므로 나-2) 사회는 아편 중독자의 필요에 부응해야 한다.
(결론, 가치판단)

나-1)은 경험에 의거할 때 참으로 드러날 사실이다. 아편 중독자 누구에게 물어보아도 아편을 절실하게 요구한다. 그러나 그렇다고 해서 나-2)처럼 사회는 그 필요에 부응해야 하는가? 그렇게 해서는 안 된다. 따라서 사실로부터 곧바로 가치가 도출되는 것은 아니다. 윤리학자 무어(G. E. Moore)는 사실로부터 가치를 도출하려는 시도가 '자연주의의 오류(naturalistic fallacy)'에 빠지게 된다고 지적했다.[5] 나-1)이 사실이라고 하더라도 나-2)와 같은 결론으로 이행할 수 없는 이유는 생략된 또 다른 전제가 있기 때문이다. 이를 보충하면 다음과 같이 구성된다.

다-1) 아편 중독자들은 사회에서 아편을 필요로 한다. (대전제, 사실판단)
다-2) 아편 중독자의 필요는 만족되어서는 안 된다. (소전제, 가치판단)

그러므로 다-3) 사회는 아편 중독자의 필요에 부응해서는 안 된다.
(결론, 가치판단)

그렇다면 가) 논증의 경우는 어떻게 해야 바로잡을 수 있는가? 다음과 같이 생략된 다른 전제를 보충해야 비로소 타당한 논증이 될 수 있다.

라-1) 어린 자녀들은 자기 부모의 사랑을 필요로 한다.(대전제, 사실판단)
라-2) 어린 자녀의 필요는 만족되어야 한다. (소전제, 가치판단)

그러므로 라-3) 부모는 어린 자녀들을 사랑해야 한다. (결론, 가치판단)

여기서 다) 논증과 라) 논증이 의미하는 바는 우리가 가치판단을 내릴 때 사실판단으로부터만 도출할 수 없다는 것이다. 이것은 사회가 구성원 개개인에게 사회가 지향하는 가치 있는 행위로 인도하고자 할 때, 그것과 관련된 사실을 인지하도록 하고 동시에 사회가

5) 폴 테일러, 김영진 옮김, 『윤리학의 기본 원리』(서광사, 1985), 8장 2절 참조.

이미 갖고 있는 연관선상의 또 다른 가치를 분별하여 동의하도록 함으로써 성취될 수 있음을 뜻한다. 예컨대 라-3)과 같은 유형의 어떤 도덕적 의무와 실천적 책임을 자각하여 수용하게 하려면, 그것과 관련된 사실 라-1)과 그것 이외에도 또 다른 가치판단 라-2)를 일깨워야 한다는 것이다.

지금까지 윤리는 사회 안에서만 통용되는 것으로 여겼지만, 환경재난이 빈발하는 오늘날 윤리는 새로운 시험대에 오르게 되었다. 다시 말해서 인간의 행위에 대한 규범적 인도는 사회 안에서만이 아니라 사회와 자연의 관계를 새롭게 포함하도록 확장되지 않으면 안 되는 지경에 이르렀다. 그래서 생태윤리가 요청되기에 이른 것이다. 이제 자연보전과 관련해서 인간의 책임과 의무를 일깨우는 사례를 살펴보자. 누군가가 멸종 위기에 처한 동물을 포획하려 한다고 가정하자. 이때 행위의 지침은 다음과 같은 논증 선상에서 밝혀지게 된다.

마-1) 사냥꾼이 총부리를 겨눈 동물은 멸종 위기에 처한 백두산 호랑이다.
(대전제, 사실판단)
마-2) 멸종 위기에 처한 동물을 죽여서는 안 된다. (소전제, 가치판단)

그러므로 마-3) 사냥꾼은 백두산 호랑이를 죽여서는 안 된다.
(결론, 가치판단)

여기서 마-3)과 같은 도덕적 의무를 일깨워서 실천으로 이행하도록 하려면, 마-1)과 같은 멸종 관련 사실을 인식시키고 그리고 마-2)와 같은 또 다른 가치관을 받아들이도록 해야 한다.

여기서 일반 사람들은 왜 마-2)와 같은 멸종 위기에 처한 동물을 죽여서는 안 되느냐고 반문할 수 있다. 이것은 다-2)와 같이 왜 아편 중독자의 아편에 대한 필요는 만족되어서는 안 되느냐 또는 라-2)와 같이 왜 어린 자녀의 보살핌의 손길이 만족되어야 하느냐와 같은 질문이다. 다-2)의 경우, 아편 중독자의 아편 필요를 만족시킬수록 그는 더욱 급속하게 정신적으로 황폐해지고 신체적으로 취약해져서 생명을 잃게 될 것이기 때문이라고 답변할 것이다. 라-2)의 경우, 두말할 나위 없이 동의할 것이다. 사회 구성원이 이런 유형의 답변에 동의하게 되면, 사회의 법과 도덕은 아편에 대한 불가피한 사회적 규제와 부모(더 나아가 성인)의 자녀(또는 어린이) 사랑을 요구할 것이다.

마-2)로 되돌아가서, "왜 우리는 멸종에 처한 동물이 인간으로 인해 계속 죽어가는 것을 내버려 두어서는 안 되는가?"라고 물을 수 있다. 그것에 대한 적절한 답변은 "멸종 위기에 처한 동물을 죽일 경우 생태계의 생물 종 다양성이 약화되는데, 그렇게 되도록 해서는 안 되기 때문이다"라고 할 수 있다. 그렇다면 또다시 "왜 우리는 생태계 생물 종의 다양성을 약화시켜서는 안 되는지 납득할 만한 이유가 있느냐?"고 물을 수 있다. 아마도 "생물 종의 다양성이 약화되면 그 생태계의 안정성과 항상성이 약화되어 생태계의 생명부양 여력이 떨어지는데, 그렇게 해서는 안 되기 때문이다"라고 답변할 수 있다. 이렇게 철학적 의문은 반복될 것이다. 그리고 그에 대해 보편적으로 타당한 답변이 나와야 인간 행위자는 스스로 자신의 의무와 책임에 대해 납득할 수 있을 것이다.

또 묻게 된다. "왜 생태계의 생명부양 여력이 떨어져서는 안 되는지 분명한 이유가 있느냐?"고 반문할 것이다. 소크라테스 방법(Socratic method)의 질의응답이 거듭된 끝에 마침내 최종 답변에 도달할 것이다. 아마도 "인간은 누구나 생명 존중의 태도를 지녀야 한다"거나 또는 "인간은 자연을 사랑하는 태도를 지녀야 한다"와 같이 생명 애호심 또는 자연 사랑의 조망으로 귀결될 것이다. 이것은 생명에 대한 가치관과 세계관을 담은 거의 최종적 견해다. 근원적인 생명 존중의 태도는 사실과 같이 참이나 거짓으로 가릴 수 있는 진술이 아니라 형이상학의 철학적 태도다.

환경문제에 봉착한 오늘날 우리의 행위와 정책, 법이 어떤 것이냐에 따라서 문제가 위기로 증폭되어 모든 인류와 미래세대 후손, 자연에게 회복 불가능한 피해를 입힐 수 있고 또 문제 해결의 단계로 접근할 수 있다. 이때 환경문제와 관련된 적나라한 사실을 분명히 인식할 필요가 있다. 그 사실은 사회과학적 사실과 자연과학적 사실을 포함한다. 환경문제가 화제로 부각될 경우는 사회가 관심을 갖고 해결해야 할 사회과학적 쟁점으로 부상하고, 그 문제 진단과 해결 과정에서 과학기술이 요청된다. 특히 과학은 발전된 기술적 해법을 제시하여 문제를 해결하는 데 결정적 도움을 줄 수 있기 때문에 중요하다. 그러나 여기서 멈춰 설 수는 없다. 인간의 의무와 책임을 분명히 일깨워서 실천의 변화를 도모하게 해야 하기 때문이다.

과학은 근대 이후 괄목할 만한 발전을 이룩했고 또 사회가 이를 활용하여 인류에게 과거 그 어느 시대와도 비교할 수 없을 정도로 물질적 풍요를 가져다주었다. 이 과정에서 사회는 어느덧 물질만능주의 풍조에 빠지게 되었다. 그런데 바로 그 물질 성장의 동인으로 인해 인류가 환경재난의 빈발이라는 위기를 자초하고 있다. 과학과 경제가 인류의 문화적 삶과 성숙을 위해 필요한 것임은 분명하다. 다만 지금과 같은 유형의 과학과 경제에만 의존하는 한 자칫 문제의 현상적 치유에 그칠 공산이 매우 크다. 또한 그런 접근은 사후 문제 처리에 그치게 됨으로써 본질적 해결책에 이르지 못하게 된다는 것이 더욱 결정적이다. 우리에게 필요한 것은 사후에 발생한 환경문제의 고삐도 잡아야 하지만, 더 바람직한 것은 사전에 예방이 가능하도록 사회 시스템을 새롭게 구축하는 데 있다. 이것이 가능하려면 자연에 다가가는 인간의 태도가 획기적으로 변해야 한다. 가치관의 전환이 요청되는 것이다. 그래서 생태윤리가 절실하게 요구된다. 자연스럽게 새로운 가치관과 맞닿아 있는 세계관의 전환으로도 이어져야 한다. 최종적으로 생명을 중시하는 생태주의 철학의 조망(ecological perspective)에 도달하게 되는 것이다.

인간은 한쪽으로 양심을 갖고 있고 또 다른 한쪽으로 사심을 갖고 있어서 사회가 조성하는 여건과 제도에 따라 달리 행동할 수 있다. 특히 인간 개개인은 무수히 많은 타인과 함께 할 때 이기적으로 행동하기 쉬운 한계를 지닌 존재다. 사회가 이기심을 부추기는 제도를 많이 구비하게 될 때 개인이 특별히 부도덕해서가 아니라 사회적 불이익을 받지 않기 위해서 이기적 행렬에 동참하게 되는 경향을 보이게 된다. 사회가 집단적으로 타락하는 경우가 간혹 발생하는데, 이런 유형에 해당할 것이다. 인간이 자연에 대해 크고 작은 잘못과 만행을 저지르는 것도 마찬가지일 것이다. 다만 인류에게 희망이 없지는 않다. 인간은 도덕적 이성을 지니고 있어서 스스로 납득할 수 있을 때 그것에 맞추어 행위를 바르게 이어가는 합리적 행위자이기 때문이다. 더 나아가 자기 자녀에게 보이는 사랑을 이웃에게 나누는 뜨거운 감성도 갖고 있다. 이제 이것을 자연에게로도 향하게 한다면, 환경위기를 극복할 수 있는 길로 나갈 수 있을 것이다.

제 2 장

자연에 대한 인간의 의무

1. 지구촌 환경재난의 현황

지구상에서 환경재난이 빈발하기 시작한 시기는 20세기 초중반 무렵이다. 먼저 산업 선진국에서 재난이 속출했다. 산업화의 출발지인 영국을 비롯하여 서유럽과 미국, 그리고 일본 등에서 재난이 줄을 이었다. 당연하게도 처음에는 그런 사건 발생의 원인을 제대로 알지 못했다. 그러나 세월이 지나면서 재난의 원인이 유해한 산업설비로 인한 것임이 드러나게 되었다.

선진국에서 발생한 환경재난 가운데 대표적인 사례를 살펴보자.[1)] 1930년 겨울 벨기에 뮤즈지역에서 호흡기 질환에 의한 급성 폐렴 등으로 63명이 동시에 사망하는 사건이 발생했다. 사건 발생의 원

1) 이두호 · 박석순, 『지구촌 환경재난』(따님, 1994), 2, 3장 참조.

인은 뮤즈지방 계속에 공업지대가 들어선 데 있다. 계곡을 따라서 아연과 철 등 금속과 유리를 생산하는 공장이 가동 중이었고, 이곳의 굴뚝을 통해 아황산가스, 일산화탄소, 불화수소 등이 대기로 배출되었다. 더군다나 계곡에 자리를 잡고 있었기 때문에 유해한 대기 가스는 골바람을 타고 마을로 덮칠 수밖에 없었고, 그것이 누적된 결과 많은 주민을 질병과 죽음으로 몰아넣은 것이다.

1952년 런던 스모그 사건도 대참사를 초래했다. 초겨울로 접어들면서 바람이 불지 않는 날씨가 일주일 이상 지속되었고, 가정과 인근 산업지대에서 석탄을 주 연료로 사용하고 있었던 탓에 아황산가스가 다량으로 발생하는 가운데 기온역전 현상이 나타났으며, 마침 짙은 안개가 자주 끼는 사태가 중첩되었다. 이때 아황산가스 매연(smoke)과 안개(fog)가 만나서 맹독성을 띤 스모그(smog), 즉 황산안개가 조성되어 런던 시민에게 호흡기 장애와 질식을 초래하여 첫 3주 동안에 4,000명을 그리고 이후 만성 폐질환 등으로 8,000명을 추가로 사망하게 만들었다.

20세기 중반 무렵에 아시아의 산업 선진국 일본에서도 4대 공해병으로 불리는 환경재난이 속출했다. 1950년대에 일본 구마모토의 미나마타 어촌에서 변고가 나타나기 시작했다. 하늘을 날던 물새가 떨어져 죽는 사건이 간혹 목격되었고, 집에서 기르던 고양이가 미친 듯이 제자리를 뱅뱅 돌면서 거품을 물고 쓰러져 죽는 경우가 발생했다. 그리고 뒤이어 마을 사람들 일부에게 신체 마비와 같은 장애가 찾아오더니, 마침내 눈이 멀거나 뇌성마비인 아기들도 태어났다. 10년에 이르는 조사 결과 미나마타강 상류에 위치해 있던 신일본질소란 기업이 하수구를 통해 수은이 포함된 중금속 성분을 폐수로 배출한 것이 직접적 원인으로 드러났다. 비료 생산 공정에서 부산물로 발생하는 무기수은이 강으로 배출되면서 박테리아의 작용에 의해 생물체에 쉽게 농축되는 유기수은으로 전환되었고, 이것이 생태계의 먹이사슬 체계에 따라 식물성 및 동물성 플랑크톤에 잔류하고 또한 빼끔거리는 크고 작은 물고기 몸 안에 축적되어 쌓였으며, 그리고 물고기를 잡아먹는 물새와 고양이, 인간에게도 농축되어 커다란 참변을 초래한 것이다. 이로써 110명 이상의 치유 불가능 신체마비 환자와 19명의 아동 중증 질환자, 그리고 43명의 사망이란 결과를 초래했다.

미나마타 사건 발생에 뒤이어 니이가타현 아가노강 유역에서도 쇼화전공 가세공장의 폐수가 수은을 다량으로 방출하였고, 이것 역시 먹이사슬 체계에 따라 강 유역 주민에게 피해를 극심하게 입힘으로써 니이가타 환경재난으로 불리게 되었다. 총 피해자가 2,600명을 넘어섰고, 사망자도 300명을 넘어선 것으로 집계되었다.

일본 도야마현 진쯔강 유역의 주민들은 병명도 모르는 허리와 관절 통증을 집단적으로 앓고 있었는데, 이후 '아프다, 아프다'를 뜻하는 이타이이타이 사건으로 불리게 되었다. 1968년에 원인이 밝혀졌는데, 진쯔강 상류에 위치한 미쓰이금속광업이 아연의 제련 과정에서 배출하는 폐광석 속에 있던 카드뮴이 강을 오염시키고, 이것이 식수와 농작물 재배에 쓰임으로써 사람 몸에 축적되어 공해병을 초래한 것이다. 사망자가 50명을 넘었고, 수백 명 이상이 고통을 겪은 것으로 알려져 있다.

일본에서 1950년대부터 미에현 요까이치시에 석유화학 업종을 중심으로 국가산업단지가 조성되었고, 이곳에서 배출된 유해한 대기 가스가 시오하마와 이소즈 마을을 집중적으로 덮치면서 아동의 공해성 천식이 집단 발병하게 되었다. 마침 미에대학 의학부 요시다 교수가 시오하마 병원에서 근무하면서 아동의 천식 발병과 인근 공단의 상관관계를 규명함으로써 마침내 1972년에 주민 피해보상

소송이 1심 지방법원서 승소를 거두게 되었다. 일본의 4대 공해병 환자가 지난한 세월에 걸친 원인 규명에 힘입어 공해 피해 소송을 제기하였고, 이것이 1970년대 초반에 모두 승소로 귀결되면서 같은 유형의 사건 재발을 방지하는 정책이 시행되기 시작했으며, 법률도 다소 정비되어 일본 정부에 의해 공해건강피해구제법 등이 제정되는 절차를 밟게 되었다.[2)]

20세기 초중반 이후 선진국은 산업설비로 인해 공해와 같은 환경문제에 지속적으로 시달리게 되었다. 특히 산업설비 인근 사업장 주민과 현장 노동자 피해가 가중되면서, 기업은 법적 소송에 휘말려 패소하면서 많은 배상금을 지불해야 했고, 또 국가는 같은 유형의 피해로 인해 자국민이 고통을 덜 받도록 하는 법률 제정 등 환경 관련 정책을 취하기 시작했다. 이와 같이 선진국 내에서 환경상의 규제가 이루어지는 여건 속에서 국제사회에서는 새로운 지평이 조성되고 있었다. 비록 유해하다고 하더라도 일부 산업설비의 제품은 필요했고 또 그런 제품을 만드는 공정 자체가 이익을 주는 노하우였기 때문에, 이런 생산설비를 해외로 이전하는 조치를 취하기 시작했다. 이 시기가 1960년대 이후였는데, 이로써 역사적으로 다국적기업이 출현하는 계기가 조성되었다.

1960년대 이후 선진국의 공해 다발성 산업설비가 다국적기업의 형태로 후진국과 제3세계로 진출하고 세월이 흐르면서 20세기 중후반 무렵 환경재난은 이곳에서도 빈발하기 시작했다. 가장 대표적인 사례가 인도 보팔사건이다. 1984년 12월 3일 새벽 보팔시에 진출해서 농약을 생산하고 있던 미국의 다국적기업 유니언카바이드에서 화학물질 메칠이소시안 다량이 누출되는 사고가 발생했다. 이

---

2) 진순석, 『환경 공해의 법률 지식』(청림출판, 1993), 117, 121쪽.

것은 살충제를 생산하는 데 쓰이는 원료인데, 독성이 매우 강한 것으로서 인체에 흡수되면 폐 조직 손상을 초래하여 즉사하게 하는 무서운 물질이었다. 두 시간 가까이 누출된 유독가스는 바람을 타고 보팔시 인구 밀집지역을 덮치면서 엄청난 재앙을 초래하고 말았다. 90만 명의 시민 가운데 20만 명 이상에게 실명이나 호흡기 장애, 중추신경계 이상의 광범위한 장애를 입혔고, 2,800명의 즉사자(최근까지의 사망자 집계로는 9,000명 상회)를 초래하는 결과를 낳았다. 본래 이 공장은 미국 웨스트버지니아주 앤무어란 마을에 있었는데, 마을 주민들의 격렬한 공해 반대운동과 연방 환경처(EPA)의 엄격한 관리감독으로 인해 환경규제 조건이 미약하면서 노동력이 값싼 인도 보팔로 이전한 것이 비극을 초래한 계기가 되었다.[3)]

다국적기업이 환경문제와 관련될 때, 그것은 종종 제국주의의 그림자를 드리우는 형태로 나타난다. 이때 환경 제국주의(environmental imperialism)는 자연을 이용하면서 누리는 혜택과 이익을 주로 선진국이 차지하고 그리고 경제 논리에 의해 환경상의 부담과 피해를 가난한 후진국에게 전가하는 경향을 가리킨다. 이런 환경 제국주의의 또 다른 피해 사례가 선진국과 후진국 사이의 관계 속에서 발생했다. 1987년에서 1988년에 이르기까지 이탈리아의 한 경제인이 아프리카 나이지리아인을 매수하여 이탈리아 유해 폐기물 다량을 상품으로 위장하여 나이지리아 코코항에 반입하였다가 적발됨으로써 국제사회에서 집중적 비난을 받은 적이 있다. 이 사건을 계기로 '유해 폐기물의 국가 간 이동 및 그 처리에 관한 바젤 협약'이 1989년에 채택되었다. 1997년 초 대만이 원자력발전 고준위 방사성 폐기물을 북한으로 수출하려다가 우리나라와 국제사회

---

3) 위의 책, 354-55쪽.

의 비판 속에 유보된 사례도 마찬가지 경우로 볼 수 있다.

한국도 1960년대 이후 무분별한 경제성장과 일본 공해산업의 수입으로 인해 환경상의 곤욕을 치르고 있다. 온산공단과 원진레이온 사건이 대표적이다. 1974년 온산지역이 비철금속 산업단지로 지정되고, 관련된 각종 공장이 들어서서 구리와 납, 알루미늄, 아연 등을 생산하는 과정에서 비극을 초래했다. 1983년부터 노동자와 주민에게서 팔과 다리가 쑤시고 마비되는 증세를 보인 결과 피부병과 안질을 앓는 환자가 급증했다. 비슷한 시기에 경기도 구리시 소재 원진레이온 공장에서 인견사를 제조하는 과정에서 이황화탄소라는 유해가스에 많은 노동자가 중독되어 쓰러지는 일이 발생했다. 이 화학가스는 뇌의 일부에 영향을 끼쳐서 신체를 마비시킴으로써 중풍과 흡사한 증세를 초래한다. 1987년 처음 발견된 노동자 6명은 모두 사망했고, 지금까지 900여 명의 환자가 투병 중에 있지만, 현대 의학이 완치를 시킬 수 없는 질병이어서 고통은 지금도 진행 중이라고 할 수 있다.

이와 같이 산업 선진국에서 발생한 환경재난이 세계화 과정을 거치면서 후진국으로도 이어지던 20세기 중후반 무렵 재난은 특정 지역으로 국한된 국지적 형태에서 전 지구적 규모로 증폭되었다. 인류 문명의 등장에 따른 개발로 인해 지구 자연림의 4분의 3이 이미 자취를 감춘 상태에서, 아마존 유역과 말레이시아 및 인도네시아 열대우림도 지속적으로 파괴되고 있다. 헤아릴 수도 없는 지구상의 다양한 생물 종이 새로 출현하는 것보다 훨씬 높은 비율과 빠른 속도로 사라지고 있는데, 인간 문화의 확장과 자연 수탈로 인해서다. 남극 상공의 오존층 파괴가 지속됨으로써 자외선이 여과 없이 지표면에 도달하고 이로써 생물의 면역체계 이상을 초래하면서 인간에게도 피부암과 백내장 환자 수를 증가시키고 있다. 각 나라가 경제성장을 위해 석유 및 석탄과 같은 화석연료를 더 빨리 더 많이 사용함으로써 지구 온난화와 각종 기상이변을 초래하고 있는 것은 더욱 큰 문제라고 하지 않을 수 없다. 북극의 얼음이 녹아 해수면의 수위가 높아지고, 북극곰과 펭귄을 비롯한 일부 생물 종이 서식지를 잃게 되어 멸종으로 쫓기고 있으며, 엘니뇨 및 허리케인의 위력을 증폭시켜 인류에게도 치명적 위협을 조성하고 있다.

46억 년 전에 탄생한 지구에서 최초의 생명체가 나타난 것은 35억 년 전이고, 인류의 아주 먼 조상이 탄생한 시기는 3백만 년 전이며, 고대의 4대문명이 출현한 시기는 대략 5,000년 전 무렵이다. 그리고 18세기 말에 영국에서 최초로 산업혁명이 시작되어 19세기 초에 프랑스와 미국으로, 조금 늦게 독일로, 19세기 말에 러시아와 일본으로, 그리고 20세기 중반 이후에 전 지구촌으로 확산되었다. 그런데 구조적으로 환경재난이 발생한 시기는 불과 1백 년 미만이라고 할 수 있다. 긴 지구 역사에 비추어볼 때 찰나에 불과할 1백 년 만에 인간이 이토록 참담하게 만들었다면 향후 미래를 지속적으로 도모하는 것이 결코 쉽지 않을 것이다. 더 큰 문제는 산업사회의 인간이 무한한 욕망 충족을 위해 자연의 생명부양 체계를 구조적으로 위태롭게 만들고 있는데, 이것을 제어할 효과적 방도가 별로 없다는 데 있다.

2. 생태윤리의 지위, 응용인가 대안인가?

지구촌 환경재난은 앞으로도 계속 이어질 것이고, 그대로 방치한다면 장차 위기로 치달아 인류의 안정적 생존에 치명적이 될 것이다. 위기 도래를 차단하기 위해서는 그 원인을 진단하고, 진단 평가에 따른 새로운 해법을 제시해야 한다. 환경재난의 원인은 다양하다고 할 수 있지만, 명료화를 위해 핵심적인 것으로 집약하여 진단할 필요가 있다. 필자는 이것을 현상적 진단과 구조적 진단의 둘로 나누어 살펴보도록 하겠다.

현상적 진단은 인류가 자연에 대해 무지한 상태로 분별없이 마구잡이 개발을 자행함으로써 재난을 초래하고 있다고 본다. 이에 현상적 진단에 따른 해법은 자연을 제대로 인식한 연후에 신중하고 효율적으로 자연에 다가갈 필요가 있다고 여긴다. 통상 현상적 진단은 눈에 보이는 환경문제 해결에 주안점을 둔다. 그래서 경제적 효율성 접근과 과학의 기술적 처리 접근을 선호한다. 이에 따라 정책은 환경경제와 환경경영, 환경 과학기술 등을 활성화시키는 방향으로 이행한다. 개인과 기업(공기업과 사기업), 국가는 가장 효율적으로 자연을 이용하는 방식을 채택한다. 이때 사용하는 전형적 방식이 비용-이익 분석이다. 들인 비용에 비해 이익이 많이 나게 함으로써 순이익을 높이는 경우로만 개발을 제한하고자 한다. 물론 순이익이 제로 이하로 평가될 경우, 개발 행위를 하지 못하도록 조성한다. 왜냐하면 이익도 내지 못하면서 개발에 따른 자연 파괴와 자원 낭비를 초래하게 되기 때문이다. 이렇게 자원 사용의 효율화를 진행하면, 이것이 자연보호로 귀결된다고 여긴다. 동일한 상품을 만들더라도 적은 자원을 사용하는 것은 그만큼 자원을 보호하는 것이 되고 또 사용에 따른 오염 배출을 줄이는 것이 되기 때문이다. 물론 발생한 오염에 대해서는 위력적인 과학에 의해 기술적 처리를 수행함으로써, 즉 환경공학의 오염 제거 기술에 의해 상당한 정도로 저감시키고, 그 나머지는 자연의 자정력에 맡기는 방도를 채택한다.

구조적 진단은 환경재난이 현 사회제도와 문명의 구조적 요인에서 비롯된다고 여긴다. 구체적으로 드러내면, 물질 숭배의 산업문명(industrial civilization)과 그에 따른 현대 생활양식(modes of life)이 문제의 실질적이면서 직접적인 뿌리라는 것이다. 산업문명에서 자연은 인간의 물질적 행복 증진을 위한 도구나 수단에 불과하다. 그래서 현대인의 무한한 욕망 충족을 위해서 자연에서 자원을 채취하여 상품을 생산하고 유통 및 소비하며 끝으로 폐기한다. 이때 오염물질을 다량으로 발생시키는데, 자연의 자정력을 넘어설 정도가 됨으로써 생태계 파괴와 더불어 수많은 동식물 종을 소멸시키고, 더 나아가 인간에게도 그 화를 미치게 하고 있다. 그뿐만 아니라 재생 불가능한 에너지도 빠르게 소진시킨다. 바로 이와 같이 현대 문명인의 무한한 욕구 충족을 위해 기능하고 있는 상품 생산과 소비, 폐기로 이어지는 산업적 생활양식이 환경문제의 구조적 요인이라는 것이다. 이런 구조적 원인 진단에 따른 해법은 현재의 생활양식을 바꾸는 데 있고, 그것은 사회구조와 문명의 상당 부분 또는 전부를 교체하는 데 있다고 본다.

그런데 현상적 진단과 구조적 진단에는 모두 그 바탕에 기본 가치관 또는 세계관이 깔려 있기 때문에 실질적 해법으로 이행하려면 불가피하게 가치관의 조절이나 개선, 또는 혁명적 전환이 요청된다는 것을 염두에 둘 필요가 있다. 현상적 진단 해법은 기존의 가치관, 즉 자연 지배적 가치관을 그대로 유지하는 선에서 환경문제를 치유할 수 있을 정도로 사회제도를 개선하면 된다고 여긴다. 즉, 인간 중심의 전통윤리를 환경문제 해결에 알맞도록 응용하자는 입장을 취한다. 그래서 현상적 진단에 따른 해법에서는 환경윤리가 응용윤리(applied ethics)의 지위를 갖게 되고, 그것은 인간 중심적 환경윤리(anthropocentric environmental ethics)로 구현된다.

반면 구조적 진단 해법은 전통윤리의 단순한 응용으로 문제가 해결될 수 있다고 보지 않는다. 왜냐하면 전통윤리에 따른 지배적 가치체계가 문제의 근원적 요인으로 연루되어 있다고 보기 때문이다. 이에 새로운 가치체계를 구축하여 사회제도와 생활양식의 변혁적 전환을 꾀하는 등 문제를 근본적으로 해결할 필요가 있다. 이렇게 해서 새롭게 탄생한 생태윤리(ecological ethics)는 대안윤리(alternative ethics)의 성격을 갖는 것으로 간주된다.[4)]

필자는 대안적 생태윤리도 둘로 분류하여 논의를 전개할 것이다. 하나는 인도적 생태주의 윤리(ethics of humanitarian ecologism)이고, 다른 하나는 자연 중심주의 윤리(nature-centric ethics)이다. 후자는 인간과 자연의 양자 관계 속에서 문제의 원인을 드러내는 방식을 취하는데, 인간 중심의 지배적 가치관을 핵심 원인으로 지목하여 비판하면서 그 대안으로 자연적 개체 또는 생태 중심주의 가치관을 선호한다. 전자는 인간 사회 속에 환경문제의 진정한 뿌리가 존재하고 이것이 인간과 자연의 관계로도 확산되었다고 진단하는데, 이에 따라 인간 사회의 문제와 자연환경의 문제를 함께 해결하고자 한다고 할 수 있다.

여기서 용어상 몇 가지를 분별할 필요가 있다. 통상 '환경(environment)'은 인간이 목적이고 자연은 수단이라는 서양 전통의 이분법적 우열의 의미에서 사용된 표현이다. 인간 문화는 중심이고 자연은 문화에 종속된 것이기 때문에, '환경'은 주변 자연을 지시하는 것으로서 인간 중심적으로 조망한 어휘이다. 이에 반해 '생태(eco)'는 인간을 포함한 자연적 존재 간의 내적 연관성을 중시하는 생태학의 자연 이해에서 출현한 개념이고 그리고 인간과 자연의 유기적 관계성을 반영하고 있기 때문에, 인간과 자연을 단순히 목적과 도구라는 이분법적 의미로 보는 전통적 견해를 넘어선 표현이

4) J. B. Callicott, "Non-Anthropocentric Value Theory and Environmental Ethics", *American Philosophical Quarterly* 21(1984), p.299.

다. 따라서 향후 좁은 의미의 환경윤리는 인간 중심주의가 강하게 배어 있는 것을 뜻하고, 생태윤리는 속 좁은 인간 중심주의를 넘어선 것으로 사용하겠다. 물론 학계에서는 좁은 의미의 인간 중심적 환경윤리와 생태윤리 둘 다를 포괄하여 넓은 의미의 환경윤리로 표현하고 있기 때문에 맥락에 따라 그 정확한 의미를 가릴 필요가 있다.

다만 새로운 이론이 태동하는 환경윤리학의 역사적 과정에서 조금 더 미세하게 분별할 대목도 없지 않다. 인간 중심적 환경윤리의 지평을 넘어서 있어서 자연의 영역에 다가가 있지만, 자연적 존재 간의 관계성을 반영하지 않은 채 자연적 개체를 위한 윤리적 접근(동물 해방론과 동물 권리론, 생물 중심주의)이 모색되었기 때문이다. 이런 접근은 생태윤리라고 말하기보다 자연윤리(the ethics of nature)라고 보아야 정확하다. 자연은 개체로서의 자연적 존재인 동식물과 대기, 물, 토양 등을 포함하면서 동시에 집합적 개념인 생태계와 종까지 망라하는 광의의 개념이다. 이때 개체론적 방법론으로 보면 분리된 낱낱의 자연적 존재(개체로서의 동물이나 식물)가 부각되고, 전체론으로 조망하면 집합적 자연이나 자연적 존재의 관계성이 부상하게 된다. 자연을 전체론의 윤리적 시각에서 파악할 때 비로소 엄밀한 생태윤리의 자격을 얻을 수 있다. 인도적 생태주의와 생태 중심주의가 여기에 정확히 부응하는 셈이다.

이제 이런 용어상의 분별에 의거하여 향후 논의될 전반적인 환경윤리의 유형을 개관하면, 다음의 [도표 1]과 같이 분류할 수 있다.

[도표 1] 환경윤리의 유형

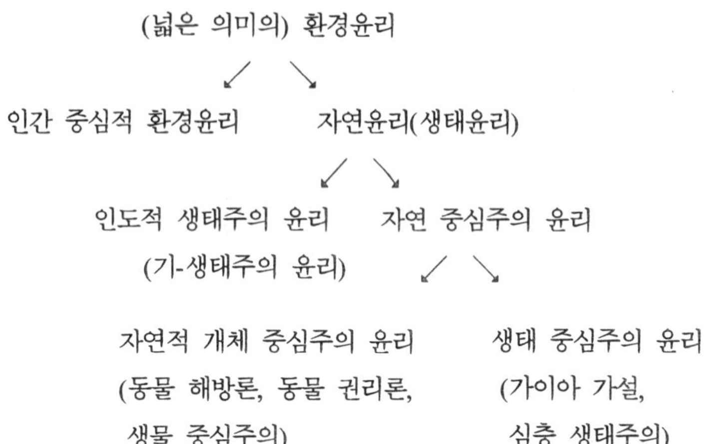

3. 인간 중심적 환경윤리와 권리, 그리고 의무

응용적 환경윤리는 인간 중심주의로 구현된다. 그것은 인간이 환경문제와 관련해서 동료 인간에게 의무를 다해야 하지만, 자연에 대해서는 동료 인간에 대한 환경상의 배려를 경유해서 간접적으로 도덕적 고려를 하면 된다고 본다.

인간 중심적 환경윤리가 자연에 대해 간접적으로만 고려하는 이유는 크게 두 가지로 살펴볼 수 있다. 첫째, 우리 인간이 누군가에게 어떤 특정의 도덕적 의무(moral duty)를 가질 경우는, 그 누군가가 우리에 대해 관련된 도덕적 권리(moral right)를 갖고 있기 때문인데, 이런 유형의 권리는 인간만 가질 뿐 인간 이외의 자연적 존재에게 해당되지 않는다고 본다. 예컨대 내가 한 사람에게 삯을 지불하겠다는 약속을 하고 일정한 일을 시켰다고 하자. 그 일이 종료된 후에 나는 그 사람에게 약속한 삯을 줄 의무를 갖게 된다. 이것은 그 사람이 약속이라는 사회적 합의 체계에 따라 내게 그 삯을 받을 권리를 지니기 때문이다. 그런데 이때 내가 돈을 지불할 의무를 이행하지 않는다면, 그 사람은 자신의 권리를 행사하기 위해서 주변 사람들에게 호소하거나 또는 법정에 소송을 제기하는 등의 합리적 조치를 통해 사태를 해결하고자 할 것이다. 인간은 합리적으로 생각하고 행동으로 옮길 수 있기 때문에 이런 유형의 도덕적(또는 법적) 권리를 갖는 것으로 볼 수 있는 반면, 인간 이외의 자연적 존재는 그런 합리성(rationality)을 결여하고 있기 때문에 상응하는 권리의 주체일 수 없다고 본다.[5] 바로 이런 연유로 인간 중심적 환경윤리는 동료 인간이 환경상의 피해를 입지 않도록 할 의무가 우리에게 있고, 그런 선에서 자연이 간접적으로 보호를 받을 수 있을 뿐이라고 여긴다.

둘째, 자연은 인간에게 도구나 수단일 뿐이라고 본다. 예컨대 볼펜과 같은 필기구는 글을 쓰는 데 유용한 도구이기 때문에, 필통에 넣어두는 것과 같은 그런 용도로 대하면 될 뿐 부모님을 뵐 때 함께 동반하는 등 달리 대우할 여지는 없다고 보는 것과 같다. 다만 일반적으로 흔한 볼펜은 대충 굴러다녀도 그다지 신경을 쓰지 않지만, 명품 볼펜은 값이 비싸기 때문에 잃어버리지 않도록 상의 주머니에 반드시 꽂고 다니는 것처럼, 과거에 비해 오늘의 자연환경은 경제적인 값어치가 높은 것으로, 즉 격상된 도구적 가치(instrumental value)를 지닌 것으로써 몹시 신경을 써야 할 것으로 여긴다.

인간 중심적 환경윤리는 동료 인간이 자연으로부터 받게 될 피해나 혜택을 고려하는 선에서 자연에 다가간다. 기본적으로 자연은

---

5) J. Passmore, *Man's Responsibility for Nature*(New York: Scribner's, 1974), p.116.

인간의 목적 달성을 위해 존재하는 것으로써, 예컨대 물질적 풍요를 구가하기 위해 이용해야 할 수단이기 때문에 자연은 인간에게 도구로서의 가치를 지닐 뿐이다. 과거 환경이 좋았던 시절에 맑은 공기와 깨끗한 물 등은 모두가 향유할 수 있는 자유재로서 신경을 쓰지 않아도 될 매우 하찮은 가치를 지닌 것에 불과했지만, 환경이 나빠진 지금 그런 것은 경제적으로 값어치 있는 매우 중요한 도구로 간주할 필요가 있다고 여긴다. 그래서 이 접근은 자연에서 인간이 누리고 있는 혜택을 최대화하고, 그에 따라 발생하는 환경오염을 제어하고자 환경경제 및 환경경영을 중시하면서 환경 과학기술을 발전시키는데, 그 모든 것이 어디까지나 인간을 위해서라고 생각한다.

인간 중심적 환경윤리도 세분하면 크게 둘로 구분해서 접근할 수 있다. 하나는 자연을 도구로 간주하되 신중하고 분별 있게 활용함으로써 현세대 인간의 환경권을 존중하자는 논의로 이행하고 있고, 다른 하나는 미래세대 환경윤리로 확장한다. 인간은 자유와 생명, 재산에 대한 권리를 가질 뿐 아니라 인간으로서 존엄을 유지하면서 살기 위해서 행복을 추구할 권리를 갖는 것으로 분별되었다. 이제 여기에 살 만한 환경에 대한 권리도 추가되었다. 그래서 우리나라 헌법도 제35조에 “모든 국민은 건강하고 쾌적한 환경에서 생활할 권리”를 갖는다고 명시하고 있다. 그리고 미래세대 환경윤리는 환경권이 미래세대 인간에게도 있다고 밝히고 있다. 여하튼 인간 중심적 환경윤리는 현세대든 미래세대든 인간만이 환경적 권리를 가지고 있고, 이런 유형의 권리를 존중하기 위해 도덕적 의무와 책임을 짊어지는 선상에서 자연에 대해 고려할 뿐이라고 여긴다. 다시 말해서 자연은 간접적으로 도덕적 고려 대상이 될 뿐이다.

4. 자연의 가치와 인간의 의무

대안적 생태윤리는 환경위기를 근본적으로 해결하기 위해 전통의 윤리를 넘어서서 지구촌 도덕 공동체(moral community)의 지평을 확장하거나 새롭게 조성할 필요가 있다고 본다. 왜냐하면 전통적 윤리의 기반 위에서 현재의 사회제도와 문명이 탄생했고, 그것으로 인해 오늘의 환경문제가 구조적으로 심화되고 있다고 여기기 때문이다. 이런 점에서 대안적 생태윤리는 속 좁은 인간 중심주의와 거기에 배어 있는 우열에 따른 지배 논리를 뛰어 넘어서고자 한다. 그리고 자연에 대해 직접적 의무와 책임을 다하고 또한 생명에 대한 덕성(virtues)을 새롭게 쌓음으로써 경외와 존중, 배려의 자세로 사회 구성원과 자연에 대해 다가가고자 한다.

대안적 생태윤리가 편협한 인간 중심적 환경윤리를 극복할 수 있으려면 새로운 길을 찾아야 한다. 그것은 응용적 환경윤리가 전제하고 있는 두 가지 길을 넘어섬으로써 가능하게 개척될 수 있다. 첫 번째는 의무와 권리의 상관관계가 참이 아님을 드러내는 것이다. 두 번째는 자연에게서 도구를 넘어선 가치, 즉 비도구적 가치(non-instrumental value)를 분별하고 이에 상응하는 의무를 감당하거나 책임 있는 덕성을 쌓는 것이다.

먼저 첫 번째 관문을 돌파하는 길로 들어서도록 하자. 인간의 의무는 주로 권리와 연계되어 인식된 것이 사실이다. 역사적으로 존 로크(J. Locke)와 프랑스 계몽주의 사상가들에 의해 인간은 누구나 인간이라는 이유로 또는 천부적으로 권리를 갖고 태어나는데, 그런 것들은 침해당할 수 없거나 양도할 수 없는 성질의 본원적인 것으로 규정되었다. 그런 것들로 자유와 생명, 재산, 그리고 행복추구와 같은 권리가 분별되었다. 인간은 누구나 이런 유형의 자연권 또는 인권을 갖는 것으로 간주된다.

자유주의가 설정한 기본적 권리는 누구나가 존중해야 할 의무의 짝으로 간주되었다. 예컨대 인간은 양심 및 종교의 자유와 신체의 자유에 대해 침해당하지 않을 권리를 갖고 있기 때문에 그런 권리 행사를 제약하지 않을 의무가 우리에게 있다. 예컨대 X가 Y에게 도덕적 권리를 갖는다면, Y는 X에 대해 상응하는 도덕적 의무를 갖는다. 이때 도덕적 권리는 통상 엄격하게 해석되는 것으로서 그것이 침해당했을 때 스스로 또는 대리인을 통해 시정할 수 있는 합리적 행위 능력을 갖춘 존재에게 부여된다. 그래서 권리가 인간에게 천부적으로 또는 사회적으로 부여될지언정 인간 이외의 자연이나 자연적 존재(예, 동물 등)에게 설정되기 어려웠다.

그렇다면 인간은 자연에 대해 직접적인 도덕적 의무를 지는 것이 불가능한가? 가령 X가 Y에 대해 도덕적 권리를 가질 경우 Y가 X에 대해 상응하는 의무를 갖는다고 할 수 있지만, 그 역(reverse)도 성립하는가? 다시 말해서 Y가 X에 대해 도덕적 의무를 짊어지려면, X가 Y에게 도덕적 권리를 갖고 있어야 한다고 해야 하는가? 이에 대해 필자는 그렇지 않다고 본다. 권리와 의무의 상관관계는 성립하지만, 그 역인 의무와 권리의 상관관계는 성립하지 않는다고 본다. 다른 사례로 설명해 보자. “만일 이것이 설탕이라면, 이것은 달 것이다”라고 말할 수 있다. 그러나 그렇다고 해서 “만일 그것이 달다면, 그것은 설탕일 것이다”라고 늘 말할 수 있는가? 없다. 왜냐하면 그것이 초콜릿일 수 있는데, 초콜릿은 달지만 설탕이라고 하지 않기 때문이다. 마찬가지로 의무와 권리의 상관관계론에서 벗어나는 것이 가능할 수 있다. 즉, 자연이나 동식물 등 자연적 존재가 인간에게 권리를 가지고 있지 않다고 하더라도 인간이 자연이나 자연적 존재에 대해 의무를 짊어지는 것이 가능할 수 있다.

인간 상호간의 경우에도 상대방이 나에게 권리를 갖고 있지 않다고 해도 나는 상대방에 대해 도덕적 의무를 인지하면서 더 책임 있게 행위해야 할 경우가 있다. 칸트(I. Kant)의 윤리설은 권리가 아닌 의무의 체계에 근거하고 있기 때문에 그런 길로 나갈 수 있는 방향을 제시하고 있다. 예컨대 내가 저녁 무렵 집으로 가는 골목길을 지나고 있고 마침 누군가(예, 한 여성)가 곤경(치한으로부터 성적 폭행을 당할 수 있는 상황 등)에 놓이게 되는 가설적 상황을 설정해 보자. 이때 내가 행할 수 있는 유형은 크게 두 가지이다. 하나는 나와 무관한 일이므로 그냥 지나쳐가면 된다. 자칫 그 사건에 관계라도 했다가 크게 다치거나 또는 목숨을 잃을 수도 있기 때문이다. 다만 이런 이기적 행위로 인해 타인으로부터 또는 스스로의 양심에서 울려나오는 도덕적 비난을 감수하면 된다. 또 다른 하나는 내 힘이 미치는 범위 안에서 도덕적 책임을 다하고자 애쓰는 것이다. 이것은 건강한 사회라면 요구하게 될 윤리의 규범이다. 그런데 이 상황에서 곤경에 처한 그 누군가가 바로 나를 지목하여 나로부터 도움을 받을 권리를 갖고 있다고 주장하는 것이 정당한가? 그렇지 않은 것으로 보인다. 이렇게 그 누군가가 바로 나를 지목하여 도움을 받을 권리를 갖고 있다고 할 수 없어도, 나는 내 힘이 미치는 범위 안에서 그를 도울 사회적 의무를 갖는다고 말하는 것이 가능하다.[6] 이때 곤경에 처한 그 누군가는 내게 권리를 갖고 있지 않아도 인간으로서 타인의 도구가 아닌 목적으로 대우를 받을 가치를 갖고 있기 때문에 내가 그런 유형의 가치를 바르게 인지한다면 그에 대한 의무를 저버리지 않도록 노력해야 한다. 또 다른 사례로 지하철역에서 누군가가 플랫폼 아래로 떨어져서 다가오는 열차에

---

6) 한면희, 『환경윤리』(철학과현실사, 1997), 91쪽.

치게 될 위험한 상황에 처했을 때 그 누군가가 바로 나 또는 내 옆의 친구를 지목하여 바로 우리로부터 도움을 받을 권리를 갖고 있다고 말할 수 없어도, 우리는 건강하고 아름다운 사회를 유지하기 위해 그를 도울 일정한 사회적 의무를 지닌다고 말할 수 있다. 이 때 그 누군가는 목적으로 대우를 받을 생명에 대한 소중한 가치를 갖고 있기 때문에, 나 또는 우리는 그런 가치가 존중될 수 있도록 알맞은 의무를 갖는다고 할 수 있다.

마찬가지로 자연이 도덕적 권리를 갖고 있다면 말할 것도 없지만 권리를 갖고 있지 못하더라도 도구를 넘어서는 가치, 즉 비도구적 가치(예, 목적으로 대우를 받을 내재적 가치[7] 등)를 갖고 있다면, 인간인 우리는 자연에 대해 일정한 의무를 지는 것이 가능할 수 있다. 이것은 두 번째 관문을 넘어서는 것이다. 앞으로 살펴보게 되겠지만, 환경윤리학의 역사는 자연이 인간에게 도구를 넘어선 가치를 지니는 것으로 분별되는 과정을 거쳐 왔다. 이런 전개 과정이 의미가 있다면, 자연이 도구를 넘어선 가치를 지니고 있다고 판단하는 데 대해 주저할 이유가 없다.

이제 도덕적 가치와 의무의 상관관계를 규정하는 단계로 이행해 보도록 하자. 먼저 흔히 알려져 있는 권리와 의무의 상관관계를 다음과 같이 규정할 수 있다.

> X가 도덕적 권리를 갖는다. = X와 함께 하는 공동체 구성원 A는 X의 권리를 존중할 명확한 의무를 갖는다.

그러나 앞서 살펴본 바와 같이 그 역인 의무와 권리의 상관관계

---

7) H. Rolston, III, *Environmental Ethics: Duties to and Values in The Natural World*(Philadelphia: Temple University Press, 1988), pp.115-116.

가 반드시 성립하는 것은 아니다. 도덕적으로 상대방이 권리를 갖고 있지 않다고 하더라도 도구를 넘어 목적으로 대우를 받을 내재적 가치(intrinsic value)를 가질 경우, 내재적 가치와 의무의 상관관계가 다음과 같이 성립할 수 있다.[8)]

X가 도덕적으로 내재적 가치를 갖는다. = X를 존재하게 만들 위치에 있는 A는 그것을 존재하게 할 의무가 있다.

여기서 상수 A는 인간, 좀 더 구체화하면 합리적으로 판단해서 실천으로 옮길 수 있는 인간으로 좁혀지고 그리고 변수 X는 도덕 공동체의 구성원으로서 동료 인간이나 또는 자연적 존재가 대입될 수 있다. 그리고 목적으로 대우를 받을 내재적 가치 개념에만 집착하지 않는다면, 도구를 넘어선 또 다른 가치 개념으로 확장하는 것이 가능할 수 있다. 그 사례로 생태윤리학자 캘리콧(J. B. Callicott)이 발전시킨 인간과 자연 양자의 상호작용에 의한 가치로서 고유한 가치(inherent value)를 들 수 있다.[9)] 물론 또 다른 비도구적 가치(예, 동아시아 자연관에 근거한 온가치 등)를 인지할 수 있다. 따라서 다음과 같이 비도구적 가치와 의무의 상관관계도 규정할 수 있을 것이다.

X가 도덕적인 비도구적 가치를 갖는다. = A는 X가 갖는 도구를 넘어선 가치에 알맞도록 X를 도덕적으로 대우할 의무가 있다.

---

8) B. Rosen, *Strategies of Ethics*(Boston: Houghton Mifflin Co., 1978), p. 187.

9) J. B. Callicott, "Intrinsic Value, Quantum Theory, and Environmental Ethics", *Environmental Ethics* 7(1985), p.262.

생태윤리가 대안의 지위를 지닐 경우, 그것은 자연에서 도구를 넘어선 가치를 분별하고, 그것에 상응하는 의무를 인지하여 실행에 옮기는 것에서 출발할 수 있다. 바로 이런 선상에서 인간 중심주의를 넘어서는 생태윤리의 지평이 개척되었다.

5. 생태윤리와 가치 그리고 의무

생태학에 대한 가치관적 접근은 생태주의 이념으로 이행토록 인도한다. 그런데 좀 더 분별 있게 세분하면, 생태윤리(더 정확하게, 자연윤리)도 둘로 나누어 고찰할 수 있다. 하나는 자연 중심주의 윤리이고, 다른 하나는 인도적 생태주의 윤리이다.

자연 중심주의 윤리는 자연적 개체(동물 또는 생물)나 자연, 생태계에 대해 그런 것이 인간의 도구를 넘어서서 목적으로 대우를 받을 내재적 가치(intrinsic value)를 지니는 것으로 간주한다. 앞의 사례에서 살펴보았듯이 지나가는 행인인 나로부터 도움을 받게 될 곤경에 처한 사람이 존엄한 인간이라는 바로 그 이유로 인해 수단이 아닌 목적으로 대우를 받아야 하듯이 자연도 그런 가치, 즉 본성적으로 그 자체 속에 잉태되어 있는 가치, 즉 내재적 가치를 가질 수 있다. 이것도 크게 보면 두 가지로 분별할 수 있다. 하나는 특정 자연적 개체 중심주의 윤리이고, 다른 하나는 생태 중심주의 윤리이다.

자연적 개체 중심주의 윤리에 해당하는 것으로서 동물 해방론은 하나하나의 동물이 고통을 느낄 수 있기 때문에 침해당할 수 없는 도덕적 지위를 갖고 있다고 보고, 생물 중심적 자연윤리는 동물은 물론 식물까지 포괄하여 생명체가 모두 살려고 애를 쓰는 목적론적 생명 중심체이기 때문에 그 생명이 함부로 유린당할 수 없는 내재적 가치를 갖는다고 본다. 이런 특정 자연적 개체 중심주의 윤리 입장에 서게 되면 채식주의로 전환하거나 또는 꼭 필요한 경우를 제외하고는 어떤 생명도 해치지 않도록 해야 할 인간의 의무를 각별하게 인지하게 된다. 이런 성격의 자연윤리는 전통윤리와 분명히 다르지만 전통윤리적 논의의 확장이라는 성격을 띠고 있기 때문에 대안윤리로 보기보다 응용윤리로 보는 경향도 있다.

반면 생태 중심주의 윤리는 전체로서의 자연이나 생태계 자체가 윤리적인 내재적 가치를 갖는다고 주장한다. 따라서 이 입장은 인간이 생물 종과 생태계, 지구 자연 전체를 훼손할 아무런 권리도 갖고 있지 못하다고 보며, 지금과 같은 인간의 행위가 과도하게 지나쳤기 때문에 인구를 대폭 감소하도록 하면서 생태계 법칙에 순응하여 정말로 소박하게 살아야 할 것을 의무로 받아들인다. 이런 것에 해당하는 대표적 사례로 서로 다른 특성을 지니고 있는 가이아 가설과 강한 심층 생태주의를 꼽을 수 있다.

또 다른 견해로서 필자가 선호하여 적극 주창하는 제 3의 길이 있는데, 그것은 인도적 생태주의 윤리이다. 제 3의 길은 인간 중심주의와 자연(생태) 중심주의라는 양 극단의 해법이 본질적 접근일 수 없다고 보면서, 자연 수탈적인 현대 문명과 야생 자연 회귀의 지평에서 중용의 길을 취하고자 한다. 다시 말해서 자연에 대해 간접적으로만 고려하는 현재의 인간 중심주의는 그 보수적 접근으로 인해 자연의 이용을 심화하여 결국 수탈로 이행함으로써 환경위기를 자초할 것이라고 보며, 자연적 개체 중심주의 또는 생태 중심주의는 자연으로 너무 치우침으로써 인간의 필연적 생존양식인 문화적 삶을 곤궁하게 만드는 결과로 이행하게 될 것이라고 진단한다. 그래서 자연에서 인간의 문화와 자연이 상생할 수 있는 비도구적 가치, 즉 상호작용에 따른 고유한 가치나 필자가 동아시아 자연관에 기반을 두고 제시한 온가치(Onn value)를 확보함으로써 자연에 대한 인간의 알맞은 의무를 인지하고 그에 따른 도덕적 덕성을 기르는 데 초점을 맞춤으로써 새로운 가치관에 따른 초록문명의 세상을 여는 데 기여하고자 한다.

제 3 장

생태학과 윤리 그리고 정책

1. 우포늪과 주남저수지의 생태계

지금으로부터 1억 4천만 년 전 한반도 낙동강 일대에 큰 지형변화가 나타났다. 해수면이 상승해 낙동강 본류를 통해 운반되던 토사가 강 양쪽에 쌓이면서 지류인 토평천을 막았고 강물이 자주 범람함으로써 인근에 여러 저습지를 조성했다. 그래서 만들어진 것 가운데 하나가 경상남도 창녕군 이방면과 대합면, 유어면 일대에 광활하게 펼쳐진 우포늪이다. 우포늪은 70만 평의 규모로서 우포와 목포, 사지포, 쪽지벌로 이루어진 중생대 백악기에 생성된 자연 늪지인데, 1천여 종의 수서 및 수생 생물 종이 살고 있다. 이곳은 1997년 환경부에 의해 인근 지역을 포함하여 250만 평 규모의 자연생태계 보호구역으로 지정되었고, 1998년에 람사협약 등록 습지가 되었다.1)

이곳 생태계의 사계는 특징적이다. 봄이 되면 논두렁과 둑에서 소루쟁이, 다낙냉이, 자운영, 개망초, 고랭이 등이 피어나고, 물가에서는 장구애비, 개아재비, 소금쟁이, 물방개, 물둥구리, 물땡땡이 등이 기지개를 펴며 환호한다. 여름이 다가오면 부들과 창포, 붕어마름, 생이가래, 개구리밥, 자라풀 등이 온통 주변을 초록빛으로 물들이고, 멸종 위기에 처한 가시연이 잎을 길게 늘어뜨릴 때면 장마가 찾아온다. 여름 철새로 쇠물닭, 중대백로, 덤불해오라기, 알락할미새 등이 찾아오고, 물잠자리, 실잠자리, 사향제비나비, 쓰름매미, 칠성무당벌레, 하늘소, 줄베짱이 등이 자연을 희롱하며 놀이를 한창 즐길 때도 바로 이 시기다. 가을로 접어들어 새벽녘 물안개가 필 때 태고의 신비스런 분위기가 감돌고, 추위가 다가오면서 쓸쓸한 풀벌레들이 합창하듯 생명의 노래를 엮는다. 겨울의 문턱에 들어서면 다른 곳과 달리 이곳에서는 활기가 넘쳐난다. 멀리 시베리아 등지에서 수많은 철새들이 날아들기 때문이다.

우포늪에는 파충류로서 남생이와 자라, 누룩뱀, 쇠살무사, 유혈목이, 줄장지뱀 등이 살고, 양서류로서 무당개구리, 두꺼비, 청개구리, 참개구리 등이 서식하며, 물속에는 어류로서 참붕어와 미꾸라지, 가물치, 메기, 민물새우, 피라미, 동자개 등이 활개를 친다. 바로 이런 연유로 먹잇감이 풍부한 탓에 겨울 철새가 날아든다. 대표적으로 천연기념물 제201호 고니를 필두로 노랑부리저어새, 대백로, 왜가리, 큰기러기, 댕기물떼새, 흰뺨검둥오리, 청둥오리, 논병아리 등이 찾아오거나 이곳에서 살아간다.

일반적으로 습지(wetland), 즉 늪은 수생 생태계와 육상 생태계를 이어주는 물과 뭍이 밀착되어 공존하는 공간으로서 생명부양의

---

1) 푸른우포사람들 외, 『원시 숨결이 가득한 곳 우포늪』(2000), 2-3쪽 참조.

완충지로 알려져 있다. 그런데 이런 습지가 개발로 인해 점차 사라지는 추세에 있거나 또는 그 생태계 여건이 악화되고 있다. 우포늪 인근에 있는 주남저수지가 한때 그런 수난을 당한 곳이다.

경상남도 창원 동읍에 위치한 주남저수지 역시 과거 낙동강이 주기적으로 범람하면서 생긴 자연형 습지인데 저수지로 변형되었다. 이곳은 지형적으로 남동쪽의 금병산과 남쪽의 봉림산, 남서쪽 구룡산, 그리고 북서쪽의 백월산에 둘러싸여 있고, 바로 인근 산남 및 동판저수지와 서로 수로로 연결되어 있어 180만 평의 큰 규모를 형성하고 있다. 무엇보다도 주남저수지 안에 갈대가 우거진 작은 섬이 있어서 새들의 서식처로 알맞기 때문에 겨울과 여름에 수많은 철새가 찾는 곳으로 유명하다.

주남저수지가 유명세를 타게 된 계기는 1980년대 들어서서 세계적으로 드문 가창오리 5천여 마리가 이곳에서 월동을 한다는 소식이 영국의 학계에 알려지면서부터 비롯된다. 실제로 이곳에는 개구리밥과 붕어마름 등 수생식물과 각종 수서생물이 풍부해서 먹이를 찾아 해매는 철새의 도래지로서 천혜의 조건을 갖추고 있는 까닭에 천연기념물 고니와 제203호인 재두루미, 제205호인 노랑부리저어새 등 20여 종, 수만 마리의 철새가 찾아와 월동을 한다. 그리고 2006년 1월에는 1914년에 확인된 이후 자취를 감추었던 천연기념물 제325호인 흑기러기가 찾아와 92년 만에 목격된 것으로 알려져 있다.

그러나 이곳에서 겨울을 나는 철새의 생존에 시련이 찾아오기 시작했다. 1990년대 이후 인근에 퇴비공장과 축사 등이 많이 들어서면서 생태계 여건이 나빠지기 시작했다. 설상가상으로 철새가 가을에 일찍 찾아와 수확을 앞둔 벼 나락과 이른 봄에 패기 시작한 보리 이삭을 먹어치움으로써 인근 농가에 시름을 안겨주는 탓에

1997년을 비롯하여 여러 차례 마을 청년들 일부가 갈대섬에 불을 질러 철새가 찾아오지 못하도록 하는 사건이 발생했다. 농민 개개인의 입장에서는 농수산물 시장개방에 따른 여파로 농가 소득이 점차 줄어드는 상황에서 철새마저 소출을 감소시키는 것을 견디기 어려웠을 것이다. 그리고 2000년에 들어서서 농림부 산하 한국농촌공사가 주민의 동의를 얻어 수문 바로 앞에 자리를 잡고 있는 갈대 모래섬을 준설하겠다고 나선 적이 있다. 원활한 농업용수 공급을 위해 필요한 조치라는 것이다. 만일 준설이 이루어져서 갈대밭이 사라질 경우, 철새의 핵심 서식지가 한순간에 날아갈 상황이었다. 간신히 환경운동단체가 나서서 보류를 시켰지만, 언제든 재현될 수 있는 소지가 적지 않다고 할 수 있다.

멀리 시베리아에서 남쪽 따뜻한 곳을 찾아 월동을 해야 하는 철새들 입장에서는 주남저수지가 참으로 반가운 곳일 수밖에 없을 것이다. 지구촌 전역이 개발로 몸살을 앓고 있는 초유의 사태 속에서 철새들이 겨울과 여름을 안전하게 생존할 수 있는 방도를 찾기가 쉽지 않다. 그나마 우리나라 저습지와 갯벌을 찾는 진객 철새들을 우리 인간은 어떻게 맞이해야 하는가? 그들을 내쫓으면서 인간의 이해관심만을 관철시킬 것인지, 아니면 그들에게도 생존의 여지를 남겨주면서 자연과 공존할 것인지 반성적으로 사유할 때가 되었다. 이제 우리는 자연에 대해 본격적인 이해를 할 때가 되었다고 본다. 이것은 생태학에 대한 바른 이해에서 시작한다고 볼 수 있다.

2. 생태학의 자연 이해

과거 인간은 인간이 사는 문화와 자연을 분리해서 생각했고, 자연도 생명체와 무생명체로 구분해서 살폈다. 그리고 자연을 단순히 인간의 목적 달성을 위한 수단이나 도구로만 여겼다. 그래서 자연을 마음껏 이용하여 물질적 풍요를 누리게 되었지만, 우리 인간이 저지른 업보로 인해 환경재난을 초래하고 있다. 오래된 갯벌과 습지가 간척지로 변하거나 줄어드는 것도 그런 연유에서 비롯된다.

생태학자 유진 오덤(Eugene P. Odum)은 지구환경을 셋으로 나누어 고찰하고 있다.[2] 자연환경(natural environment)은 인간에 의해 경작되거나 개발되지 않은 지역으로서 에너지를 태양광선과 자연력에 의존하는 '태양에너지 기본 동력계(basic solar-powered systems)'이다. 순치환경(domesticated environments)은 농장이나 농경지와 같이 인간이 경작한 지역을 뜻하는데, 기본 에너지는 태양이 공급하고 인간의 노동이나 기계, 비료 등이 보조 에너지로 투입된다. 이런 환경을 '태양 및 보조 에너지 동력계(subsidized solar-powered systems)'라고 한다. 인조환경(fabricated environments)은 인간이 개발한 지역으로 도시와 공업단지, 그리고 도로와 철도, 항만, 공항을 포함하는 지역이다. 이런 지역은 에너지 사용의 관점에서 석탄이나 석유, 천연가스 등의 화석연료나 전기를 외부로부터 끌어다 사용하는 '연료 에너지 동력계(fuel-powered systems)'이다.

지구는 태양광선과 먹이를 비롯한 온갖 에너지를 인간을 포함하는 생명체에게 공급함으로써 생명을 부양한다. 그러나 인간이 밀집해서 사는 도시와 공업지대는 에너지 집약적이어서 대단히 많은 에너지를 순치환경과 자연환경으로부터 끌어다 쓰고, 그리고 폐기물로서 오염물질과 산업 쓰레기를 순치환경과 자연환경으로 되돌려 보낸다. 그런데 인조환경으로부터 폐기물을 전해 받는 자연환경과 순치환경이 인간을 비롯한 생명체의 생명부양에 엄청난 장애를 주

---

2) 유진 오덤, 이도원 외 옮김, 『생태학』(민음사, 1995), 22-23쪽.

지 않을 수 없을 정도로 오염물질을 자체적으로 정화할 수 없는 상태에 이르렀다. 이것이 계속된다면 필연적으로 생명 에너지 흐름이 단절되는 생태적 위기가 고조될 것인데, 사태가 이런 지경으로 흐른 데는 인간 사회와 자연이 분리되어 존재한다는 사유 체계에서부터 비롯된 것이다.

정말 인간이 생각하듯이 자연은 서로 분리되어 존재하는 것일까? 그렇지 않다는 인식이 생태학(ecology)의 이름으로 조성되기 시작했다. 생태학의 인식은 인간과 생명체가 자연환경의 여건과 연계되어 있는 선상에서 생존할 수 있다는 것을 분명히 밝혀준다. 거시적으로 볼 때 자연은 네 유형의 구성원이 각기 고유한 역할을 수행하여 생명 에너지를 순환시킴으로써 생명체가 살아갈 수 있도록 조성되어 있다.[3] 첫째, 태양 빛과 공기, 물, 토양 등 전통의 비생물적 구성원이 있어서 생명의 기반을 이루고 있다. 둘째, 생산자로 부를 수 있는 초록식물이 있다. 초록식물은 태양 에너지의 도움 속에서 뿌리를 통해 토양 속에서 흡수한 물(H_2O)을 대기 중 이산화탄소(CO_2)와 광합성 반응을 하여 산소(O_2)를 배출하면서 스스로를 탄수화물($C_6H_{12}O_6$)의 저장소로 조성한다. 셋째, 소비자로 부를 수 있는 동물이 있다. 초식동물은 1차 소비자로서 초록식물을 먹이로 하여 활동 에너지로 사용하고, 이 과정에서 탄산가스를 다시 방출한다. 2차 소비자인 육식동물은 초식동물을 먹이로 하고, 인간과 같은 잡식동물은 3차 소비자로서 채식과 육식을 병행한다. 넷째, 박테리아와 곰팡이 등 분해자의 역할을 하는 미생물이 존재한다. 이들은 생산자 및 소비자의 사체를 분해하여 그 속에 함유된 유기물질을 비생물적 무기물로 바꾸어 다시 생명의 기반인 첫째 단계로 되돌리는

---

3) 주광렬, 『과학과 환경』(서울대학교출판부, 1986), 90-91쪽.

역할을 수행한다.

여기서 첫째에서 넷째에 이르기까지 각 단계는 수직으로 서열화를 이루고 있는 것이 아니라 원형으로 순환하고 있는 형세로 보아야 한다. 따라서 각각의 존재 구성원이 제 역할을 하지 않을 때 생태계 이상이 발생하여 어딘가에 문제가 발생한다고 볼 수 있다. 이렇게 생태학에 따르면, 지구 구성원은 보이지 않지만 협력적 역할 속에서 서로 기대어 살아간다고 할 수 있다.

더 구체적인 사례를 들어보자. 대기 중에는 질소(N_2)가 80% 이상을 차지하고 있다. 콩과식물의 뿌리에 존재하는 박테리아와 같은 원핵성 세균이 대기 중의 질소를 고정시켜서 암모니아(NH_3)나 아질산염(NO_3^-), 질산염(NO_2^-)으로 만든다. 식물은 이런 형태의 질소 성분을 흡수하여 단백질로 조성한다. 그리고 인간을 비롯한 동물이 콩을 섭취함으로써 단백질을 보충한다. 또한 역으로 동식물의 생명이 다하게 되면, 사체에 박테리아가 침투하여 단백질을 분해함으로써 다시 질소를 대기로 보내게 된다.[4] 이렇게 대기 중의 질소가 미생물의 작용에 의해 인간에게 반드시 필요한 단백질과 아미노산의 형태로 전환되어 공급되고, 역으로 생명의 시한이 끝난 뒤에는 박테리아의 작용에 의해 대기로 되돌아감으로써 다양한 생명 에너지가 순환한다.

반면 인간으로 인해 조성된 결과가 순환 과정에서 인간에게 해악으로 돌아오는 경우도 적지 않다. 오존(O_3)은 성층권에서 태양광선에 의해 산소와 반응하여 오존층을 형성한다. 그런데 냉장고의 냉매나 산업체의 용매로 쓰는 염화불화탄소(CFC)나 프레온가스는 제트 항공기나 에어로졸 기구에서도 분출하는데, 이것이 대기의 오

4) 위의 책, 96-98쪽.

존층을 파괴하는 것으로 작용한다. 그 결과 필터 역할을 하는 오존층이 사라지거나 엷어짐으로써 자외선이 그대로 지표면에 도달하고, 결국 생명체의 면역체계 이상을 초래하고 인간에게는 피부암과 백내장 등의 질병을 유발한다. 오존은 필요한 곳에 있어야 한다. 그러나 부적절한 곳에 있을 때 역시 문제를 발생시킨다. 지상에서 태양이 작열할 때 자동차 사용의 증가로 인해 오존의 농도가 높아지면 호흡기 질환을 유발하게 된다.

에너지 없이 어떤 생명도 존재할 수 없다. 다행스럽게도 태양은 기본적으로 지구에 에너지를 제공하고, 이것을 지구상의 생명체가 무생명계와 반응하여 생명 에너지가 순환하도록 한다는 것이 생태학의 통찰이다. 이런 에너지는 열역학의 두 가지 법칙에 따르게 된다. 그 첫 번째는 에너지 보존의 법칙이고 두 번째는 엔트로피(entropy) 법칙이다. 첫째 법칙은 우주에서 에너지의 형태가 변해도 그 총량은 그대로 유지된다는 것이다. 둘째 법칙은 에너지가 인간에 의해 사용될 경우 농축된 형태에서 흩어진 형태로 전환되어 무질서의 정도를 나타내는 엔트로피가 높아진다는 것이다. 즉 인간이 화석연료인 석유와 석탄 등을 사용할수록 쓸모 있는 에너지가 쓸모가 없는 에너지로 변한다는 것이다.

지금까지 진화 과정에서 자연은 에너지를 농축하는 경향을 보였다면, 인간은 문화적 행위를 통해 그것을 흩뜨리고 있다고 볼 수 있다. 문제는 자연의 농축 정도를 엄청나게 상회할 정도로 인간 사회의 발전을 도모함으로써 재생 불가능한 자원을 빠르게 소진하고 있고, 그 과정에서 예기치 못할 재난을 초래할 것이라는 점이다. 이렇게 생태학은 생명 에너지의 순환이 자연적으로 좋거나 또는 인위적으로 좋지 않거나 간에 인간에게 인간 문화의 존속이 인간 외적인 자연과 밀접하게 연루되어 있음을 드러내고 있다.

3. 생태학과 현대 물리학의 방법론

오래 전부터 인류는 자연에서 문화를 구축하여 인간다운 삶의 영역을 개척하면서 진리와 지혜에 대한 탐구를 수행했다. 철학이라는 이름으로 지혜에 대한 일반적 탐구를 시작한 것이다. 아리스토텔레스(Aristoteles)에게서 잘 나타나듯이, 한편으로 형이상학적 탐구가 진행되었고 또 다른 한편으로 자연학에 대한 지적 심화 과정도 전개되었다. 다만 후자가 실생활과 직결되어 있기 때문에 인류 사회가 발전하면서 우주와 자연에 대한 지식을 더욱 절실하게 필요로 했다. 자연에 대한 지식은 근대에 접어들면서 자연과학으로 분화하였고 비약적인 발전을 이루게 되었다. 이때 과학혁명을 이끈 견인차 역할을 주로 물리학이 담당했다. 이후 거의 모든 학문은 물리학의 연구 성과를 주된 축으로 삼으면서 학문적 미세 조절과 심화 과정을 거쳐 왔다. 현대의 과학기술도 19세기에 들어서면서 자연과학과 기술의 결합에 의해 탄생되어 현대 문명의 성장에 엔진 역할을 담당하고 있다. 그뿐만 아니라 경험을 넘어선 지혜와 진리를 탐구하는 역할을 담당했던 철학마저 자연과학, 특히 물리학의 연구 성과와 조율하는 선에서 전개되고 있음을 부인할 수 없는 실정이다. 이렇게 보면 근대는 물리학이 기축 학문의 역할을 수행했다고 볼 수 있다.

그러나 오늘날 전통의 자연과학에 대한 회의가 싹트기 시작했음도 분명하다. 물질적 성장에 초점을 맞춘 산업문명이 구조적으로 환경위기의 고조와 직결되어 있는데, 산업문명의 발전에 엔진 역할을 수행하고 있는 것이 다름 아니라 현대의 과학기술이라고 보기 때문이다. 이미 린 화이트(Lynn White, Jr.)는 오늘의 환경위기의 뿌리로서 근대 과학과 그 연장선상에 있는 서구적 세계관을 지적한 바 있다.[5] 현대 과학기술과 근대 과학관이 환경문제의 핵심적 뿌리의 하나로 지목되는 이유는 그것이 도구적 가치관 및 세계관에 근거하고 있다는 점이다. 그것은 주객 이분법(subject-object dualism)을 방법으로 하는 분리주의 사유 의식을 반영하고 있다.

자연과 사회, 인체를 분리해서 바라보는 관점이 학문의 방법으로 고착되었는데, 이것을 일러 방법론적 개체론(methodological individualism)이라고 한다. 이분법이 대표적 유형인데, 서양은 근대 이후 바로 이 방법론으로 자연과학과 사회과학의 내용을 확보했다. 근대의 물리학이 데모크리토스(Democritos)의 원자론을 부활하는 형태로 선도한 것이다. 이 방법론은 전체가 요소 단위들(elementary units)의 합으로 환원된다고 여긴다. 그래서 더 이상 쪼갤 수 없는 요소로 이행하는 분석을 수행하여 낱낱의 요소의 속성을 파악하고, 그리고 그것을 합산하는 것으로 전체를 이해했다고 본다. 이렇게 자연과 사회, 인체를 파악했다. 그 결과 물리학과 화학, 생물학, 서양 의학, 그리고 개인주의에 토대를 둔 제반 사회과학(예, 고전 경제학) 등이 탄생했다.

물론 인식 과정에서 사물과 사건, 사태 등을 분리해서 생각해 보는 것은 필요하다. 그러나 이것이 인식론적(epistemological) 분리주의에서 존재론적(ontological) 분리주의로 넘어간 것이 비극의 시작이다. 다시 말해서 생각함에 있어서 분리해 보는 시각이 실제로도 존재의 지평에서 분리되어 있다는 시각으로 이행한 것이다. 어느덧 존재론적 분리주의에 우수와 열등에 따른 차별적 가치가 결합되었다. 이런 가치관을 제공한 것은 근대 철학이었다.

근대 철학의 창시자인 데카르트(R. Descartes)는 정신과 물질적

---

5) Lynn White, Jr., "The Historical Roots of Our Ecological Crisis", *Science* 155(1967), pp.1203-1207.

신체는 상호작용을 하지만 그 본질적 속성을 달리하기 때문에 서로 존재론적으로 분리되어 있고, 물질에는 기계론적 법칙이 적용된다고 보았다. 또한 베이컨(F. Bacon)은 자연을 그대로 내버려둘 때 자연의 재앙으로 인해 인간이 곤경에 빠지기 일쑤이기 때문에, 자연에 기계장치를 들이밀고 괴롭혀서라도 그 법칙을 낱낱이 캐내어 자연을 정복하게 될 때 비로소 인간 제국의 영역을 확장할 수 있다고 보았다. 그래서 자연에 대한 과학적 지식이 인류에게 힘이라고 설파했던 것이다.[6]

역사적으로 분리주의 이분법적 구분이 우수와 열등에 따른 차별 가치 부여와 결합되어 현실화함으로써 숱한 사회문제를 발생시켰다. 사회에서 지배계급과 피지배계급, 백인종과 유색인종, 남성과 여성의 양극화에 따른 갈등이 첨예화하면서 억압과 차별에 따른 문제로 나타난 것은 근본적으로 바로 이것 때문이라고 할 수 있다. 그리고 그 연장선상에서 인류 사회에 의한 자연 수탈이 가시화하고 있고, 이것이 환경재난에 따른 위기로 이어지고 있다고 볼 수 있다.

이제 사회문제는 물론 환경문제까지 함께 해결하는 근원적 해법이 모색되려면 자연과 사회를 보는 다른 방법론이 출현해야 한다. 마침 새로운 연구 성과가 나타나기 시작했다. 이미 그것은 물리학에서 진행되었다. 양자 물리학으로 대표되는 현대 물리학이 등장한 것이다. 뉴턴의 고전 물리학은 주객 이분법과 결정론, 절대주의를 함축하고 있다. 뉴턴 물리학은 자연에서 기계론적 법칙에 의거하여 결정적으로 진행되고 있는 사실을 있는 그대로 파악하여 기술하는 것이 가능하다고 보았다. 과학은 실험자 또는 관찰자와 무관하게 자연에서 진행되는 사실을 객관적으로 파악하는 것인 데 반해, 가

6) 자세한 것은 다음을 볼 것. 한면희, 『초록문명론』(동녘, 2004), 104-108쪽.

치는 인간 관찰자에 의해 부여되는 것인 까닭에 과학은 가치와 무관하다는 과학의 가치 중립성(value-free) 논제가 당연하게 수용되었다. 반면 양자 물리학은 주객 이분법이 더 이상 유효하지 않음을 드러냈다. 과학자가 관찰을 통해 확보하는 것은 순수한 사실 그 자체가 아니라 사실에 대한 인간적 인식일 뿐이라는 것이다.

양자 물리학은 관찰 결과를 확률함수로 나타낸다. 하이젠베르크(W. Heisenberg)는 이런 "확률함수가 두 가지, 즉 부분적으로 사실과 부분적으로 그 사실에 대한 우리의 인식의 혼합을 나타낸다"고 말하고 있다.[7] 한 마디로 과학이 인간의 과학인 것이다. 관찰자가 어떤 실험장치와 조건을 조성하느냐에 따라서 내용이 (결정적이 아니라) 확률적으로 다소 달라질 수 있고, 그 결과는 자연적 대상과 관찰자, 실험조건의 상호작용의 산물인 탓에 과학적 지식은 인간 관찰자와 자연의 연관 속에서 드러난다. 그런 연유로 자연과학의 지식은 가치와 무관한 것이 아니라 연루되어 있는 것으로 여겨진다.

현대 물리학의 지식은 인간과 자연이 둘로 분리되어 있지 않음을, 즉 내적 관계로 연결되어 있음을 드러낸다는 점에서 근대 과학의 이분법적 패러다임이 더 이상 유효하지 않음을 나타낸다. 이것은 자연에 대한 직접적 인식에서도 마찬가지로 표출되었다. 즉 분리주의 사유 체계에 의거하여 성립된 전통의 근대 생물학과 달리 새로운 자연 인식에 바탕을 둔 생태학이 탄생한 것이다.

생태학은 1866년 핵켈(E. Haeckel)에 의해 그 이름이 명명되었다. 20세기 초 클레망(F. Clements)을 필두로 한 여러 생태학자들은 지구를 포괄적인 유기적 존재로 표상하기 시작했다. 이어서 지

---

7) W. Heisenberg, *Physics and Philosophy*(New York: Harper Touch-books, 1958), p.45.

구를 세 거대한 길드, 즉 생산자(초록식물)와 일차 및 이차 소비자(초식 및 육식 동물) 그리고 분해자(곰팡이와 박테리아)로 구성된다고 은유적으로 표현했다. 마침내 은유적으로 비유되는 상위 유기적 존재를 표현하기 위해 생태계(ecosystem)란 용어가 1935년 탠슬리(A. Tansley)에 의해 주조되었다.

생태계의 먹이사슬 관계는 생명 순환적이다. 1단계로서 빛과 물, 토양, 공기 등으로 이루어진 생명 토대가 있고, 그 기반 위에서 2단계의 초록식물이 생산자 역할을 담당하며, 3단계의 동물은 주로 소비자로 생명을 이어가고 있다. 그리고 자연적 존재의 수명이 끝나면, 4단계의 박테리아와 곰팡이 등은 분해자의 역할을 수행하여 다시 유기물을 1단계의 것으로 되돌림으로써 생명의 기운이 순환하도록 조성한다. 모두가 원형 궤도로 이어지는 생명 에너지 순환 체계에 편입되어 있다. 생태학은 자연적 존재가 유기적으로 생명 에너지 순환 관계에 놓여 있음을 드러내고 있다. 이렇게 보면 생태학은 분리주의 패러다임의 산물인 생물학에 뿌리를 두고 있는 것이 아니다. 오히려 그것은 개념적으로 전혀 새로운 가계인 열역학 물리학에서 태어난 것[8])으로서 새로운 현대 물리학과 상보적 관계를 형성하고 있는 것으로 알 수 있다.

생태학에 열역학 개념을 처음 도입한 사람은 물리화학에 정통했던 로트카(A. J. Lotka)였다. 20세기 초반에 그가 제시한 기본 논제는, 당시로서는 완전히 새로운 발상이었는데, 모든 유기적 및 무기적 세계의 구성 요소들이 열역학을 통하여 긴밀한 방식으로 연관되어 있는 하나의 체계(system)로 기능한다는 것이다. 즉, 전체를 관계적으로 이해하지 않고서는 그 구성 부분을 제대로 이해하는 것이

8) D. Worster, *Nature's Economy: The Roots of Ecology*(Garden City, N.Y.: Anchor Books, 1979), p.303.

불가능하다는 것이다. 이것은 당시의 생물학자들이 하나하나의 생물 종과 개체에 시선을 집중하면서 전체와 그 관계를 보지 못하는 과오를 범하는, 그럼으로써 지나치게 좁은 시야를 갖게 된 것에 대한 비판으로 작용했다. 더 나아가 본질적으로 방법론을 달리하는 새로운 생태학의 출현을 예고하는 것이었다. 다만 탠슬리가 생태계라는 용어를 주조하여 히트를 시킴으로써 로트카와 나누어 가져야 할 명예의 대부분을 혼자서 차지하는 셈이 되고 말았다.9)

열역학의 영향을 받은 생태학은 이미 같은 뿌리에서 탄생한 현대 물리학과 잘 어울릴 수밖에 없다. 특히 양자 물리학의 상보성 이론과 형이상학적 통찰을 같이 할 수 있다고 보인다. 이때 생태학과 현대 물리학의 형이상학에 관통하는 것으로서 방법론적 전체론(methodological holism)이 이미 그 안에 개입되어 있다. 전체론은 자연과 사회 등 전체가 그 구성 부분들 사이의 합 이상이라고 본다. 즉 전체는 전체로서의 고유한 특성이 있기 때문에, 이것을 구성 부분들로 분리할 경우 그 특성이 사라지거나 또는 구성 부분들 사이의 관계성이 절단된다고 여긴다. 이런 맥락에서 폴 셰퍼드(Paul Shepard)는 "사물들의 관계는 사물만큼 실재한다"고 선언함으로써 생태학의 형이상학적 의미를 개진하였다.10) 이것이 뜻하는 바는 자연을 구성하는 자연적 존재들이 존재론적으로 고립되어 있는 것이 아니라 서로 내적으로 관련되어 있는데, 이 내적 관계가 눈에 보이지 않을 뿐 유기체와 마찬가지로 실재한다는 통찰이다. 이제 현대 물리학과 생태학이 자연에 대한 경험적 학문의 새 패러다임으로 등

---

9) 유진 오덤, 『생태학』, 102-103쪽.

10) Paul Shepard, "Ecology and Man: A Viewpoint", P. Shepard and D. McKinley(eds.), *The Subversive Science*(Boston: Houghton Mifflin, 1969), p.3.

장할 수 있게 되었다. 따라서 환경문제를 근원적으로 해결하고자 하는 생태윤리와 생태주의 이념은 자연에 대한 새로운 패러다임으로서 생태학과 긴밀한 관계를 형성하지 않을 수 없다. 간략히 하자면 그것은 생태학에 대한 통찰로부터 사회와 자연의 유기적 관계성과 상생, 그리고 호혜적 태도가 주류를 이루는 새 지평을 여는 방향으로 지향해야 할 것이다.

4. 생태적 윤리와 정책

근대 생물학은 자연적 존재가 분리되어 있다는 조망으로 생명체에 대한 분석적 탐구를 진행한 반면, 생태학은 자연의 구성원들이 서로 유기적으로 연결되어 있음을 드러내고 있다. 오늘날 현대 문명인이 스스로 저지른 업보로 인해 환경적 곤경에 빠져 있기 때문에 생태학은 새로운 통찰을 제공하는 분야가 될 것이다. 다만 생태학은 자연에 대한 사실을 드러내줄 뿐이라는 데 한계가 있다. 즉, 생태학만으로는 다음과 같이 사회적 사실 및 가치와 연루된 질문에 답변을 해줄 수 없다. 우리가 자연과 상생하는 방식으로 미래 사회를 어떻게, 어떤 내용으로 도모해야 하는가? 미래 사회에서 인간은 자연을 어떻게 대우하는 것이 옳은가? 인간 사회 내에서는 자연에 대한 이해를 반영하여 어떤 질서로 제도를 구축해야 하는가? 인간은 어떤 생활양식을 갖추고 살아야 하는가?

이런 것에 답변하려면 불가피하게 사회적인 접근을 해야 하고, 더 나아가 윤리학과 형이상학의 접근으로 이행하지 않을 수 없다. 다만 생태학에 대한 이해가 기초가 될 수 있다. 따라서 과학적 생태학(scientific ecology)을 포함하되, 그것을 넘어서서 사회적 생태이론, 생태주의 이념(ideas of ecologism), 그리고 생태주의 윤리와 정책으로 도약하지 않을 수 없다. 즉, 생태학을 이념적으로 해석하여 새로운 가치관과 세계관을 모색하고, 윤리적 평가에 따라 실천적 행위 지침을 추구하며, 그에 따라 사회정책이 구체적으로 수행해야 할 바를 조율하도록 해야 한다. 더 멀게는 새로운 지평의 문명으로 나아가는 활로를 개척해야 한다. 결국 생태학을 토대로 환경 사회과학과 생태윤리, 생태주의 철학 등을 추구하는 단계로까지 이행함으로써 모든 학문과 실천을 초록화(greening)하는 것으로 나아가야 한다.

생태학을 바탕으로 하는 생태윤리는 생명 공동체의 영역에 사회는 물론 자연까지 포괄하지 않을 수 없다. 생태윤리는 우선 사회에서 공동체의 다른 구성원들이 서로에게 호혜적으로 대할 것을 요청한다. 그리고 이런 호혜성은 사회와 자연의 양자 관계에도 적용되어야 함을 요구한다. 이렇게 조성될 때 인간은 동료 구성원을 호혜적으로 대우함으로써 누구나 존엄한 인간으로서 인간답게 살아갈 수 있도록 배려하고 그리고 자연과 자연적 존재에게도 호혜적으로 대우함으로써 인간의 문화가 자연과 상생할 수 있도록 해야 한다.

호혜성(reciprocity)에 바탕을 둔 생태윤리는 그대로 정책(policy)으로 실현되어야 한다. 정책은 사회 또는 국가가 목표로 정한 것을 실현하는 일반적 수단이다. 그런데 오늘날의 정책은 엘리트에 의해 입안되고, 정치적 향배에 따라 결정되며, 다소간의 이해관계에 의거하여 집행되는 경향을 띤다. 특히 대의 민주주의를 구현하는 과정에서 정책은 표심에 따라 좌우된다. 이것이 환경과 관련될 때 자칫 자연으로부터 얻게 될 각 이익집단의 이해관계만 고려할 뿐 그로 인해 초래되는 환경상의 부담은 염두에 두지 않거나 다른 곳에 전가하는 모습을 보이게 된다. 정책이 종종 윤리적으로 정당화될 수 없는 방향으로 나갈 수 있다는 것이다. 따라서 정책은 바람직한 정책 철학에 의거하여 일관되게 기획되고, 민주주의 절차에 따라 결정되며, 공정하게 집행되어야 한다. 이때 이런 전반적 정책과정을 조절하고 규율하는 역할을 윤리가 일정하게 담당하지 않을 수 없다.

사회정책도 개인의 행위와 마찬가지로 규범적으로 정당화될 수 있도록 해야 한다. 그렇다면 환경 관련 정책도 마찬가지여야 한다. 특히 오늘날 사회가 필요로 하는 개발이 되었든 아니면 자연보전이 되었든, 모두가 넓은 의미의 환경 관련 정책으로 드러나고 있다. 이에 생태윤리와 생태주의 철학은 중장기적으로 새 문명사회의 제도를 구축해야 함은 물론 단기적으로 현재의 정책도 바르게 진행될 수 있도록 인도해야 할 것이다. 오늘날 윤리경영과 환경경영이 운위되고 있는 것처럼, 당연하게 윤리정책도 요청된다.

이제 생태윤리에 따른 정책의 눈으로 습지 문제를 살펴보자. 습지는 개발로 인해 대부분 사라진 상태이기 때문에 지구상에 얼마 남아 있지 않다. 한반도 남한의 경우에도 정족산 인근의 산지형 저습지와 우포늪, 주남저수지 등 그렇게 많지 않은 편이다. 그런데 이런 습지는 내륙에 있기 때문에 인간이 근접하기 비교적 쉽다. 그러면서도 생물 종의 다양성이 구현되어 있다. 흔히 종 다양성이 지극히 약화된 대표적 유형이 사막인데, 인간도 살아가기 어려운 곳이다. 인간이 가까이 할 수 있으면서 종 다양성이 구현된 곳은 생명 에너지가 충만한 곳이다. 그런 에너지는 인간에게도 활력을 준다. 물론 인간에게 미적인 탄복의 대상이기도 하고 또 그것으로부터 생태적 감성과 자연 영성을 체험하거나 느끼는 것이 가능할 수 있다. 따라서 생태학의 통찰을 중시하는 생태윤리와 윤리정책은 이런 습지를 보전하는 데 주력해야 한다. 우포늪을 람사협약 습지로 등록한 것도 이런 연유에서 비롯되었다고 볼 수 있다.

그렇다면 주남저수지 안 갈대섬에 대한 방화 사건을 어떻게 볼 것인가? 그곳 역시 생물 종의 다양성이 구현된 습지이기 때문에 같은 시각에서 바라보아야 한다. 자연은 인간의 소유가 아니고 또한 독점물도 아니다. 먹이를 찾아 헤매는 철새가 찾아온다면 이들을 반길 일이지 불을 질러 서식지를 없앰으로써 그들을 내쫓을 일이 결코 아니다. 인간이 호혜적 관계로 자연적 존재를 대우해야 하는 것이다. 다만 문제가 남아 있다. 숱하게 찾아드는 철새로 인해 인근 주민과 농민이 경제적 손해를 보게 되는데, 이를 어떻게 할 것인가? 철새가 찾아듦으로써 유무형으로 얻게 되는 혜택은 우리 모두에게 돌아온다. 이에 우리는 호혜적 관계로 동료 사회 구성원을 대우해야 한다. 생태윤리에 의거한 정책 가운데 하나는 자연을 오염시키는 행위에 세금이 부과되어야 하고, 이와 반대로 자연을 지키는 행위에 정신적 배려와 재정적 지원이 이루어져야 한다. 주민이 입는 경제적 손실만큼 보상이 있어야 한다. 그 비용은 세금 또는 공적 기금을 통해 조성될 수 있다. 이렇게 함으로써 주남저수지에 철새는 계속 날아들 수 있도록 해야 한다.

우열에 따른 분리주의 의식은 또한 화학 농업을 탄생시켰다. 인간이 농사를 지으면서 비용은 적게 들이고, 더 많은 이익을 얻고자 제초제와 농약 등 화학약품을 사용하고 있다. 그런데 이런 화학약품은 비에 씻겨 흙과 강, 바다로 침투하거나 흘러든다. 결국 분해되지 않은 대부분은 지렁이, 각종 민물고기, 바다 어류 등에게 농축되어 새와 인간에게 피해로 되돌아온다. 속 좁은 인간이 단기적으로 이익을 얻겠지만, 피해는 우회해서 결국 우리 모두와 후손에게 찾아든다. 반면 생태적 인식과 생태윤리의 정책은 신토불이(身土不二) 농업을 권장할 것이다. 당연히 땅에 함부로 독성 농약을 뿌릴 일이 못 된다. 인간의 신체와 우리가 살고 있는 땅이 둘로 분리되어 있는 것이 아니라, 생명적 차원에서 하나로 이어져 있다는 우리네 전통적 자연관은 생태학과 방법론적 전체론에 부합한다. 이제 정책은 생태학과 생태윤리의 통찰을 존중함으로써 모든 인간의 건강과 생태계의 안정성 및 생물 종의 다양성을 유지하거나 구현하는 방향으로 진행되어야 한다. 그리고 이에서 더 나아가 법과 사회제도도 자연과 친화적으로 구축될 수 있도록 선회해야 한다.

제 4 장

인간 중심적 환경윤리와 자연의 도구적 가치

1. 전통의 윤리와 인간 중심주의

인간은 사회를 이루면서 동료 구성원과 함께 살아간다. 그런데 사회 속의 인간은 이기적 성향을 보이는 경향이 많다. 인간 내면에 그 일부로서 이기심이 자리를 잡고 있기 때문이다. 토머스 홉스(T. Hobbes)는 이런 이기심에 따른 행동이 본래 자연스러운 것이므로, 이기적으로 행동하는 것이 도덕적으로 옳다는 주장을 펼쳤다. 그래서 이기주의 윤리설이 등장했다. 이것이 갖는 문제는 사회제도도 각 개인의 이기적 행동을 지원하는 것으로 짜여짐으로써 자신의 배타적 이익을 가장 잘 실현할 수 있는 강자 중심으로 형성되고, 그럼으로써 약육강식에 따른 황폐화된 사회가 될 것이라는 점이다.

인간에게는 한편으로 이기심이 있음을 부정할 수 없지만 또 다른 한편으로 양심이 존재함도 엄연한 사실이라고 할 수 있다. 바로 이 양심에 호소하여 올바른 행위 유형을 계몽하고 또 그 기준을 규범으로 채택하여 권장할 때 그런 사회는 인간이 더불어 살아갈 수 있는 공동체가 될 것이다. 마침 인간에게는 이성의 고유한 기능이 존재하고, 이성은 인간에게 선택적 상황에서 양심에 따라 행동할 수 있도록 유도하기도 한다. 그리스의 철인 소크라테스(Socrates)는 바로 이런 연유로 인간의 훌륭함은 이성에 따르는 인식에 의해 구현됨을 설파하였다.

플라톤(Platon)은 인간의 능력을 이성과 신체적 감각의 둘로 구분하여 감각적 유혹에 빠지기보다 이성적 인도에 부응할 때 사회, 즉 아테네와 같은 도시국가가 이상적이 될 수 있다고 보았다. 그러면서 그는 사회 구성원이 네 가지 주요한 덕목(virtues)을 실현하도록 애를 써야 한다고 여겼다. 먼저 통치자 집단은 지혜롭게 다스려야 하고, 무사 집단은 위험한 적들로부터 자기 나라를 지키기 위해 용기를 갖추어야 하고, 생산에 종사하는 일반 시민은 스스로의 분수에 따라 살아가는 절제가 필요하며, 그리고 이런 요인들이 잘 조화를 이룸으로써 전체로서 국가는 정의롭게 유지될 수 있어야 한다고 주장했다.

아리스토텔레스(Aristoteles)는 자연적으로 존재하는 것 모두에 목적이 있고, 인간의 경우에도 당연하게 해당된다고 보았다. 즉 인간은 다른 동식물과 달리 인간에게만 고유한 이성을 갖고 있으므로 이를 잘 발휘하는 윤리적 및 지성적 덕을 실천하고 향유함으로써 행복을 누려야 한다고 여겼다. 그리고 다른 구성원과 관계를 맺고 살아가는 개개인에 대해 사회는 같은 것은 같게 대우하고 같지 않은 것은 같지 않게 대우함으로써 정의로운 상태를 유지해야 한다고 보았다.

중세 시기에는 기독교가 국교로 지정되면서 로마 교황청의 위세

가 하늘을 찔렀고, 권력에 영합한 종교적 폐해로 인해 암흑기를 맞이했었다. 그러나 성 아우구스티누스(St. Augustinus)와 토마스 아퀴나스(Thomas Aquinas)에게서 나타났듯이 성서를 바탕으로 한 윤리는 보편적으로 수용해야 할 아름다운 것으로 생각되었다. 구약의 십계명 체계는 인간이 누구나 지켜야 할 도덕규칙으로 전해졌고, 무엇보다도 예수 그리스도가 전파한 사랑의 원리는 인도의 빈자를 돌본 테레사 수녀(Mother Teresa)에게서 재현되었듯이 참으로 숭고한 것이었다.

그리스의 정신은 중세를 넘어 르네상스를 거치면서 근대로 전해졌고, 이런 기반 위에서 정교하면서 실천적일 수 있는 윤리 사상도 출현했다. 대표적으로 영국에서는 공리주의(utilitarianism)가 탄생했다. 그것은 그리스의 개인적 쾌락주의를 사회적인 것으로 확장한 것인데, 효용성(utility)을 핵심 원리로 채택하고 있다. 그것은 한 행위에 대해 영향을 받는 최대 다수에게 최대의 좋음을 결과적으로 가져다주는 것을 도덕적으로 옳은 것이라고 여긴다. 여기서 도덕적 옳음(moral rightness)은 그것과 다른 좋음(the good)에 의존한다. 벤담은 이 좋음을 쾌락(pleasure)이라고 보았고, 밀은 그것을 행복이라고 여겼다. 그래서 공리주의는 인간의 행위에 대해 그것에 영향을 받는 최대 다수에게 최대의 쾌락이나 행복, 또는 도덕적 선을 초래할 때 그 행위가 옳다고 인정한다. 이런 공리주의 윤리 사상은 국가 정책과 경제학에 결정적인 영향을 끼쳤다.

근대에 대륙에서는 국가의 법체계에 심대한 영향을 미친 윤리 사상이 출현했는데, 그것은 철학자 칸트(I. Kant)에 의해 조성되었다. 칸트는 인간의 선의지(the good will)에서 나오는 행위는 그것이 초래한 결과에 관계없이 도덕적으로 옳다고 간주한다. 공리주의는 도덕적 옳음을 행위의 결과로 판정하는 데 반해, 칸트는 그것이

행위 자체에 있다고 보는 점에서 양자는 대조적이라고 할 수 있다. 칸트는 우리가 현실 속에서 다양한 문제 상황에 놓이게 되고, 그때 선의지를 가진 우리가 반드시 준수해야 할 도덕규칙이 있을 터인데, 그런 규칙은 항상 보편적으로 타당할 수 있는 성격의 것이어야 한다고 보았다. 그는 이것을 실천이성의 근본법칙, 즉 "네 의지의 준칙(maxim)이 항상 동시에 보편적 입법의 원리로서 타당할 수 있도록 행위하라"는 지상명령으로 표현했다.

칸트는 지상명령을 세 가지 형식으로 그 모습을 드러내었다. 첫째, 어떤 것이 도덕규칙이려면 보편화 가능한 것이어야 한다. 예컨대 S라는 상황에서 갑이 을에게 X를 해야 한다고 말할 경우, 같은 상황에서 을도 갑에게 X를 해야 한다고 말하는 것이 성립해야 하고, 이것은 누구에게나 적용되어야 함을 뜻한다. 이것은 곧 "너희는 남에게 대접을 받고자 하는 대로 남을 대접하여라"는 성서의 황금률을 구체화한 것이라고 볼 수 있다. 그런데 여기서 선한 의지를 갖고 오로지 의무로서 보편적인 도덕규칙을 준수할 수 있는 존재는 인간뿐인데, 그것이 인간에게만 가능한 이유는 이성을 갖고 있기 때문이다. 그래서 칸트는 지상명령을 두 번째 형식으로 표현했다. 그것은 어떤 것이 도덕규칙이려면, 그 규칙을 준수하려는 모든 사람이 동료 인간을 수단이 아닌 목적으로 대우해야 함을 함축한다. 즉, 이성적 인간은 누구나 목적으로 대우를 받을 본래적 가치(value in itself)를 갖는다는 것이다. 그리고 이것은 또한 세 번째 형식으로 표현되었다. 어떤 것이 도덕규칙이려면, 각자가 자신의 의지에 따라 스스로에게 부과하는 것이어야 하고 또 그럼으로써 스스로 준수하는 존재여야 한다. 이성적 존재는 도덕의 세계에서 자율적 의지에 따라 스스로 규범을 부과하는 법의 제정자이면서 또한 그것을 마땅히 준수할 의무를 가진 시민이 된다.

이렇게 서양에서는 사회를 건강하게 유지하기 위해 필요한 핵심적 윤리 사상이 큰 흐름을 형성하면서 조성되었고, 그것이 오늘날 전통의 맥을 잇고 있다. 그리고 이런 윤리 사상 덕분에 인류 역사를 거치면서 사회가 부단히 정화되면서 오늘날과 같이 민주주의와 인권이 존중되는 시대가 도래했다고 볼 수 있다. 그러나 서양의 윤리 사상이 인간 사회를 도덕적으로 건강하게 만드는 데 기여했다고 해도 그것이 현대인이 직면한 새로운 문제, 즉 환경문제를 해결하는 데도 기여할 수 있느냐에 대해서는 이론의 여지가 적지 않다. 생태윤리를 대안으로 모색하는 입장은 서양의 전통윤리를 상당 부분 존중하지만 그것이 인간과 자연, 사회와 자연의 관계에서는 적절하지 않다고 여긴다. 그래서 해법도 새롭게 추구한다. 그 일환으로 비서구적 전통 속에서 새로운 윤리 사상의 싹을 찾는 시도를 하기도 한다. 반면 여전히 서양의 전통윤리를 그대로 존중하는 선에서 환경문제에 대한 해법을 모색할 수 있다고 보는 견해가 있는데, 그것은 인간 중심적 환경윤리로 나타났다.

2. 인간 중심적 환경윤리: 전통윤리의 응용

대다수 서양인들은 자신들의 전통윤리가 값진 것이고 또 오늘의 인류가 직면한 환경문제를 해결하는 데 핵심적인 열쇠가 거기에 있기 때문에, 이를 바르게 응용하는 것으로 해법을 찾을 수 있다고 보는 경향이 있다. 이것은 인간 중심적 환경윤리(anthropocentic environmental ethics)로 나타났는데, 대표적 학자로 패스모어(J. Passmore)를 꼽을 수 있다. 그는 무엇보다도 동료 서양인들 일부가 환경문제의 근본적 해결을 위해 비서구적 전통에서 대안적 해법을 찾으려는 시도에 대해 대단히 불쾌한 심기를 갖고 있었다. 그래서 그는 영국의 저명한 과학 잡지 『뉴사이언티스트(*New Scientist*)』 편집인이 1970년에 서양의 윤리에서 해법을 찾기보다 오히려 "힌두교나 불교의 신앙 또는 아시아의 농업문화를 볼 필요가 있다"는 주장에 대해, 이를 비합리적이고 반과학적이며 신비적인 것으로 비판하면서, 서구 문명이 누렸던 "특유의 영광"을 위해 "분석적이고 비판적인 접근법"을 포기할 수 없다고 선언했다.1)

패스모어는 서양의 전통이 자연과 윤리적으로 적합한 관계를 맺어줄 토양을 형성하고 있으므로 새로운 윤리가 필요하지도 않고 또한 기존의 윤리를 확장할 필요도 없이 그대로, 그러나 더욱 충실하게 지키는 것으로 충분하다고 주장하였다.

> 기독교든 아니면 공리주의든 서양의 전통적인 도덕적 가르침은 늘 사람들에게 이웃을 해치도록 행위해서는 안 된다는 것을 말해 왔다. 이제 우리는 바다나 대기로 쓰레기를 처리하고, 생태계를 파괴하고, 인구를 늘려 거대한 가족을 구성하며, 그리고 자원을 고갈시키는 것이 현세대든 미래세대든 동료 인간에게 해를 끼치는 것임을 알게 되었다. 이런 정도라면 무엇이 되었든 어떤 것을 추가하지 않더라도 전통적인 도덕으로도 우리의 생태적 관심, 즉 오염 행위를 하지 않고 자연 자원을 고갈시키지 않으며 다른 생물 종과 야생 자연환경을 파괴하지 않도록 하는 우리의 요구를 정당화하는 데 충분하다.2)

패스모어는 인간의 탐욕과 짧은 식견, 생태적 무지로 인해 환경 재난이 초래되었기 때문에, 전통윤리에 의해 타인을 존중하고 생태

---

1) J. Passmore, *Man's Responsibility for Nature*(New York: Scribner's, 1974), pp.3-4.

2) Ibid., pp.186-187.

적으로 멀리 내다보는 안목을 지니면 문제는 해결될 수 있다고 보았다.

패스모어가 서구 이외의 전통에서 새로운 생태윤리의 가능성을 모색하려는 시도에 대해 반감을 갖고 있었다면, 맥클로스키(H. J. McCloskey)는 환경위기에 대한 예측을 불신하는 동기를 갖고 있었다. 그는 우선 생태계 위기가 도래한다는 대부분의 예측이 참된 과학적 토대 위에서 나온 것이 아니라고 보면서, 우리가 자원이라고 부르는 원료는 단지 지구에서 극히 일부분만 개발해서 얻은 것일 뿐이라고 여긴다. 그에 따르면, 인간이 자원을 얻기 위해 파헤친 지구 표면은 얼마 되지 않고, 해양 생태계 상당 부분도 개발이 되지 않은 미지의 영역으로 남겨져 있으니, 지구는 상상할 수 없을 정도로 엄청난 자원을 갖고 있는 셈이다. 결국 "지구는 참으로 무궁무진한 자연 에너지를 공급하면서 인간 기술이 이를 이용하기를 기다리고 있다는 사실을 생각해 보면, 핵연료도 재생 불가능한 자원이라고 단정 짓기 어려울 것이다." 물론 "과학과 기술도 자원의 근원으로서 중요하며, 따라서 그 자체로도 일종의 자원이라고 할 수 있다."[3)]

맥클로스키는 지구 자원이 무한정 남아 있고 인간의 과학기술이 계속 발전하고 있다는 확신을 갖고 있기 때문에 성장의 한계를 주장하는 생태주의에 대해 비판적이다. 그는 물질적 성장이 제한된 사회에서는 현재 고착되어 있는 경제적 계층 사이의 불평등을 해소할 수 있는 길이 제한됨으로써 사회정의를 실현할 수 있는 길이 더욱 멀어짐을 지적한다. 물론 무성장 속에서 평등을 실현할 수 있는데, 그것은 불가피하게 부자들로부터 부를 빼앗지 않고서는 불가능

---

3) 맥클로스키, 황경식 외 옮김, 『환경윤리와 환경정책』(법영사, 1995), 39-40쪽.

하지 않느냐고 여긴다. 반면 그는 성장이 지속되는 사회에서는 지금처럼 불평등이 상당히 큰 폭으로 줄어들었고 또 이런 성장 사회에서야말로 기업가 정신과 창의적 사고력 그리고 능력이 충분히 자유롭게 발휘될 수 있다고 주장한다.4)

맥클로스키는 자유주의자가 늘 그렇게 얘기하듯이 파이를 늘리지 않은 상태에서는 평등과 정의를 구현할 수 없기 때문에 파이를 늘리는 성장을 우선 도모하는 선상에서 그런 가치를 실현할 수 있으며 또 자원이 무한하고 기술이 이를 받쳐주기 때문에 하등 걱정할 필요가 없다는 것이다. 그가 이런 논조를 펼칠 수 있는 것은 패스모어와 마찬가지로 전통윤리를 유지하는 입장을 취하고 있기 때문이다. 그는 칸트적 의무론의 접근을 취하면서 그것을 다원론(pluralism)으로 확장한 로스(W. D. Ross)의 길을 따르고 있다.

> 우리의 의무와 권리는 다음과 같은 윤리학에서 만족스럽게 설명될 수 있고 또 이러한 윤리학에 그 토대를 둘 수 있다는 주장을 제시하고자 한다. 즉 인격을 존중하라, 공정하고 정직하라, 선을 증진하라 등의 조건부적인 의무와 기본적인 도덕적 권리 및 조건적이고 파생적인 도덕적 권리에 대한 원리로 구성된 윤리학에 우리의 권리와 의무는 그 토대를 두고 있다. 여기서 기본적인 권리란 생명, 건강, 신체적 독립성, 인격존중, 도덕적 자율과 온전성, (교육을 포함한) 자기계발, 지식과 참된 신념, 정의 등의 제반 권리를 말한다. 그리고 이러한 원리와 권리는 생태학을 포함한 제반 과학이 제공하는 지식에 비추어 해석되고 응용되어야 한다.5)

맥클로스키는 환경윤리가 전통의 윤리를 제대로 해석하고 잘 응

---

4) 위의 책, 249-250쪽.

5) 위의 책, 64쪽.

용하면 된다는 입장이다. 그는 현재 환경주의자와 생태주의자가 지향하는 사회를 셋으로 분류하고 둘을 비판하면서 나머지 하나를 자신의 길로 선택한다. 일단 그는 환경위기가 과장되어 있다고 보지만 현재의 우리가 환경재난으로 인한 문제 상황 속에 놓여 있음을 수용한다. 그래서 생태계에 대한 지혜도 갖지 않은 채 분별없는 개발을 일삼는 자원 낭비 사회(resource-profligate society)에 대해서는 동의할 수 없다고 보지만, 자원 절약 사회(resource-frugal society)에 대해서도 같은 입장을 취한다. 왜냐하면 자원은 무한정 존재하고 또한 날로 발전하고 있는 인간의 과학기술 자체도 자원이기 때문이다. 그러면서 그는 자원 자유 사회(resource-liberal society)를 추구한다.6) 그는 자원 낭비를 줄이고 재활용하며 효율적으로 사용하는 경제를 염두에 둔다. 이를 위해 세금을 통해 적극적 유인책을 구사하고 또 태양 에너지를 사용하는 비율도 늘리면 된다. 물론 과학기술이 이를 실현하고 오염도 저감시키기 때문에 자유롭게 활동함으로써 부자가 되는 길을 포기하지 않으면서도 환경문제를 해결하는 것이 가능하다는 것이다.

또 다른 한편으로 전통윤리의 연장 속에 위치해 있으면서 지구환경문제를 좀 더 깊이 천착하는 시도가 무르익기 시작했다. 1962년 레이첼 카슨(Rachel Carson)이 출간한 저술 『침묵의 봄(*Silent Spring*)』은 DDT와 같은 화학약품의 남용과 오용이 자연을 병들어 죽어가게 함은 물론 인간에게도 암과 같은 치명적 질병을 유발시킨다고 경고하였다. 실제로 20세기 중후반 캘리포니아 연안 무인도에서 재앙을 예고하는 보이지 않는 재난이 닥쳤다. 수천 마리 이상 살던 펠리컨의 수가 해가 갈수록 계속 줄어들었고, 이를 오랜 동안

---

6) 위의 책, 254쪽.

관찰하던 자연보호 집단이 조사를 하기 시작했다. 마침 조사를 나간 그해 500여 마리로 추산되는 펠리컨이 1,200개의 알을 낳았는데, 최종적으로 부화된 것은 단지 2개뿐이었다는 충격적 사실이 드러났다.[7] 캘리포니아에서 농사를 지으면서 뿌린 화학약품이 먹이연쇄 과정을 거쳐 펠리컨의 몸속에 축적되고 이것이 생리체계를 통해 알에게도 영향을 끼친 것으로 추정되고 있다. 이후 현대 문명인에게 암이 높은 빈도로 찾아오기 시작한 것도 이것과 깊은 관계가 있는 것으로 추정되고 있다. 어쨌든 카슨의 경고가 점차 현실화하면서 미국 전역은 충격에 휩싸였다. 그리고 그로 인해 자연보호를 위한 시민운동이 활성화되었고, 미국 정부도 구체적 방안의 일환으로 1970년에 연방 환경처(EPA)를 신설하여 구체적 정책을 펼치게 된다. 그리고 환경문제의 진원지의 하나였던 미국의 변화는 유럽에도 큰 영향을 끼침으로써 초록당(Green Party)이 의회에 진출하는 계기로 작용했다.

이런 시대적 흐름에서 환경문제에 대한 각국 정부의 대처가 수동적인 상태에서 다소 적극적으로 변모하게 되었다. 당연히 헌법과 법률상의 변화가 야기되면서 환경권(environmental rights)에 대한 인식이 싹트기 시작했다. 과거 환경이 악화되기 전에는 깨끗한 공기와 맑은 물, 건강한 토양은 당연히 주어지는 것으로서 아무런 주목의 대상이 되지 않았지만, 환경이 갈수록 악화되는 지금은 인간의 생존에 가장 본질적인 것의 하나가 되고 있다는 인식이 형성된 것이다. 가장 먼저 블랙스톤(W. Blackstone)은 인간이 가져야 할 새로운 권리로서 '살 수 있을 만한 환경에 대한 권리'를 주장하였다.[8] 그는 칸트의 의무론을 확장하여 보편적이고 양도할 수 없는

7) 영국 BBC 제작, KBS 방영, 「20세기 희망과 절망: 상처받은 지구」, 1997. 10. 31.

인간의 권리가 존재한다고 하면서, 자유와 생명, 평등, 행복, 재산에 대한 기본적 권리는 살 만한 환경에 대한 권리가 보장되지 않고서는 결코 실현될 수 없다고 보았다. 이것은 논쟁으로 비화되지만 결국 일부 국가의 헌법이나 기본법에 환경권이나 국가목표로 채택되는 계기를 제공했고, 한국도 세계적으로 가장 앞서서 1980년에 제정된 헌법에서 환경권 조항을 신설하고, 그 정신은 1987년에 제정된 현행 헌법에서도 그대로 지속되고 있다.

인간 중심적 환경윤리는 기본적 환경문제 해결을 위해 새로운 윤리를 요청하지 않더라도 전통의 윤리를 바르고 충실하게 또는 그 정신을 다소 확장하는 것만으로 해결될 수 있다고 본다. 패스모어와 맥클로스키에게서 보듯이 기독교 윤리와 공리주의, 칸트와 로스의 의무론적 윤리설의 길을 충실하게 응용하여 적용하는 것으로 해결이 가능하다는 것이다. 다만 그런 전통의 토양에서도 환경윤리가 두 가지 방향을 함께 진행할 수 있다고 본다. 하나는 블랙스톤이 개척한 것처럼 인간의 권리에 호소하는 형태로 동료 인간에 대해 직접적으로 그리고 자연에 대해 우회적으로 의무를 짊어지는 길이다. 또 다른 하나는 명시적으로 인간의 환경권에 호소하든 그렇지 않든 전통 속에 암암리에 전제되어 있던 자연의 도구적 가치를 격상해서 평가하고 이를 실현하는 길이다. 환경윤리를 응용의 차원에서 바라보는 시각에는 모두 이런 도구적 가치론이 전제되어 있다고 할 수 있다.

---

8) W. Blackstone, "Ethics and Ecology", W. Blackstone(ed.), *Philosophy & Environmental Crisis*(Athens: University of Georgia Press, 1974), p.32.

3. 자연의 도구적 가치와 현실적 효용성

가치(value)라는 표현은 처음에 근대 경제학의 영역에서 전문적인 용어로 사용되었다. 이때 가치는 경제적으로 사물이 갖는 값어치(worth)를 뜻하는 것이었는데, 로체(R. H. Lotze)와 니체(F. Nietzsche) 등과 같은 독일의 철학자들이 더 넓은 의미로 사용하면서 윤리 사상사에서 매우 중요한 용어로 부상했고, 그것이 오늘날 인구에 회자되기에 이르렀다.9)

윤리학의 용법에 따르면 가치는 좁은 의미로 '좋은(good)' 또는 '값어치 있는', '바람직한'의 의미로 쓰이고, 더 넓은 용도로 '옳음(rightness)'과 '의무', '덕', '아름다움', '참', 그리고 '신성함' 등을 일컫는다. 그리고 이와 같이 양지에 있는 가치와 대비되는 것으로서 나쁨과 그릇됨, 추함 등 바람직하지 않은 것이 음지의 반가치(dis-value)로 표현된다. 그런데 이런 윤리적 가치에 대한 논의는 이미 오래 전 그리스 철학자 플라톤 등에 의해 빈번하고 중요하게 다뤄지던 것들이다.

환경재난에 직면한 현대인이 바로 이런 가치 개념에 의거하여 자연을 조망하는 환경윤리의 시각을 형성하기 시작했다. 먼저 인간중심적 환경윤리는 전통 경제학에서 처음 그렇게 사용했듯이 자연을 도구로 보는 시각을 견지하고 있다. 인간에게 물건은 살아가는 과정에서 필요한 수단일 뿐이다. 다만 공장에서 생산된 상품의 경우, 동일한 품목이지만 질은 다를 수 있다. 예컨대 노트북 컴퓨터의 경우 펜티엄 1과 펜티엄 4의 값어치가 다르다. 어떤 것은 값이 싸지만 어떤 것은 비싸다. 경제적 값어치가 다르기 때문이다. 컴퓨

---

9) W. K. Frankena, "Value and Valuation", *The Encyclopedia of Philosophy* (New York: Macmillan & Free Press, 1967), V. 8, p.229.

터는 질의 차이를 막론하고 인간에게 그저 삶을 편리하게 해주는 도구일 뿐이다. 인간 중심적 환경윤리는 전통 경제학이 상품을 그렇게 치부했듯이 자연도 마찬가지 시각에서 바라본다. 자연은 인간에게 도구적 가치(instrumental value)를 지닐 뿐이다.

다만 환경문제가 발생하지 않았던 시절에 맑은 공기와 깨끗한 물, 아름다운 생태계 등은 인간에게 자유재로 주어진 것이었다. 그래서 마음껏 향유하며 살아왔다. 그러다가 인간의 경제가 산업화에 따라 발전하고, 그 혜택의 부산물로 환경오염이 나타나면서 환경이 중요하게 부상했다. 누군가가 오래 타던 낡은 소형 승용차를 어느 날 그 유명한 명품 벤츠 승용차로 바꿈으로써 자동차의 값어치를 격상시킨 것처럼, 인간 중심적 환경윤리는 오늘의 인류에게 환경은 거의 무가치한 것에서 환경재난을 지속적으로 겪으면서 정말로 값지고 중요한 것으로 부상했다고 파악한다. 그래서 낡은 소형차를 소유하고 있을 때는 세차도 거의 하지 않고 있다가 벤츠로 바꾼 뒤에 세차는 물론 내부 장식까지 화려하게 장식하고 아끼는 것처럼, 환경도 이제 그렇게 대우할 때가 되었다고 여긴다. 그래서 자원을 사용할 때 효율화해서 절약하고, 재활용하며, 그리고 오염을 덜 배출하고자 한다. 그리고 오염도 과학기술에 의해 최대한 정화하는 절차를 거치도록 한다. 물론 자동차가 낡고 보잘 것 없는 것이든 아니면 매우 값진 명품이든 인간의 풍족한 생활을 위한 도구이듯이 자연과 자연적 존재도 어디까지나 인간의 목적 달성을 위한 도구나 수단일 뿐이라고 여긴다. 바로 이런 사유체계 속에 짙게 배어 있는 것이 강한 의미의 인간 중심주의이다.

이때 인간 중심주의(anthropocentrism)는 자연에 있는 인간 이외의 존재들이 인간에게 이익을 주는 것으로서만 그 존재들의 가치를 승인한다. 다시 말해서 “모든 가치는 인간의 가치에 기여하는 가운데 발생하며 자연의 모든 요소들도 기껏해야 인간의 이해관심을 만족시키기 위한 도구적 가치를 갖는다"고 믿는다.10) 따라서 인간 중심적 환경윤리는 인간 이외의 자연이나 자연적 존재가 도구적 가치를 갖는 것으로 여긴다. 인간 중심적인 지배적 패러다임에 따르면, "생각하는 존재 없이는 어떤 생각도 있을 수 없고, 지각하는 존재 없이는 어떤 지각도 있을 수 없으며, 행위자 없이는 어떤 행위도 있을 수 없고, 목표를 추구하는 존재 없이는 어떤 목표도 있을 수 없는 것처럼, 경험하는 평가자(experiencing valuer) 없이는 어떤 가치도 존재하지 않는다."11) 가치는 이렇게 경험하는 과정에서 생겨난 산물이다.

이런 패러다임 아래에서 가치는 한 주체가 이해관심의 대상으로 삼는 경우에만 발생한다. 프롤(D. Prall)과 페리(R. B. Perry) 그리고 어반(W. M. Urban)과 같은 전통의 도덕철학자들은 이렇게 말하고 있다.

> 대상이 좋아지거나 싫어지는 것이 그 대상의 가치이다. … 어쨌든 어떤 종류의 평가 주체는 늘 가치가 있음의 필요 요건이다.12)

> 사막의 침묵은 어떤 배회자가 고독하게 그것을 발견하고 그리고 치를 떨게 될 때까지 가치가 없이 존재한다. 거대한 폭포는 어떤 인간의 감수성이 그것을 숭고한 것으로 발견할 때까지 또는 인간의 필요를 만족시키도록 이용될 때까지는 가치 없이 존재한다. 자연적 존

---

10) B. G. Norton, "Environmental Ethics and Weak Anthropocentrism", *Environmental Ethics* 6(1984), p.133.

11) H. Rolston, *Environmental Ethics: Duties to and Values in The Natural World*(Philadelphia: Temple University Press, 1988), p.110.

12) D. W. Prall, *A Study in the Theory of Value*(Berkeley: University of California Press, 1921), p.227.

재는 … 그런 것들이 발견되어 사용될 때까지는 가치 없이 존재한다. 그러므로 그것이 갖는 가치는 탐내는 열망에 따라 귀중하게 욕구되는 정도에 의해 증진될 수 있다. … 무엇이 되었든 어떤 대상도 그것에 대한 이해관심이 무엇이든 이해관심이 작용할 때 가치를 습득한다.[13]

한 대상의 가치는 … 욕구의 만족으로 또는 더 넓게 이해관심의 충족으로 구성된다.[14]

윌리엄 제임스(William James)는 더욱 강력하게 전적으로 가치가 없는 세계에 인간이라는 선물이 출현함으로써 갑작스럽게 변모되었다고 묘사한다.

우리가 조망하는 세계가 어떤 가치나 어떤 이해관심이나 어떤 의미를 띤 것으로 나타나 보이든 그것은 관찰자의 정신이 가져다준 순수한 선물이다.[15]

인간 중심주의는 가치 자체가 이성을 지닌 인간 의식의 산물이고, 그에 따라 대상이 가치를 지니기 때문에 자연적 존재는 인간을 위한 도구로서의 가치 이외에 다른 것을 지닐 수 있는 여지가 없다고 주장한다.

인간 중심적 환경윤리를 실천한 대표적 자연보호주의자로 미국

---

13) R. B. Perry, *General Theory of Value*(Cambridge: Harvard University Press, 1954), pp.125, 115-116.

14) W. M. Urban, "Value and Existence", *Journal of Philosophy, Psychology and Scientific Methods* 13(1916), p.453.

15) William James, *Varieties of Religious Experience*(New York: Longmans, Green, 1925), p.150.

의 기포드 핀쇼(Gifford Pinchot)를 들 수 있다. 그는 시에라클럽(Sierra Club)의 창립자인 존 뮤어(John Muir)와 협력하여 광활한 미 대륙의 자연을 오늘날과 같이 보호할 수 있도록 개척한 인물이다. 뮤어의 노력으로 인해 1890년에 요세미티(Yosemite) 지역을 비롯한 다수의 수려한 자연경관이 일련의 국립공원으로 지정될 수 있었던 것처럼, 핀쇼의 노력에 힘입어 농무부 산하 국유림 관리 일개 부서가 1905년에 광활한 크기의 국립 자연림을 관리하는 산림청(Forest Service)으로 확대 개편될 수 있었다.

다만 핀쇼와 뮤어는 넓은 의미의 자연보호주의자라는 점에서 동질적이지만, 그 접근 방식은 대조적으로 달랐다. 대표적으로 삼림 보존지를 지정하고자 할 때 뮤어는 어떤 형태의 방목도 허용해서는 안 된다는 생태주의의 입장을 견지한 반면, 핀쇼는 그럴 경우 그런 공유지를 사적으로 사용하는 주민의 저항을 받음으로써 보존지 지정에 성공을 거둘 수 없다고 보아 정치적으로 문제를 해결하고자 했다. 그는 당시 일을 이렇게 술회하고 있다.

> 우리는 단순한 선택에 직면해 있었다. 즉 모든 형태의 방목을 불허함으로써 삼림 보존림을 잃거나 아니면 다소간의 통제 속에 방목을 허용으로써 국가 보존림을 보호하거나 둘 중의 하나이다. 나는 할 수 있는 것이 단지 한 가지뿐이라고 보았다. 우리는 그렇게 했다. 그리고 바로 그렇게 했기 때문에 1억 7천 5백만 에이커에 달하는 국립 자연 보존림이 지정되어 일부 동부 지역의 강은 물론 대부분의 서부 지역의 강의 원류를 오늘날과 같이 보호할 수 있었다.16)

핀쇼가 자신의 업적을 과장하여 말하는 경향은 있지만, 그가 내

16) 다음에서 재인용. B. G. Norton, "Epistemology and Environmental Values", *The Monist* 75(1992), p.210.

린 정치적 결단으로 인해 불모지화할 수 있었던 많은 야생 자연 숲이 보존될 수 있었던 것은 사실이다. 그런데 그가 이런 입장을 취할 수 있었던 것은 공리주의의 발상 때문이었다. 그는 아메리카의 광활한 자연 숲을 벌목 기계를 들이밀고 베어내어 돈을 벌 수 있는 소수 자본가 계급에 맡겨놓기보다 모든 국민에게 이익이 되는 방식으로 관리할 필요가 있다고 보았다. 그는 자연에서 얻게 될 자원(resources)을 "가장 장기적으로 최대 다수의 최대 좋음을 위해 사용해야 한다"는 공리주의 원리에 호소함으로써 자신의 현명한 관리 철학이 정당화될 수 있음을 깨닫고 있었다.[17] 핀쇼는 이미 20세기 초반에 자연을 보호하는 데 일찍 눈을 뜨고 이를 실현했지만 그것이 어디까지나 인간을 위해서임을 분명히 했다는 점에서 인간 중심적 환경윤리의 초기 개척자라고 할 수 있다. 패스모어와 맥클로스키, 블랙스톤 등은 모두 그의 후예라고 볼 수 있다.

4. 평 가

인간 중심적 환경윤리는 핀쇼의 경우에 보듯이 현실적으로 국가의 정책을 변화시키고 또 기업과 많은 사람들의 동참을 유도함으로써 일정하게 자연보호에 성공을 거둘 수 있는 장점을 지니는 것으로 평가할 수 있다. 특히 실생활에서 이루어지는 자원 절약과 재활용은 매우 중요하며, 과학으로 하여금 오염을 기술적으로 처리할 수 있는 동기유발 요인을 제공하는 강점도 갖는다. 이런 인간 중심적 환경윤리는 두 가지 길로 조성되어 있다. 첫 번째는 인간만이 권리의 주체일 뿐 자연은 그런 것을 지니지 못하기 때문에 인간이

17) Ibid.

자연에 대해 직접적인 의무를 질 필요가 없고, 다만 자연에 거주하는 인간의 환경권을 존중하는 방식으로 다가가면 된다. 두 번째는 가치가 평가하는 인간 주체의 산물이므로 자연은 인간의 목적 달성을 위한 도구적 가치를 지닐 뿐인데, 환경문제의 중대에 비추어 도구적 가치를 평가 절상해서 신중하게 다루는 방식으로 다가가면 문제가 해결될 수 있다.

그러나 인간 중심적 환경윤리는 여러 가지 측면에서 비판을 받을 수 있다. 기본적으로 그것이 전제하고 있는 전통윤리의 일부가 생태적 조망의 차원에서 한계를 지닌다. 예컨대 이성과 신체적 감각을 이분법으로 구분하여 이성을 우위에 배치한 플라톤의 접근은, 가부장제 아래에서 더 이성적인 남성이 위에 그리고 더 감성적인 여성이 아래에 배치되어 페미니즘의 문제가 초래된 것과 결속되어 있는 것처럼, 이성적 인간이 물질로서의 자연을 지배하고 수탈하여 환경위기를 초래한 문제와 직결되어 있다. 아리스토텔레스는 같은 것을 같게, 같지 않은 것을 같지 않게 대우하는 것이 정의라고 설파했지만, 여성과 노예는 아테네 남성 시민과 같은 반열에 있는 것으로 보지 않는 등의 실천상의 한계를 드러내었다. 기독교의 경우, 성서의 창세기에서 인간에 의한 자연 지배를 정당화하는 구절을 통해 중세 이후 근대, 현대에 이르기까지 서양의 자연 지배적 세계관을 실질적으로 조성하는 데 책임이 있다는 점에서 역시 한계를 드러낸 바 있다. 심지어 칸트조차도 인간이 동물에게 잔인하게 대해서는 안 되는데, 그 이유는 동물을 잔인하게 대하는 사람은 동료 인간에게도 그런 강퍅한 심성으로 대할 소지가 있기 때문이라고 보았다는 점에서 인간 중심주의의 일단을 드러낸 바 있다. 이렇게 탁월한 것으로 간주된 서양의 전통윤리 속에도 적지 않은 문제점이 있으며, 그것은 고스란히 인간 중심적 환경윤리의 한계로 이어진다.

인간 중심주의는 본질적으로 그 내적인 이론적 요인에 의해서 한계를 드러내고 있다. 이것은 이미 2장에서 밝힌 바 있다. 첫째, 인간이 자연에 대해 직접적인 도덕적 의무를 질 수 없다는 것은 성립하지 않는다. 왜냐하면 자연이 인간에 대해 도덕적 권리를 갖고 있지 않더라도 인간이 직접적인 의무를 지는 것이 가능하기 때문이다. 둘째, 자연이 도구적 가치를 지닐 뿐이라는 것도 편협의 소치이므로 성립하지 않는다. 향후에 자세히 드러나겠지만, 자연에서 도구를 넘어선 가치를 발견하거나 찾는 것이 가능하기 때문이다.

이론적 측면 이외에도 실천적 한계를 보이는 것이 더 치명적이다. 대표적으로 요세미티국립공원 안의 댐 건설 논쟁을 살펴보면 알 수 있다. 샌프란시스코의 도시가 점차 확장됨에 따라 물 부족을 느끼게 되고, 안전하고 깨끗한 식수원을 찾던 중 요세미티국립공원 안의 헤츠헤치 계곡(hetch hetchy valley)에 댐을 세워 그 수자원으로 식수를 공급하자는 안이 제기되었다. 이에 대해 뮤어와 시에라클럽은 그 계곡이 숱한 야생동식물의 서식지이면서 참으로 아름답고 수려한 자연경관이기 때문에 개발해서는 안 된다는 반대 의견을 적극 피력했다. 반면 핀쇼와 산림청은 자연을 보호하고 관리하는 이유가 어디까지나 인간을 위해서인데, 대다수 샌프란시스코 주민을 위한 식수 필요라면 개발을 할 수 있다는 입장을 보였다. 이때 전자는 인간은 물론 자연 그 자체를 위해 자연을 보호하자는 보전론(preservation)의 입장인 반면, 후자는 자연보호가 인간을 위한 것이라는 보존론(conservation)의 입장이라고 할 수 있다. 결국 논쟁의 와중에 1913년에 의회는 댐 설치 결정을 내렸으며, 같은 논리로 천혜의 경관을 자랑하는 그랜드 캐년(Grand Canyon) 인근에 있으면서 그곳을 흐르는 콜로라도 강에도 어마어마한 규모의 후버댐이 설치되어 사막에 물을 댐으로써 이제 강물이 하류에 이르면 말라붙는 사태가 초래되었다. 이렇게 강한 의미의 인간 중심주의를 견지하는 한 자연은 보존과 이용의 저울질 속에서 세월의 흐름과 함께 개발로 귀결되는 길을 피할 수 없게 된다. 따라서 실질적으로 자연을 보호하는 데 많은 한계를 지니는 속 좁은 인간 중심주의를 넘어설 필요가 있다고 보인다.

제 5 장

환경권과 미래세대 그리고 정책

1. 세계적인 원자력발전소 사고

1979년 3월 미국 펜실베이니아주 스리마일 섬에 위치한 원자력 발전소에서 가동 중인 원자로 내의 냉각제가 파괴되고 원자로가 융해되어 방사능 물질이 외부로 누출되는 사고가 발생했다. 냉각수를 급수하는 시스템의 이상으로 인해 발생한 것인데, 이로써 반경 80km 이내에 거주하던 2백만 명의 주민이 방사능에 노출되었다. 사고 발생과 더불어 가장 먼저 임산부와 아이들의 피난 권고가 내려졌고, 인근 23개 학교가 폐쇄되는 조치가 취해졌다. 사건 처리가 원만했던 탓에 현장 사망자는 없었지만, 현재 인구 1만 명 당 110명에 해당하는 암 발생률이 보고되는 상태에 있다.[1)]

---

1) 이두호 · 박석순, 『지구촌 환경재난』(따님, 1994), 37-39쪽.

1986년 4월 28일 스웨덴의 한 원자력발전소에서 고농도의 방사능이 검출되어 그 원인을 찾는 대소동이 벌어졌다. 자체 내 요인이 아님을 알게 된 스웨덴 정부는 의심이 가는 소련 정부에 해명을 강력히 요구하였고, 마침내 소련 당국이 입을 열게 됨으로써 체르노빌 사건 전모가 드러났다. 구소련 우크라이나 지역 체르노빌 원자력발전소에서 26일 새벽 1시경에 사건이 발생했고, 당시 안전한 기술을 찾기 위한 실험 상태에서 원자로의 온도가 급상승하면서 폭발로 이어졌다. 위력은 히로시마에 투하된 원자폭탄의 수십 배에 달하는 정도였는데, 방사능 낙진이 바람을 타고 반경 2,000km 안에 드는 20개 나라에 막대한 영향을 끼쳤다. 당시 소련 정부의 공식자료에 따르면 사망자가 31명으로 나타났지만, 실제로는 상상을 초월하는 피해가 발생한 것으로 추정하고 있다. 1987년 오스트리아 빈에서 열린 국제원자력기구(IAEA) 회의에서 참석 전문가들은 암 등으로 사망한 사람이 최소 수만 명에서 10만 명에 이를 것으로 추산한 바 있다. 소연방 해체 이후 독립한 우크라이나 정부 당국에 따르면, 내부에서만 6,000-8,000명이 사망한 것으로 알려져 있다.

1990년 프랑스 한 주간지는 러시아 현지에 있는 아동센터 취재 소식을 전하고 있는데, 코가 일그러진 언청이, 동공이 없는 아동, 팔과 다리 이상 등 기형으로 태어난 아이들 상당수가 고통 속에 죽어가고 있음을 전하기도 했다. 물론 이 사고로 생태계 이상도 감지되었다. 사고 지역 주변 소나무의 잎이 정상 상태보다 10배나 커지고, 참나무 잎은 무한정 자라며, 일부 동물에게 기형이 발견되었다. 영향을 받은 러시아 한 집단농장에서는 1년 사이에 30마리에 이르는 기형인 돼지가 태어나서 1988년에 농장을 아예 폐쇄해 버린 일도 있다.[2)]

스리마일 사건은 세계에서 가장 먼저 원자폭탄을 제조하여 제2

차 세계대전에서 사용했고 또 그것을 평화적 목적으로 이용하자고 선도했으며, 원자력발전소 건설 및 운영 노하우를 바탕으로 수출을 하는 데 앞장을 서온 미국에서 발생했다는 점에서 깊은 우려를 낳았다. 그리고 체르노빌 사건은 미국과 맞서서 군사력 경쟁과 확충을 하면서 당시 세계를 양분하여 세력을 떨치던 구소련에서 발생했고 상상을 초월할 정도로 극심한 환경적 재앙을 초래했다는 점에서 충격적이라고 할 수 있다. 특히 체르노빌 사건의 피해는 종료된 것이 아니라 지금도 지속되고 있다는 점을 염두에 둘 필요가 있다. 이렇게 원자폭탄에 의한 것이든 또는 원자력발전소 사고로 인한 것이든 방사능 피해는 사건 당시로 국한되는 것이 아니라 광범위한 지역에 걸쳐서 여러 세대에 나타나며 그리고 현재 많은 나라에서 가동하는 원자력발전소 역시 사건 발생으로 이어지든 또는 사용 후 핵연료의 보관 과정에서든 언제 미래세대 인류에게 재앙을 안겨줄지 예측할 수 없다는 점에서 우려스럽다고 할 수 있다.

2. 환경윤리와 환경권, 그리고 미래세대

원자력발전소 폭발 사건은 발전소 가동 중이나 사용 후 핵연료로 인해 영향을 받는 현세대는 물론 미래세대(future generations) 인간에게 지속적으로 큰 피해를 줄 수 있다는 점에서 미래세대에 대한 환경윤리의 문제로 비화했다. 무엇이 쟁점으로 대두되고 있는지 살펴보기 위해 먼저 세대에 대한 이해에서부터 출발을 해보자. 정확성을 기할 경우, 인간은 세대라고 지칭되는 개별 집단으로 산뜻하게 분리되지 않는다. 오히려 인간은 연속체로 존재한다. 누구

2) 진순석, 『환경 공해의 법률 지식』(청림출판, 1993), 403-405쪽.

나 태어나서 아동기를 거쳐 청소년기, 성년기, 장년기, 그리고 노년기로 이어지는 삶을 살기 때문이다. 다만 역사적으로 특징되는 시기를 살았을 때, 이를 분별하는 인식적 편의를 위해 '625세대', '전후세대', '컴퓨터세대', '386세대' 등이라고 지칭하는 것이다. 그런데 '미래세대'라고 할 때 우리는 이런 유형의 구분을 의식하면서 쓰는 것은 아니다. 미래세대는 아마도 지금 살고 있는 현세대인 우리 모두가 죽을 때 태어나거나 또는 그 이후 계속 태어날 사람들의 부류를 가리킬 것이다.

현세대 인간이 미래세대에 대해 윤리적 책임을 질 필요가 있다는 것에 대해 논란이 있지만, 책임을 지게 된다면 그것은 주로 미래세대가 권리를 갖고 있다는 것 때문일 것이다. 역사적으로 전통윤리의 흐름 속에서 인간의 권리를 강조하는 것으로써 사회를 규범적으로 이끄는 논의가 전개되었다. 본격적 출발은 로크(J. Locke)에 의해 진행되었고, 프랑스 계몽주의 사상가들에 의해 풍성해졌으며, 이런 자연권 사상은 프랑스 대혁명과 미국 독립선언을 가능하게 하는 배경이 되었다. 이것은 인간이면 누구나 태어나면서 고유하게 지니는 권리로 간주되었다. 이런 유형의 권리로 자유와 생명, 사유재산에 대한 권리가 먼저 선언되었다. 자유의 권리를 조금 더 구체화하면 시민적 권리로서 신체의 자유, 사상과 양심 및 종교의 자유, 의사표현의 자유, 그리고 정치적인 권리로서 집회 결사의 자유, 참정권 등을 들 수 있다. 이런 권리는 윤리학의 영역에서 인간이면 누구나 지니는 것으로서 타인에 의해 침해당해서는 안 되는 성격의 것이기 때문에 소극적 권리(negative rights)로 불리게 되었고 그리고 법의 영역에서는 자유권적 기본권으로 표현되었다.

소극적 권리를 옹호하는 자유주의가 사회적 불평등을 낳고 이것이 더욱 심화되면서 사회적 약자의 또 다른 권리가 외면당하고 있다는 인식도 싹텄다. 이것은 주로 사회주의에 의해 강조된 것인데, 제2차 세계대전 이후 UN이 출범하면서 채택하기 시작했고, 1948년 세계인권선언에 잘 나타나 있다. 이것은 인간이면 누구나 존엄한 인간으로서 살아갈 수 있어야 한다는 인식을 적극적으로 드러낸 것이다. 이런 것으로 기초교육을 받을 권리, 영양결핍 상태에 떨어지지 않도록 식량을 제공받을 권리, 치명적 건강 위해 상태에 놓이지 않도록 알맞은 의료혜택을 받을 권리, 신성한 노동에 동참할 수 있도록 일자리를 제공받을 권리 등이 포함된다. 이런 권리는 스스로 해결할 수 없을 경우에 사회나 다른 구성원에게서 제공을 받을 권리이기 때문에 윤리학에서 적극적 권리(positive rights)로 부르고 있고 법의 영역에서 사회적 기본권으로 지칭하고 있다.

그런데 새로운 형태의 권리가 또 분별되기 시작했다. 지구촌 사회 구성원들이 연대를 통해 서로 협력하여 풀 수 있는 성격의 것으로서 평화의 권리와 환경권(environmental rights) 등이 그것이다. 이때 환경권은 1970년대 초에 블랙스톤(W. Blackstone)이 제기한 바와 같이 1세대 또는 2세대 권리인 소극적 및 적극적 권리가 보호되기 위해서 필수적으로 쾌적하고 건강한 환경에서 살 권리가 요청된다고 할 수 있다.[3] 그래서 환경권은 시기적으로 3세대 권리로 분별되지만, 소극적 및 적극적 권리와 결합된 통합적인 것으로 간주되기도 한다. 그리고 이런 환경권이 현세대 인간은 물론 미래세대 인간에게도 있다는 주장이 환경윤리학에서 적극 주창되기에 이르렀다.

오늘을 살아가는 우리 인간은 역사적으로 분별되어 회복된 다양한 권리, 즉 소극적 및 적극적 권리와 평화 및 환경에 대한 권리

---

3) W. Blackstone, "Ethics and Ecology", W. Blackstone(ed.), *Philosophy & Environmental Crisis*(Athens: University of Georgia Press, 1974), p.32.

등을 갖는다. 시간을 뒤로 돌려 생각해 보면, 우리 선조들이 살던 시기에 지금의 우리는 그들에게 미래세대였을 것이다. 그런데 우리는 지금 여러 유형의 권리를 지니고 있다. 마찬가지로 현세대인 우리 이후에 올 후손도 지금의 우리와 마찬가지로, 경우에 따라서는 추가되는 형태로 더욱 다양한 권리를 갖는 것으로 분별될 수 있다. 어쨌든 그런 권리 가운데 하나가 환경권일 것이다. 따라서 현세대 인간은 미래세대 인간이 환경적으로 위험에 빠지지 않으면서 존엄한 인간으로서 활기차게 살아갈 수 있도록 할 의무와 책임을 이행해야 한다. 설혹 사회 일각에서 주장하듯이 미래세대가 현세대에 대해 권리를 갖고 있지 않다는 주장이 받아들여진다고 하더라도, 그들 역시 인간으로 태어나서 자신에게 내재되어 있는 가치, 즉 목적으로 대우를 받을 가치를 지닌 존재라는 점에 비추어 현세대는 그들에게 상응하는 의무와 책임을 다해야 할 것이다.

다만 미래세대에 대한 현세대의 의무와 연관해서 여러 형태의 이의가 제기되었다. 예컨대 경제학자 하일브로너(R. Heilbroner)는 "왜 내가 미래세대에 대한 배려를 해야 하는가?"란 의문에 대해 합리적으로 답변하는 것이 불가능하다는 주장을 펼쳤다.[4] 현세대 인간 다수가 현실 속에서 달콤한 혜택을 누리고 있는데, 미래세대에 대한 의무를 짊어지게 되면 그런 혜택의 일부 또는 상당 부분을 포기하거나 절제해야 한다. 이것은 결코 쉬운 일이 아니다. 이에 미래세대 환경윤리에 대한 저항감이 표출되고 있다. 그 가운데 몇 가지를 중요하게 검토하고, 그것에 응수할 필요가 있다.

첫 번째로 노직(R. Nozick)을 따르는 일부 자유주의자는 각 개인이 자산을 취득하고 또 이전하면서 공정한 절차를 거칠 경우, 그렇

4) L. P. Pojman, *Global Environmental Ethics*(Mountain View, CA: Mayfield Publishing Co., 2000), p.87.

게 정당하게 소유한 자산을 이용하거나 처분할 때 미래세대를 도덕적으로 고려해야 할 이유가 없다고 주장한다. 왜냐하면 미래세대가 자산을 취득하는 과정에 동참한 적이 없으므로 자신이나 자신으로부터 상속을 받은 자녀가 그 밖의 남들과 나눠 쓰거나 미래의 남들을 위해 남겨 두어야 할 이유가 없지 않느냐고 보기 때문이다. 이것을 절차적 소유권 논증이라고 하자.

두 번째로 미래세대 인간의 기호와 욕구, 필요, 소망이 무엇인지 모르는 상태에서 현세대가 그들에게 의무를 지는 것은 불합리하다고 주장한다. 예컨대 조선시대 선조들은 컴퓨터를 몰랐던 시대에 살았던 사람들로서 컴퓨터 게임을 하고 싶다는 욕구를 가졌을 수 없다. 마찬가지로 현세대로 인해 일부 생물 종이 멸종했고, 그런 정보를 미래세대가 잘 모른다고 하자. 그들이 사라진 일부 생물 종에 대해 실생활에서 어떤 욕구나 필요를 갖는다고 볼 수 없다. 설혹 그런 사실을 알게 되었다 해도, 막연한 것이기 때문에 실질적 욕구로 용솟음칠 수 없다. 더군다나 인간의 욕구나 필요는 변하기 마련이다. 따라서 알지도 못하는 미래세대의 욕구에 부응할 의무는 불필요하다고 주장한다. 이것을 미래세대 필요 무지 논증이라고 하자.

세 번째로 도덕적 권리와 의무는 상관적일 때 성립하고, 미래세대가 현세대에 대해 의무를 질 수 있는 위치에 있지 않으며, 이에 미래세대가 권리를 소유하지 않기 때문에 현세대가 미래세대에 대해 아무런 의무도 질 필요가 없다고 주장한다. 일부 사회계약론자에 따르면, 인간이 사회계약을 맺으면서 권리와 의무를 인지하는 조건이 서로간에 형성되는 호혜성(reciprocity)에 토대를 둔 것인데, 미래세대는 현세대에게 의무를 질 위치에 있지 않으므로 현세대가 미래세대를 고려할 필요가 없다고 주장한다. 이것을 호혜성 논증이라고 하자.

네 번째 비판은 앞의 세 비판과 공통으로 연루되어 있는 것인데, 미래세대가 현재 존재하고 있지 않기 때문에 권리를 갖지 않는다는 데 초점이 맞추어져 있다. 도덕철학자 파인버그(J. Feinberg)는 미래세대의 권리를 합리적으로 수용하는 것이 대단히 어렵다는 점을 밝힌 바 있다. 가령 "인간 종의 멸종으로 이행하는 협약에 모든 인간이 자발적으로 동의하여 한 특정 시점에 출산을 거부하거나" 또는 "모든 사람의 성 행위를 금지하는 낯선 금욕적 종교로 모두가 개종"할 경우, 이런 행위가 미래세대의 권리를 위반하는 것으로 보기 어렵다고 고백한다. 왜냐하면 이런 사태에 대해 참담함과 비통함을 느낄 수는 있어도 "미래세대는 결코 존재하지 않을 것이기 때문이다."[5] 우리 주변에서 독신으로 살아가는 사람들의 수가 점차 늘어가고 있음을 보게 된다. 무엇보다도 자유롭고 편리한 삶을 살기 위한 것이 주된 동기 가운데 하나일 것이다. 이때 그들이 결혼도 아이도 낳지 않기로 결정을 했다고 해서, 도대체 누군가의 권리를 위반했거나 또는 무슨 잘못을 저지르고 있다고 볼 수 있는가? 그렇게 보기 어렵다. 물론 개인과 집합적 종의 경우가 다소 다르기는 하지만, 파인버그는 그런 것에서 합리적으로 도덕적 오류를 발견하기 어렵다는 고백을 하고 있다고 보인다. 이것을 미래세대 부재 논증이라고 하겠다.

오늘날 세계는 경제 위주로 돌아가고 있고, 주류 경제학은 주로 공리주의에 바탕을 두고 전개되고 있다. 이런 상황에서 미래는 삭감(discount)되기 일쑤다. 공리주의는 행위의 도덕성 여부를 그 행위가 초래할 효과에 비추어 결정한다. 현재 내 행위가 초래할 효과

5) J. Feinberg, "The Rights of Animals and Unborn Generations", W. Blackstone(ed.), *Philosophy and Environmental Crisis*, p.66.

는 멀면 멀수록 불확실하기 때문에 비중을 낮추어 판단한다. 이에 7.5%의 이자율로 나의 돈을 투자한다고 가정할 경우, 10년 후 1백만 원의 가치가 있는 자연 자원은 지금의 나에게 48만 원 가치밖에 갖지 못한다. 더 멀 경우 더 적은 가치로 평가된다. 이렇게 미래의 가치는 현재의 가치로 표현될 때 삭감된다. 특히 쾌락적 공리주의를 개척한 벤담(J. Bentham)은 행위의 지침으로 쓸 여러 기준을 제시하면서 강도가 약하고 불확실하며 멀리 있는 쾌락(이익)보다 강하고 확실하며 가까이 있는 것을 선호해야 함을 강조했다. 그래서 세상은 미래의 가치를 평가 절하하면서 현재의 가치를 극대화하는 데 주안점을 두고 있다. 결국 이런 추세로 흘러가는 상태에서 미래세대 존중론에 대한 비판마저 수용해야 한다면, 지구와 자연을 제대로 보전하기 어렵게 전개될 것이다.

그러나 조금 다른 시각으로 조망하면 미래세대 의무에 대한 여러 형태의 비판은 얄팍한 것이어서 재논박을 하는 것이 가능함을 알 수 있게 된다. 첫째, 자유주의에 기반을 둔 절차적 소유권 논증은 이기주의에 대한 비판과 연결되어 있다. 예컨대 부자가 자신의 노력으로 부자가 되었으니 흉년으로 일부 민중이 굶어죽더라도 자신과 무관하다는 태도는 전혀 도덕적인 자세가 아니다. 윤리는 개개인이 정당하게 자신의 자산을 취득했다고 하더라도, 그것을 넘어서서 타인에 대한 배려와 같은 의무를 수행하라고 요구한다.[6] 노블레스 오블리주로 불리는 부자의 사회적 의무가 바로 이런 것에 속하는데, 그것을 더욱 넓히자는 것이다. 그리고 더 나아가 자연의 상당 부분은 개인에 의해 소유되지 않은 공유 형태로 존속하고 있다. 예컨대 대기와 강, 해양, 지하수, 공유지 등 무수히 많이 있다.

---

6) L. Martell, *Ecology and Society*(Cambridge: Polity Press, 1994), p.82.

그런데 현세대는 자신의 소유가 아니면서 미래세대에 부정적 영향을 미칠 수 있는 형태로 환경을 훼손하여 사용하고 있다. 이것은 그릇된 것이다. 따라서 현세대 인간이 개인의 자산이든 아니면 공공재가 되었든 그런 것과 연관해서 미래세대에 대해 일정한 의무를 지는 형태로 행위하는 것이 온당하다.

둘째, 미래세대 필요 무지 논증은 매우 취약한 것이다. 실제로 사람마다 개개인의 기호가 다르고, 또 욕구하는 바와 필요로 하는 것도 다르다. 그러나 이것이 미래세대에 대한 의무의 불필요성을 함축하지는 않는다. 왜냐하면 미래세대가 보편적으로 갖는 최소한의 이해관심과 필요를 우리가 예측할 수 있고 또 그런 것과 연루된 행위를 하거나 하지 않을 능력을 지니고 있으며, 그리고 우리는 윤리적 행위를 수행할 수 있기 때문이다. 예컨대 미래세대는 선대가 조성한 원자력발전소 방사성 폐기물에 노출됨으로써 각종 암에 걸리거나, 기상이변에 따른 환경재난에 봉착하거나 또는 토양 황폐화로 인해 생산물을 제대로 얻을 수 없는 사태에 봉착하지 않을 기초적 이해관심(basic interests)을 갖고 있다고 보인다. 따라서 우리가 미래세대의 보편적인 기초적 이해와 필요에 부응하는 방식으로 행위할 것이 요청되고 또 그렇게 하는 것이 가능하다.

셋째, 호혜성에 바탕을 둔 비판도 적절한 것이 못 된다. 사회계약론자 캘러한(D. Callahan)은 명시적으로 호혜성을 조성하는 계획을 갖추고 있지 못한 상태에서도 사회계약을 체결할 수 있다고 한다. 특히 그는 부모와 자식의 관계에서 잘 드러나듯이, 부모가 애정을 갖고 자녀를 키울 때 후일 자녀로부터 보상을 받기 위해 정성을 들이는 것이 아니라는 데 주목한다. 부모는 자녀가 무엇을 필요로 하는지 아는 것과 무관하게 또 자녀가 효도를 할 것인지 안할 것인지와 관계없이 부모로서 할 도리를 다하고자 하는 것과 마찬가지로, 미래세대가 부메랑이 되돌아오듯이 현세대에게 어떤 의무를 이행할 수 없다 해도 현세대는 그들에게 의무를 지는 것이 필요하다.[7)]

넷째, 미래세대 부재 논증은 다른 것과 달리 설득력이 있지만, 그것이 전적으로 옳은 것은 아니다. 그것은 사람들이 존재할 때 도덕적 권리를 가지며, 그에 따라 우리는 그것을 존중할 의무를 가지게 된다고 본다. 반면 미래의 사람들은 지금 존재하지 않기 때문에 현재의 우리에 대해 권리를 갖지 않으며, 이에 따라 우리도 미래세대에게 의무를 질 수 없다는 것으로 요약된다. 이때 권리 소유자가 지금 존재하고 있느냐에 시선을 두기보다 왜 권리와 의무가 윤리적으로 필요한 것으로 제기되었는지에 대한 원천적 의문에 초점을 맞출 필요가 있다. 권리 설정의 배경 중 하나는 사회적 약자인 인간(예, 하인 여성)이 사회적 강자(양반 남성)로부터 피해(성폭행)를 입었는데, 그것이 부당하기 때문에 일정한 권리(예, 신체적 자유)가 있음을 확인함으로써 그 권리를 보호할 의무가 설정된 것이다. 여기서 핵심은 누군가가 부당하게 피해를 입을 수 있다는 데 있다. 그 누군가는 현세대 사회적 약자일 수도 있고 또 미래세대일 수 있다. 그렇다면 환경적으로 유리한 입장에 놓인 현세대가 불리한 위치에 처한 미래세대에게 독성물질과 같은 환경상의 극심한 피해를 주거나 자원 고갈에 따른 어려운 입장에 빠뜨릴 수 있다는 데 있다. 이런 행위 유형은 한결같이 윤리적으로 부당한 것이다. 따라서 현세대가 지금 존재하고 있지 않지만 지금의 우리 행위에 의해 영향을 받게 될 미래세대에 대해 도덕적 의무를 진다는 것이 가능해진다.

---

7) K. Shrader-Frechette, *Environmental Justice*(New York: Oxford University Press, 2002), p.102.

어떤 관점을 취하느냐에 따라 세대 간에 권리와 의무의 호혜성은 아니라고 해도 상관성(mutuality)은 드러날 수 있다. 미래지향적으로 조망할 때 가능하다. 뒤에 있는 세대는 앞의 세대의 권리를 존중하는 의무를 이행할 수 없다. 왜냐하면 뒤에 있기 때문이다. 그러나 바로 다음 세대의 권리를 존중하는 의무 이행은 가능하다. 예컨대 세대 A는 뒤의 세대 B에 대한 의무를 이행하고, 그리고 세대 B는 C를, 이어서 세대 C는 D를 존중하는 방식으로 연이어 전개될 수 있다. 이것은 세대 B가 A에 대해 권리를 갖고, 세대 C는 B에 대해 권리를 가지며, 세대 D는 C에 대해 권리를 갖는 것에서 연유하는 것이므로, 이와 같이 다음 세대의 권리와 앞 세대의 의무가 연쇄적 상관성의 영역에 놓이는 것으로 보지 못할 이유가 없다.[8)]

계약론자 존 롤즈(John Rawls)도 세대 간의 정의에 대해 이렇게 밝힌 바 있다. 이것을 단계별로 구분해서 표현하면, 1단계로 "각 세대는 문화와 문명의 장점들을 보존하고", 2단계로 "이미 세워진 정의로운 제도들을 해침이 없이 유지해야 하며", 그리고 3단계로 미래세대를 위해서 (아마도 자원 고갈에 따른 보상의 일환으로) "각 시기 동안에 적절한 양의 실질적인 자본을 축적해야 한다."[9)]

비록 롤즈가 사회문제를 합리적으로 해결할 수 있도록 정의로운 제도를 고안한 것이지 환경문제까지 고려한 것은 아니지만, 그의 이론을 환경문제에 적용할 수 있도록 확장하면 인간 세대 간의 환경정의(environmental justice)로 발전시키는 것은 가능하다. 그는

8) A. Gewirth, "Human Rights and Future Generations", M. Boylan(ed.), *Environmental Ethics*(Upper Saddle River, N.J.: Prentice Hall, 2001), p.208.

9) 존 롤즈, 황경식 옮김, 『사회정의론』(서광사, 1985), 301쪽.

사회계약을 맺을 때 무지의 베일(veil of ignorance)을 쓰고 임하는 가설적 상황을 설정하였다. 이유는 선입견에 의해 일방적으로 특정 집단이나 세대에 유리한 제도가 조성되는 것을 차단하기 위함이었다. 우리가 어떤 세대로 태어날지 모르는 상황에서 인구 성장을 비롯한 각종 환경 관련 제도와 정책을 입안해야 한다. 각 세대의 대표자들이 모여 합의를 보게 될 때 어떤 규범과 법을 채택할 것인가? 어떤 세대는 경제성장과 기술의 관점에서 최대 수혜자가 될 수 있지만, 어떤 세대는 자원과 환경의 관점에서 최소 수혜자(the least advantaged)가 될 수 있다. 어쨌든 합의를 보게 될 최소한의 것은 각 세대가, 야영지를 떠날 때 처음보다 더 나빠지지 않도록 관리하고 떠나는 규칙에 부응하듯이, 자연환경을 물려받았을 때보다 더 나빠지거나 오염되지 않도록 하고 떠나야 한다는 것이다.10) 그래서 현세대는 앞 세대의 문화적 장점을 유지하고, 현재 이룩한 정의로운 제도를 그대로 유산으로 물려주어야 한다. 그리고 선대로부터 물려받은 자본금을 결코 까먹지 말고 전해 주어야 하는데, 석유와 천연가스, 석탄과 같이 재생 불가능한 자원을 남용함으로써 일부 손실을 입힌 부분이 있을 것이므로 최소한 그만큼에 해당하는 것으로써 달리 자원을 활용할 수 있는 과학기술을 개발하여 그 노하우를 전수할 수 있어야 한다. 물론 고통을 줄 수 있는 환경상의 유해물질을 전가하지 않도록 해야 할 것이다.

3. 미래세대를 위한 자연보존과 정책

지구상의 환경재난에 따라 인간 피해가 본격적으로 가시화하면

10) I. G. Barbour, *Technology, Environment, and Human Values*(Westport, CT: Praeger, 1980), p.85.

서, 환경을 보호할 필요성이 갈수록 증대되었다. 이때 환경을 보호할 법과 정책 등 제도적 접근의 정당화 근거로 인간의 환경권이 대두되었다. 이것과 관련해서 1970-80년대에 독일에서는 논쟁이 첨예하게 벌어진 바 있다. 보수당인 기민당/기사당 연합은 우리나라의 헌법에 해당하는 기본법에 "인간의 자연적 생활기반은 국가의 특별한 보호를 받는다"로 명기하자는 보수적 안을 내놓은 반면, 진보적 사민당은 거기서 '인간의'라는 수식어를 삭제하여 표현하자는 전향적 안을 제안하면서 학자들 사이에서 길고 지루한 논란이 거듭되었다.11) 이런 사태를 주시하던 국내에서는 다른 어떤 나라보다 앞장서서 1980년 헌법에 환경권을 명기하였고, 1987년에 개정하여 제35조에 "모든 국민은 건강하고 쾌적한 환경에서 생활할 권리를 가지며, 국가와 국민은 환경보전을 위하여 노력하여야 한다"로 나타내게 되었다.

통상 환경권은 현세대 인간이 갖는 것으로 알려져 있고, 그것이 인정될 때 권리와 의무의 상관관계에 의거하여 인간은 누구나 상응하는 의무와 책임을 인지하게 된다. 그런데 환경보호와 관련해서 미래세대 인간도 건강하고 쾌적한 환경에서 살 권리를 갖는다는 주장이 제기되었다. 물론 아직 출현하지 않은 미래세대에게 권리가 있음을 거부하는 반론이 제기된 바 있지만, 대체로 그것을 승인하는 추세로 흐르고 있다. 그래서 독일도 통일 이후 1994년에 개정한 기본법에서 "국가는 미래세대에 대한 책임을 다하기 위해서 … 자연적 생활기반을 보호한다"로 명시하였다.

국제회의에서 미래세대 환경윤리가 천명된 것은 1992년 브라질 리우데자네이루에서 있었던 UN 환경개발회의에서 '지속 가능한 발

11) 박기갑 외, 『환경오염의 법적 구제와 개선책』(소화, 1996), 19-37쪽 참조.

전(sustainable development)'을 화두로 천명한 데서 비롯되는데, 이것은 1987년 UN 산하의 WCED가 낸 보고서 『우리 공동의 미래(*Our Common Future*)』에서 유래한다. 그 보고서는 지속 가능한 발전을 "미래세대 인간의 필요 여력에 손상을 주지 않으면서 현세대 인간의 필요에 부응하는 발전"으로 정의하였다.

이렇게 일부 국가와 국제사회가 환경적 선언과 실천을 할 수 있었던 것은 그 이면에 시민단체의 맹렬한 활약에 힘입은 바가 컸기 때문이다. 그 가운데는 미래세대 환경윤리에 맞추어서 환경운동을 전개한 단체도 있다. 영국에서 1895년에 창립한 내셔널트러스트(The National Trust)는 영국의 계관시인 워즈워스(W. Wordsworth)의 고향인 북서쪽 컴브라이주 윈더미어 호수 지역을 비롯하여 아름다운 해안, 중세 때의 웅장한 고성 등을 후손에게 그대로 물려주자는 취지에서 국민신탁을 받아 보호하는 일을 수행해 왔다. 그래서 중세 이후 내려오는 문화유산과 아름다운 자연경관 지역을 보호하는 데 성공적인 역할을 수행했다. 독일의 환경운동단체 BUND가 유럽에서 원자력발전 반대를 극명하게 주도하면서 재생 가능한 에너지를 개발하는 데 노력하는 것도 미래세대 환경윤리에 부응한다. 한국 부안에서 있었던 방사성폐기물처리장 건설 반대 운동도 마찬가지다.

또한 한국에서 다음 세대를 지키는 엄마모임이 출현하여 아동의 환경권을 지키는 운동을 전개하고 있는데, 같은 맥락에서 파악할 수 있다. 대도시의 아파트와 학교 교실 등 생활공간에 각종 화학물질이 침투되어 있다. 편리함이란 이유 때문에 맥도날드 햄버거와 코카콜라, 각종 과자류와 같은 패스트푸드가 만연하고 있다. 유아용 젖병과 커피 등을 담은 캔 용기에서 비스페놀A, 유아용 치아발육기에서 DOP 및 DBP 탈레이트, 배달 음식을 포장하는 비닐 랩에서 노닐페놀, 그리고 컵라면에서 스틸렌다이머와 스틸렌드리머가 검출된 것으로 알려져 있다.12) 모두 환경호르몬 물질이다. 이것은 인간에 의해 인공적으로 만들어진 것인데, 인체 내에 흡수되어 정상 호르몬의 작용을 방해하면서 스스로 호르몬처럼 역할을 하는 내분비계장애물질이다. 이런 환경호르몬은 면역체계 이상을 초래하기도 하고, 정자 수 감소를 불러일으키며, 암을 유발하는 것으로도 알려져 있다. 이런 음식과 유해한 여건은 인간의 보건에 적지 않은 영향을 끼치면서 성인병 발생의 원인이 되고 있다. 더욱 우려스러운 점도 나타나고 있다. 현세대 성인에게 바로 다음 세대로 간주되는 현세대 아동은 성인에 비해 생물학적으로 취약하기 때문에 패스트푸드와 유해한 생활환경에 더욱 민감하게 반응하게 된다. 그래서 점차 아토피 피부염과 같은 환경성 질환과 공해성 천식 등을 앓는 수가 늘어가고 있다. 장차 불임 부부의 수도 늘어날 것이고, 향후 암 발병도 높아질 것이다.

현재의 생활양식을 그대로 유지한다면, 미래세대는 각종 환경상의 질환을 심각한 양태로 앓게 될 가능성이 높다. 미래세대를 위해서 사회제도와 생활양식의 전환이 적극적으로 이루어지지 않으면 안 되는 시점에 이르렀다고 보인다. 이에 미래세대 환경윤리의 기본 원리와 그것에 의거한 정책 원칙을 분별할 필요가 있다. 현재 국제사회에서 보편적으로 확산되고 있는 지속 가능한 발전 개념은 미래세대 환경윤리의 눈으로 조망한 것인데, 다소 약화된 표현으로 정의되어 있다. 필자는 그 개념을, 인간의 권리를 소극적 및 적극적 권리로 인식하는 것과 연루해서 확장함으로써 기본 원리로 삼을 수 있다고 본다. 인간은 자유와 생명, 재산과 관련하여 누구로부터

12) SBS 뉴스추적, 「생명의 위기 환경호르몬」, 1998. 6. 30.

도 침해당할 수 없는 소극적 권리를 가지며, 더 나아가 기아의 나락으로 떨어지지 않을 영양보충과 기초교육, 알맞은 의료혜택 등을 제공받을 적극적 권리를 갖는 것으로 분별할 수 있다. 이제 미래세대 환경권과 현세대 인간의 의무로 확장한다면, 미래세대 인간은 현세대가 누리는 것만큼 존엄하고 안전하며 건강하게 살 평등한 생존 권리를 갖고 있으므로, 현세대는 미래세대가 위험에 봉착할 정도로 자연이 파괴되는 것을 막고 유해물질로 인해 피해를 입지 않도록 하며, 미래세대가 자연으로부터 얻게 될 공정한 혜택을 누릴 수 있도록 신중하게 배려할 의무를 갖는다고 볼 수 있다.

이상의 핵심 원리로부터 일련의 환경정책 원칙도 도출되어야 한다. 마침 패트리지(E. Partridge)의 제안[13)]은 여러 모로 도움이 되기 때문에 다소 구체화하는 형태로 다음과 같은 원칙을 적시하고자 한다. 첫째, 피해 금지의 원칙이다. 무엇보다도 우선하는 것은 미래세대에게 형용할 수 없는 피해를 입히지 말라는 것이다. 혜택을 좀 더 주어서 처지를 낫게 개선하는 것과 피해를 줌으로써 고통스럽게 하는 것 가운데 어떤 것이 더 우선하는 비중을 갖는가? 아무래도 후자라고 해야 한다. 이에 우리는 원자력발전 핵폐기물이든 아니면 독성 화학물질이든 몹시 유해한 물질을 유산으로 미래세대에게 넘기지 않도록 해야 한다.

둘째, 로크의 단서 원칙이다. 자유주의자 로크는 무소유의 자연지역이 광활하게 펼쳐져 있는 상태에서 타인에게도 그런 자연에 다가갈 수 있는 열린 조건이 구비되었을 때 비로소 스스로의 노동을 통해 개척한 자연의 일부가 자신의 소유가 될 수 있다는 사유재산권 정당화 논증을 펼쳤다. 서구에서 사유재산권이 인간의 권리로

13) E. Partridge, "Future Generations", D. Jamieson(ed.), *A Companion to Environmental Philosophy*(Malden, MA: Blackwell, 2001), pp.384-388.

채택된 배경이 여기에서 연유한다. 원칙적으로 보면 자연을 사유화하는 것 자체가 어불성설이다. 자연은 우리 모두의 것, 심지어 인간 이외의 자연적 존재와도 함께 향유해야 할 성질의 것이다. 다만 현재의 체제 속에서 불가피하게 사유재산권이 용인되고 있다면, 로크가 단서 조건으로 제시한 바와 같이 미래세대도 우리와 마찬가지로 광활한 자연에 다가가서 자신들이 꼭 필요로 하는 것들을 얻을 수 있는 풍부한 여지를 반드시 남겨야 한다.

셋째, 선택의 기회 제공 원칙이다. 오늘날 우리는 많은 자원을 남용하고 있다. 그대로 내버려두면 미래세대에게 기초적으로 필요한 것마저 대부분 소모할 소지도 없지 않다. 그뿐만 아니라 우리가 예측하지 못한 것을 필요로 할 수 있는데, 그런 것마저 소멸시킬 수 있다. 예컨대 현재의 생물 종 가운데 어떤 것은 미래세대의 치명적 질병을 고치는 데 도움을 줄 수 있다. 따라서 우리는 미래세대도 우리가 갖는 선택 기회와 동등한 수준으로 자연을 탐구하고 기술을 발전시킬 수 있는 선택적 기회를 남겨야 한다.

넷째, 사전 예방의 원칙이다. 환경오염을 초래하고, 이것을 사후에 저감하는 처리 방법을 찾는 것보다 사전 예측을 통해 미리 예방하는 정책 접근이 요청된다. 공장 굴뚝과 하수구를 통해 배출된 오염물질이 환경단체에 의해 고발되고 정부에 의해 규제 정책이 시행된 연후에 오염을 저감하는 방도를 찾기보다 사전에 자원을 적게 쓰고 오염도 적게 발생시키는 사전 예방의 방도를 모색해야 한다. 또한 일정한 규모 이상의 개발 사업에 대해서도 마찬가지로 해야 한다. 그런 점에서 보면, 사전 환경영향평가는 예방적 차원에서 시행하는 대표적 정책의 한 사례이므로 시늉에 그칠 것이 아니라 실질적일 수 있어야 하며, 중요한 경우에 계획에서부터 사업 시행에 이르도록 올바르게 실시되어야 한다.

다섯째, 공정한 절제의 원칙이다. 현대 산업사회의 생활양식은 자연에 구조적으로 부담을 가중시킴으로써 생태계 파괴와 동식물종 소멸, 그리고 미래세대의 안정적 삶을 깨뜨릴 가능성이 높다. 이제 생활양식을 미래세대까지 고려하는 선에서 크게 바꿀 필요가 있다. 이런 것들은 모두 우리에게 달콤한 물질적 유혹에서 벗어나 소박한 삶을 영위하는 절제를 요구한다. 우리가 이런 요청에 부응해야 하는 이유는 세대 간의 정의(intergenerational justice) 실현 때문이다. 한 세대 내에서는 물론 세대 간에도 자연으로부터 얻는 혜택과 그것으로 인해 초래되는 환경상의 부담이 공정하게 분배되어야 누구나 인간으로서 존엄을 유지하면서 동시에 자연과 상생하는 문화를 구축할 수 있다. 그리고 우리가 발전된 과학기술에 따라 처리 능력도 향상시키고 또한 미래를 예측할 수 있는 수준을 높였다고 하더라도, 장차 우리의 행위가 어떤 결과를 초래할지 정확히 안다고 말할 수 없다. 사정이 이와 같기 때문에 우리의 행보 자체가 대단히 신중해야 한다. 예컨대 개발로 인해 초래될 결과가 불확실하다면, 그런 사업은 확실한 판단이 설 때까지 유보되어야 한다. 이렇게 우리는 자연에 다가갈 때 미래세대를 염두에 두면서 신중하고 공정하게 판단하여 절제할 줄 아는 원칙을 준수해야 한다.

여섯째, 선행의 원칙이다. 부모가 자녀를 사랑으로 대하고 의료인이 환자에게 선행을 베풀듯이 현세대는 미래세대가 자연의 혜택을 누릴 수 있도록 선행을 베풀어야 한다. 우선 재생 불가능한 자원을 가급적 덜 사용하도록 하고, 그리고 재생 가능한 자원을 효과적으로 사용할 줄 아는 과학기술을 개발함으로써 소비된 자원이 보충될 수 있도록 선을 베풀어야 한다. 이것은 단지 경제적인 것으로만 국한되지 않는다. 자연으로부터 받게 되는 정서적 안정감을 비롯하여 미적 아름다움, 호연지기도 미래세대가 향유할 수 있도록 배려해야 한다.

일곱째, 환경교육의 원칙이다. 미래세대를 위해 앞서 제시한 원칙을 제대로 시행하려면 현세대가 자발적으로 올바른 환경교육에 참여해야 한다. 특히 환경교육은 환경과 관련된 자연적 및 사회적 사실을 알아야 할 뿐 아니라 자연에 대한 바른 가치관도 함께 성숙되어야 하기 때문에 반드시 도덕과 관련된 생태윤리 내용을 함께 포함해야 한다.

여덟째, 미래세대 후견인 원칙이다. 아이를 돌보는 일은 부모가 맡는 것이 일반적인데, 불가피한 사정이 생길 경우 후견인이 선정되어 아이들이 성인이 될 때까지 돌보게 된다. 또한 복잡해져가는 현대 사회에서 일반인들도 법률 서비스를 전문적으로 받기 위해 변호사를 후견인으로 선정하게 된다. 마찬가지로 미래세대를 위한 환경 관련 제반 정책을 실질적으로 펼치려면, 미래세대를 대신할 후견인을 선정하여야 한다. 후견인은 환경 관련 전문성과 도덕성을 구비한 사람들이어야 하고, 그들의 역할은 기초 및 광역 자치단체에서부터 정부, 그리고 더 나아가 UN에서 각종 정책을 입안하고 결정하며 집행하는 데 참여하여야 한다.

4. 평 가

인간은 누구나 존엄한 존재로 살아갈 수 있는 권리를 갖는다. 그래서 역사적으로 소극적 및 적극적 권리를 갖는 것으로 분별되었다. 즉, 자유와 생명, 행복추구의 권리, 기초교육의 권리 등을 갖는다. 그런데 오늘날 환경위기가 심화되면서 환경에 대한 권리도 갖는 것으로 승인되고 있다. 문제는 현세대에게만 환경권이 부여됨으로써 실질적인 자연보존에 한계를 보이고 있다는 것이다. 우리나라에도 1980년 이래 헌법에 현세대를 위한 환경권이 설정되어 있지만 이것으로써 자연이 제대로 보존될 것이라고 믿는 사람은 거의 없을 것이다. 현세대 인간 중심의 환경윤리는 자연을 보호하는 이유가 어디까지나 건강한 환경에서 살 현세대 인간을 위해서이다. 인간 다수를 위한 개발과 자연보존이 경합할 경우 대체로 전자의 승리로 귀결됨으로써 현세대 인간 중심주의는 한계를 노출하게 된다.

그러나 환경권을 현세대만이 아니라 미래세대에게도 귀속시킬 경우 사정은 상당한 정도로 달라질 수 있다. 즉, 미래세대 환경윤리가 펼쳐질 경우, 사태가 획기적으로 반전될 수 있다. 현재 현세대 인류는 선대로부터 물려받은 자연을 활용하여 그것에서 발생하는 이자로만 사는 것이 아니라 원금까지 한꺼번에 까먹는 물질적 풍요를 가속화하고 있는데, 이런 상태로는 지속 불가능하다고 판정을 받고 있다. 이럴 때 미래세대를 위한 접근은 크게 두 가지 측면에서 우리를 변화시킬 수 있다는 점에서 주목을 끌게 된다. 첫째 그것은 미래세대의 건강과 생명을 위태롭게 할 정도로 위험한 물질(예, 방사능 물질과 유독성 화학물질 등)을 후손에게 전가하지 않도록 요구한다. 이것은 미래세대의 소극적 환경권을 존중하는 것이다. 둘째, 그것은 미래세대도 현세대와 마찬가지로 자연으로부터 알맞은 혜택을 누리면서 살도록 현세대가 자원을 절약하여 사용하고, 소모된 자원 부족에 대해서는 과학기술과 같은 지식을 개발하여 전수함으로써 새로운 자원 필요에 부응할 수 있는 여건을 조성하는, 그럼으로써 미래세대의 적극적 환경권에 부응할 것을 요구한다. 또한 이런 요청이 중요하게 여겨지는 이유는 무엇보다도 생물학적으로 취약한 현세대 아동을 위해한 환경여건으로부터 보호할 수 있는 길이 열릴 수 있기 때문이다. 따라서 미래세대 환경윤리는 인류가 자연과 더불어 사는 것을 가능하게 조성할 정도로 진전된 입장이라고 할 수 있다.

우리는 미래세대 환경윤리를 수용해야 한다. 그러나 이것이 자칫 인간 이외의 자연과 자연적 존재에 대한 직접적 배려를 배제하는 속 좁은 귀결로 이어져서는 안 된다. 합리적으로 엄격성을 기할 경우, 파인버그가 밝힌 바 있듯이, 현세대 모두가 아이를 낳지 않기로 결정을 했다고 해서 이것이 태어나지도 않은 후손의 권리를 침해한 것이라고 보아야 하는가? 이 질문에 '아니다'라고 답변하는 것이 온당하게 보이지는 않지만, 그렇다고 해서 '그렇다'라고 답변할 수 있는 매우 그럴싸한 논변이 개발되어 있지도 않다. 가령 이 우문에 대해 '그렇다'라고 명료하게 답변하려면, 이성을 넘어서서 영성과 같은 다른 무엇의 도움이 필요하다고 보인다. 그런데 바로 이런 지평에 올라서게 될 때, 우리는 멀리 떨어진 임의의 인간 후손을 윤리적으로 고려하려고 애쓰면서 지금 우리 가까이에서 멸종에 처한 동식물 종에 대해 인간이 아니기 때문에 직접적으로 배려할 필요가 없다는 태도를 취하는 것이 정말로 옹색하게 된다. 호혜적인 관계적 이성과 생태적 감성, 자연 영성이 우리에게 자연스럽게 체현될 때 우리는 미래세대 인간은 물론 자연까지 더불어 배려하는 태도를 지니고 그런 삶을 사는 것이 가능하다. 우리는 속 좁은 인간 중심주의에만 매달릴 필요는 없다.

제 6 장

생태윤리와 경제 그리고 문화

1. 문화와 경제

인간은 진화 과정에서 자신에게 고유하면서 안정적으로 존립할 수 있는 기반을 자연에 구축했는데, 그것이 문화(cultura)이다. 문화는 어원학적으로 땅을 경작하는 농업(agricultura)에서 유래한 것이다. 인간은 수렵과 목축의 단계를 거쳐 경작 과정으로 이행하기 위해 자연에 대한 지혜가 필요했고, 다른 동물과 달리 인간에게 고유한 특성, 즉 이성(logos)을 지닐 수 있게 됨으로써 그것이 가능하게 되었다. 그래서 문화는 일차적으로 땅을 경작한다는 뜻을 갖고 있고, 그리고 이차적으로 정신 계발을 의미한다.

인간은 한 곳에 정착하여 땅을 경작하고 이로 인해 생산물을 획득하여 집안 살림을 꾸렸고, 이웃에서 생산한 산물도 필요했던 탓에 서로 교환과 거래를 하게 되었다. 처음에는 물물교환이었지만,

화폐가 출현하면서 상품 생산과 거래가 시장에서 이루어지기 시작했다. 이렇게 가계 살림살이를 꾸리는 데서 연유한 경제(economy)는 문화란 커다란 틀에서 발생하게 되었다.

초기의 농업문화 시대에 경제는 비교적 단출했다. 생산물 자체를 자연에서 얻거나 아니면 기초적 가공을 한 산물이 주류를 이루었다. 특히 수산물과 대다수 농산물은 신선한 상태로 보존하는 것이 용이하지 않았기 때문에 한 지역의 문화 내에서 통용되었고, 일부 건조된 농수산물과 투박한 공산품이 지역을 넘나들며 유통되었다. 이런 농업문화 속에서 경제가 자연환경에 과도한 부담을 주는 일은 좀처럼 발생하지 않았다. 당시로서는 자연 자체가 풍부한 산물을 인간에게 가져다주었거나 아니면 인간이 수집하는 농수산물 자체가 지역 생태계의 생명부양 체계 안에서 조성되고 있었기 때문이다.

다만 일부 거대 문명에서 도시화의 확장으로 인해 자연에 큰 부담을 주고, 그에 따라 그 문명의 약화 및 몰락에 영향을 주는 일이 발생하기도 했다. 대표적으로 기원전 3500년경에 나타난 메소포타미아 문명의 사례를 들 수 있다. 우르를 중심으로 도시 확장과 인구 증가가 이루어지는 과정에서 경작지에 대규모 관개수로 망을 구축하여 물을 용이하게 공급함으로써 상당한 기간 동안은 비약적인 생산성 증진을 이룩했다. 그러나 진흙 배수로의 장벽으로 인해 땅속 염분이 바다로 빠져나가지 못하고 계속 축적되면서 어느 시점에 소금기에 민감한 밀 작황이 급격히 떨어지고, 이것이 식량난과 사회적 분쟁 등으로 이어지면서 문명의 몰락을 재촉하는 요인이 되고 말았다. 문명의 성장 요인이 어느 시점에 몰락의 핵심 원인으로 작용한 것이다.[1)]

농업문화에서는 인간의 경제가 자연에 과부하를 주고, 그로 인해 그 문화가 약화되는 경우가 간혹 발생했다 하더라도 극히 적었다고 볼 수 있다. 왜냐하면 그런 경우 자연에 대한 무지로 인해 생긴 우연적 측면이 크기 때문이다. 그런데 농업문화 이후에 등장한 산업문화에서는 자연에 주는 부담이 구조적이어서 환경재난을 증폭시키고 있다는 것이 문제다. 특히 산업주의 경제가 그것을 일으키는 장본인이라는 점이다.

산업주의는 자연을 자원(resources), 즉 인간의 목적 달성을 위한 돈벌이 수단으로만 여긴다.[2] 이에 산업문명에서 발생한 두 가지 경제 체제, 즉 자본주의와 마르크스적 사회주의는 모두 같은 이념적 기반 위에 서 있다. 양자는 인간의 손길이 미치지 않았을 때 자연은 가치와 무관한 존재로 있다가 인간에 의해 이용될 때 비로소 가치를 갖게 된다고 보고 있다. 그래서 자연에서 자원을 채취하고 이용하는 것으로써 물질적 경제성장을 지속적으로 도모하는 것은 당연하다는 성장주의 경제관을 갖고 있다.

물론 산업주의를 공통 기반으로 하고 있다 해도 양자 사이의 경제관은 확연히 다르다. 원칙적으로 자본주의는 사유재산제를 수용하면서 자유시장체계에 의해 경제를 운영하는 반면, 마르크스적 사회주의는 생산수단의 사적 소유를 철폐한 상태에서 중앙 집중식 계획에 의해 경제를 운영하고자 한다. 전자는 경제 운영에 따른 과실이 개개인의 자유로운 영리 추구의 일환으로 귀결되기 때문에 실질적인 부의 차이가 나타나는 것을 당연시하는 반면, 후자는 짜여진 계획을 통해 사회를 운영함으로써 경제적 불평등을 해소하면서 모

---

1) 도날드 휴즈, 표정훈 옮김, 『고대 문명의 환경사』(사이언스북스, 1998), 52-62쪽.

2) A. McLaughlin, *Regarding Nature*(Albany: State University of New York, 1993), p.67.

두가 잘사는 무계급 사회를 지향한다. 다만 지금은 현존 사회주의가 몰락함으로써 실질적으로 운영되는 사회주의 경제체제를 찾기가 다소 어려워지기는 했다. 그러나 자본주의와 마르크스적 사회주의가 서로 확연히 다른 경제관과 체제를 갖추고 있다 해도, 양자 모두 자연을 자원으로 적극 활용하여 무한 성장을 도모한다는 공통점을 갖고 있다고 볼 수 있다.[3)] 그런데 과연 이런 산업문화 속에서 이룩되는 경제가 생태적으로 지속 가능할 수 있는지는 의문이라고 할 수 있다.

2. 지구촌 경제와 환경

산업문명의 출현 이후, 특히 20세기 들어서서 지구촌 경제는 놀라울 만한 성장을 이룩했다. 가장 대표적으로 지난 반세기 동안 지구촌 경제는 7배나 늘었다. 즉, 1950년에 상품과 서비스의 총 가치가 6조 달러에서 2000년에 43조 달러에 이르렀다. 세계경제의 지표 역할을 하는 뉴욕 주식시장에서 주식의 가치를 나타내는 다우존스지수가 1990년에 3,000포인트였는데, 10년이 지난 2000년에 11,000포인트로 상승한 것은 최근에도 경제가 계속 확장되고 있음을 뜻한다. 지구촌 경제의 성장은 인간에게 물질적 이익을 풍성하게 안겨줌으로써 자연으로부터 얻는 문화적 혜택을 만끽하게 해준다. 물론 선진국과 상류층이 상대적으로 독점하는 형태이기는 하지만, 일반적으로 물질적 생활이 대폭 증진되는 탓에 많은 즐거움을 누리고 있다는 것은 분명하다.

그러나 지구 경제의 성장은 그 이면에 환경문제를 잉태함으로써

3) 한면희, 「산업 자본주의 및 사회주의 자연 이념의 특성과 한계」, 『환경철학』 제2집(2003), 99-135쪽.

자멸하는 단계로 이행하고 있다는 분석도 만만치 않게 대두되고 있다.[4] 이미 농업문화가 등장한 이후 세계의 숲은 절반 이상 개발로 사라졌고, 경작지의 3분의 1 가량이 장기적인 생산성을 저하시킬 정도로 표토를 상실하고 있다. 인구 증가는 식량 증산을 요청하므로 경작지와 초지 면적의 확대와 이용 강도를 높이게 된다. 세계 인구의 수는 1900년에 15억이었던 것으로 알려져 있는데, 1950년대에 두 배로 늘고 그리고 다시 50년이 지난 2000년에 61억에 도달함으로써 20세기 1백 년 동안 4배로 늘었다. 인구 증가에 따라 가축의 숫자도 증가했는데, 현재 세계 인구 1억 8천만 명이 33억 마리에 이르는 소와 양, 염소 등을 길러 생계를 꾸려가고 있고, 이에 따른 방목으로 인해 초지가 붕괴 직전에 이를 정도로 과부하 상태에 놓여 있다.

초지의 남용은 일부 지역에서 사막화를 촉진하게 되는데, 에티오피아와 같은 아프리카와 중국 등에서 심하게 나타나고 있다. 중국의 삼림 파괴와 초지의 과부하에 따른 사막화 등은 홍수 범람에 따른 피해와 황사 등을 강력하게 증폭시키는 역할을 한다. 1998년 여름 양쯔강의 범람은 1억 2천만 명의 이재민을 발생시켰는데, 폭우를 흡수할 삼림의 나무가 벌목으로 잘려나간 데도 한 원인이 있다. 계속 빈도와 강도가 늘고 있는 중국의 황사는 한국과 일본 등 이웃나라는 물론 멀리 떨어진 미국 서부에까지 크고 작은 영향을 끼친다.

해양 자원의 남획에 따른 고갈도 문제로 부상하고 있다. 해양 어획고는 1950년에 1,900만 톤에서 1997년에 역사상 최고치인 9,300만 톤으로 치솟았다. 그 결과 1인당 해산물 소비량이 8kg에서

4) 레스터 브라운, 한국생태경제연구회 옮김, 『에코 이코노미』(도요새, 2003), 26-35쪽.

1988년에 최대치인 17kg에 이르렀다. 그런데 이것이 뜻하는 바는 해양 어장이 남획으로 인해 점차 고갈 단계로 이행하고 있음을 나타낸다. 일본인이 좋아하는 청새치는 집중 남획이 이루어진 결과 그 숫자가 무려 94%나 감소했다. 캐나다 정부도 500년의 역사를 자랑하는 뉴펀들랜드 해안의 대구어업에 대해 1992년에 중지를 선언하지 않을 수 없게 되었다. 미국 워싱턴 주는 1994년에 연어의 멸종을 막기 위해 연어잡이를 금지시켰다. 이에 유럽연합(EU)의 고기잡이 상선은 더욱 멀리 떨어진 아프리카 서부 해안으로 몰려들어 어로를 하고 있는데, 이곳에서는 한국과 일본, 러시아, 중국에서 온 어선과 다투어 경쟁을 하는 상황에 놓여 있다. 이곳 어장이 붕괴하게 되면 또 다른 어장을 찾아 굶주린 독수리 떼처럼 달려들 것이다.

강물과 지하수의 과다 이용과 환경오염에 따른 폐해도 나타나고 있다. 미국 남서부 주요 하천인 콜로라도 강은 인근 사막의 관개용수 공급을 위해 과다하게 취수되는 과정에서 하류에 내려가면 강물이 말라붙은 실정에 이르렀다. 현재 세계 인구 40%가 물 부족으로 인해 시달리고 있고, 또한 안전하지 못한 물로 인해 건강상의 위해에 노출된 세계 인구의 수는 10억에 이르는 것으로 추산되고 있다.

지구 온난화에 따른 기상이변이 심화되고 있음은 곧바로 화석연료의 과다 사용과 고갈, 그에 따른 경제 혼란을 의미한다. 예컨대 석유의 사용은 거의 반환점을 도는 상황에 이름으로써 현재와 같은 추세로 사용할 경우, 앞으로 40년이면 고갈될 것으로 예측하고 있고, 천연가스는 46년, 석탄은 1백 년 조금 넘게 쓸 수 있는 것으로 알려져 있다.

지구 온난화는 엘니뇨 현상을 증폭시킨다. 그 결과 사막에 비가 억수로 내리는가 하면, 자주 비가 내리던 지역에 가뭄이 들게 하기도 한다. 예컨대 1997년 엘니뇨가 초래한 가뭄으로 인해 보르네오와 수마트라 등 인도네시아와 말레이시아의 열대우림에 화재가 발생하여 수개월 동안 꺼지지 않고 계속됨으로써 인간과 동식물에게 그 연무에 따른 피해를 주었다. 태풍의 위력도 증폭시켜 인명과 경제에 치명적 피해를 입혔다. 1998년 허리케인 조지는 엘살바도르와 니카라과를 덮치면서 4,000명의 인명 피해와 1백억 달러에 이르는 경제적 피해를 입힘으로써 두 나라 경제발전을 30년 정도 후퇴시킨 것으로 평가되었다. 1992년 미국 플로리다를 덮친 허리케인 앤드류는 인명 피해 63명, 재산 피해 3백억 달러에 해당하는 손실을 입혔는데, 또한 2005년 여름에 뉴올리언스를 덮친 카트리나는 수천명의 인명 피해와 집계조차 할 수 없는 천문학적인 경제적 손실을 초래했다.

현재의 지구촌 산업경제는 크게 두 가지 측면에서 문제를 초래하고 있다. 첫째, 환경재난으로 인해 경제적 이익에 버금가는 피해를 자초하고 있다. 둘째, 석유와 같은 재생 불가능한 자원을 빠르게 고갈시킴으로써 자원을 둘러싼 국가간의 갈등을 증폭시키고 있고, 그로 인해 제3차 세계대전이 발발할 것이라는 우려마저 낳고 있다. 전 월드워치연구소 소장이었고 현재는 지구정책연구소 소장인 레스터 브라운(Lester R. Brown)은 한 마디로 현재의 경제가 스스로 자멸하는 길로 들어서고 있다고 진단한다.

3. 환경경제학과 한계

자연 생태계를 경제학적으로 표현하면, 그것은 일종의 기본자산(endowment)에 해당한다. 기본자산에는 공산품이나 농수산물을 생산하여 이익을 추구할 때 가치 감소를 보지 않는 토지나 건물, 어장 등이 포함된다. 경제가 지속되려면 기본자산을 그대로 유지하면서 그것에서 나오는 이익으로 운영을 하면 된다. 예컨대 일정한 재원을 은행에 예치하고 원금에서 나오는 이자로 경제활동을 할 경우, 이자 소득이 일정하게 발생하는 한 경제적 행위는 지속된다. 그러나 사치스런 경제 행위로 인해 이자로 부족하여 원금까지 까먹는 행위를 할 경우, 그런 행위는 경제적으로 지속 불가능한 국면에 직면하게 된다. 왜냐하면 조만간 원금 고갈과 더불어 파산에 돌입하기 때문이다. 그런데 오늘날 인간이 행하는 경제적 행태가 기본자산인 생태계와 자연 자원을 남용함으로써 원금을 까먹는 단계로 진입했다고 보인다. 따라서 가렛 하딘(Garrett Hardin)이 상정한 공유지의 비극(tragedy of the commons)이 도래할 수 있다.

한 마을이 공동으로 소유하고 있는 목초지가 있는데, 마을에서 가축을 기르는 구성원들은 누구나 그 공유지를 자유롭게 이용할 수 있다. 각자는 자신이 키우는 가축으로 하여금 공유지 풀을 뜯어먹게 하여 살을 찌우고, 새끼를 낳게 하며, 또 키워서 그 수를 계속 늘리고, 그리고 시장에 내다 팔아서 부자가 되고자 한다. 부지런을 떨면 떨수록 부자가 될 가능성은 높아진다. 모두 부자가 되자는 소리도 당연하게 여겨진다. 그런데 이렇게 하는 사람들이 늘어나면서, 어느 순간 그 공유지가 가축을 부양할 수 없는 한계 상황에 도달한다. 그럼에도 불구하고 그 상황을 넘어설 정도로 진행되면, 컴퓨터 서버가 과다 접속에 따른 부하로 다운되듯이, 마침내 그 공유지는 황폐화되는 비극을 맞이하게 된다.[5)]

이때 공동체 구성원이 특별히 사악한 것도 아니다. 그저 마을 공

---

5) Garrett Hardin, "The Tragedy of the Commons", H. E. Daly et al.(eds.), *Valuing the Earth: Economics, Ecology, Ethics*(Cambridge: The MIT Press, 1993), pp.131-132.

유지에 자유롭게 접근할 수 있는 권리가 주어져 있고, 그것을 이용하여 잘살 수 있는 체제가 구축되어 있을 뿐이다. 그러나 어느 순간 공유지에 비극이 찾아들었다. 문제가 있다면, 부자가 되려고 했던 각자의 행위가 합세하여 전체적으로 공유지가 부양할 수 있는 생명부양 여력을 넘어선 데 있다. 그런데 이 상황이 현재의 지구촌 경제 사태와 흡사하게 전개되고 있는 것은 아닌가?

경제학도 이제 환경문제를 고민하기 시작했다. 그래서 환경경제학(environmental economics)이 전통 경제학의 응용 형태로 출현했다. 환경상 오염으로 인해 몸살을 앓고 그리고 자원을 남용하여 고갈 단계로 접어들고 있다는 것을 문제로 인식하면서, 이것을 해결하는 방도를 제시하기 시작했다. 그것은 환경과 관련된 모든 것을 돈이라는 경제적 가치와 연루시켜 해결하고자 한다. 기업은 지금까지 상품을 생산하여 시장에 판매함으로써 이윤을 추구해 왔다. 이 과정에서 굴뚝과 하수구를 통해 오염물질을 외부로 방출했다. 결국 자본가가 끌어안아야 할 오염정화 비용을 외부로 전가한 것이다. 환경경제학은 사회적 규제를 통해 외부성(externality)의 문제를 자본가로 하여금 내부로 끌어안도록 조치를 취하고자 한다. 그렇게 되면 정화로 인해 공해가 배출이 되지 않을 것이라고 본다.

그리고 자원 남용이 이루어지는 이유는 환경을 지금까지 공공재였던 까닭에 공짜로 인식하여 마구잡이로 사용했고, 그래서 빠르게 고갈되고 있으므로 이것도 시장체계에 맡기고자 한다. 자원이 희소해질수록 시장 가격이 상승해서 비싸지면 이용에 신중을 기하게 되고, 그에 따라 자원이 적정한 정도로 이용되어 그만큼 보존이 될 수 있다고 본다. 또한 자연을 개발할 것이냐 아니면 생태주의자들이 주장하듯이 보전할 것이냐의 여부도 자연에 대한 경제적 가치(즉, 자연의 도구적 가치)를 평가하여 비용을 지불할 용의 가격에 맡기면 된다고 여긴다. 시장에서 상품 가격을 결정할 때 최적의 방법은 수요와 공급의 법칙에 따르도록 하는 것이다. 대표적으로 경매에 붙이는 것이다. 마찬가지로 개발이냐 보전이냐 갈림길에 놓인 대상에 대해 자연환경을 변화시키는 개발에 찬성을 할 경우 그에 따른 비용 지불을 가격으로 제시할 것인 반면, 자연환경 변화가 바람직하지 않아서 그대로 보전을 원할 경우 비용을 부담해서라도 개발을 막고자 하면 된다. 이렇게 비용 지불 용의에 따른 자유시장체제에 따라 자연도 이용과 보전 여부를 결정하도록 맡기면 된다고 본다. 환경경제학은 이렇게 시장기능에 의거하는 것으로써 인류가 직면한 환경문제를 풀 수 있다고 주장한다.

환경경제학은 신고전 경제학과 후생이론에 의존하고 있는데, 양자는 그 출발점을 공리주의에 두고 있다. 공리주의 경제관은 효용성의 원리(principle of utility)에 따라 경제를 운영하고자 한다. 각 개인으로 하여금 자신의 이익을 도모하게 하되, 그것이 최대 다수에게 최대의 이익을 주는 방식으로 나타나도록 시장체제에 맡기는 방도를 채택한다. 그래서 경제운영의 기조로 경제적 파이의 크기를 넓히는 데 주력하고, 자연 보호와 이용 여부에 대해서는 그에 따른 비용을 지불할 용의 가격에 따라 시장제도에 의해 결정하고자 한다. 그리고 공해성 산업설비가 자연과 인간의 피해로 나타나기 때문에 그런 것을 친환경적 산업으로 전환하는 것을 도모하고 있고, 자원도 재생 불가능한 것을 적게 소비하면서 재생 가능한 형태의 것을 더 많이 반영하는 방식으로 바꾸고 있다.

경제적 효율성(efficiency) 개념도 적극 도입하였다. 철저하게 들인 비용에 비해 이익이 더 많도록 하는 비용-이익 분석(cost-benefit analysis)을 개인은 물론 국가도 취하게 하고 있다. 기업의 경우 동일한 제품을 만들더라도 적은 자원을 사용하는 형태를 취함으로써 오염 자체를 덜 발생시키도록 한다. 물론 환경 과학기술로 오염 요인도 정화하는 데 주력한다. 이런 여건 속에서 서유럽 일부 산업 선진국 주도로 생태적 근대화(ecological modernisation)가 진척되고 있다. 그것은 환경문제가 자본주의 경제의 구조적 산물임을 인정하고 있지만, 봉건제의 문제를 청산하기 위해 근대화가 도모되었던 것처럼, 현재의 정치, 경제, 사회 제도의 전환에 의해 자본주의를 환경 친화적으로 만들고자 한다.[6] 결국 환경경제학은 자원으로 간주되는 자연의 가치를 시장의 가치로 환원시켜 평가하고, 그것에 기초하여 생태계를 관리하는 방안을 제시하고 있는 셈이다. 이와 같이 환경경제학은 환경문제를 해결하는 데 어느 정도 기여하고 있다고 보인다.

그러나 환경경제학은 중대한 한계에 봉착해 있다고 보인다. 가장 근본적으로 자연의 가치는 시장의 가치로 환원될 수 없다는 점이다. 이것은 생태주의 윤리가 강조하고 있는 바와 같이 자연은 도구적 가치(대표적으로 경제적 가치)로만 환원될 수 없다는 것을 간과한 데서 비롯된다. 시장은 생태적 진실을 제대로 반영할 수 없다.[7] 예컨대 풍력과 석탄에 의한 발전을 사례로 살펴보자. 풍력발전 비용은 터빈 제조와 설치, 유지 보수 비용, 그리고 전기를 소비자에게 공급하는 유통 비용이 포함된다. 석탄발전 비용의 경우, 역시 발전소 건설과 석탄 채굴 및 운송, 그리고 전기를 소비자에게 공급하는 비용이 포함된다. 하지만 석탄발전의 경우, 탄소 배출로 인해 대기 중 호흡 곤란을 초래하고, 산성비를 내리게 하며, 지구온난화를 초래한다. 특히 지구온난화는 남북극의 얼음을 녹게 하여 남태

---

6) N. Carter, *The Politics of the Environment*(Cambridge: Cambridge University Press, 2001), p.211.

7) 레스터 브라운, 『에코 이코노미』, 45쪽.

평양 투발루군도와 같은 작은 섬나라를 물에 잠기게 하여 국민 모두를 인근 뉴질랜드로 더부살이 하도록 내보내고 있고, 기상이변을 일으켜 지구 반대편에 있는 사람들에게 허리케인의 피해를 주어 인명과 재산상의 손실을 막대하게 끼쳤다. 과연 이런 것 모두가 경제적 가치로 계산될 수 있는가? 사람의 질병과 목숨을 돈으로 계산할 수 있는가? 물론 이런 것에는 동식물 종의 멸종과 같은 자연의 비도구적 가치는 포함되어 있지도 않다.

환경경제학이 생태계와 동식물 종이 입는 환경상 피해, 그것과 연동되어 인간이 입는 피해 등을 시장의 경제적 가치로 평가하는 것은 불가능하다. 그리고 자연이 진화 과정에서 고유한 역할을 수행하는 생태적 역할을 인간이 제대로 알 수 없으며, 더군다나 그런 역할 속에서 인간에게 주는 유무형의 혜택을 경제학적으로 수량화하여 평가한다는 것은 그야말로 인간의 오만일 뿐이다. 따라서 환경경제학은 명확한 한계를 지닌다고 보인다.

4. 생태주의 윤리와 생태경제학

환경문제가 갈수록 심각해져 가는 상황에서 환경경제학의 접근은 필요하다. 특히 신자유주의 세계화가 가속화하는 시기에 그런 노력마저 없다면 위기 도래가 더 빨라질 수 있기 때문이다. 다만 그런 조치로 문제가 본질적으로 해결될 수 있느냐에 대해서는 회의적이다. 산업문명의 물질적 혜택을 혜택대로 누리면서 환경문제의 고삐도 확실하게 잡을 수 있다면, 이를 마다할 이유가 없을 것이다. 문제는 그것이 정말로 근원적 해법일 수 있느냐는 데 있다. 이미 일각에서는 자본주의든 사회주의든 물질적 무한성장을 도모하는 경제체제가 근본적으로 환경위기를 극복할 수 없다고 보기 시작했다. 지구상에서 인간 경제성장의 한계가 분명하다는 것이다.

중국은 인구 13억의 대국으로서 가파른 경제성장을 도모하고 있다. 이미 세계의 주요 경제대국으로 자리를 잡았고, 외환 보유고가 세계 최고이다. 장차 미국인의 생활양식을 좇을 것으로 보인다. 이미 자동차와 전자제품이 거리와 주택을 장식하기 시작했다. 앞으로 중국 한 가구당 한두 대의 자동차를 보유하면서 미국과 같은 정도로 석유를 소비한다면, 중국의 하루 소비량만으로 세계 석유 생산량 7,400만 배럴을 넘는 8천만 배럴에 이르게 됨으로써 곧바로 석유는 바닥이 날 것이며, 자원 확보를 위한 국제사회의 갈등이 증폭될 것이다. 중국의 연간 종이 소비량이 1인당 35kg인데, 미국의 수준인 342kg이 된다면 세계 전체 숲의 절반을 베어야 한다.[8] 중국의 사례는 현재와 같은 경제성장과 그런 성장을 용인하면서 환경문제를 풀고자 하는 환경경제학의 한계를 드러내준다고 볼 수 있다. 바로 이런 맥락에서 생태경제학(eco-economy)이 등장했다.

생태경제학은 경제를 오직 돈 흐름의 논리에 의해 풀려고 하기보다 생태학과 생태주의 윤리와 철학 등을 적극 존중하는 선에서 접근한다. 기존의 경제학은 환경을 경제의 일부로 간주하는 반면, 생태학은 경제를 자연의 일부로 인식한다. 경제학은 인간 종의 삶만을 목표로 삼고 그 이외의 동식물과 자연을 목표 실현에 기여하는 경제적 값어치를 지닌 것으로 파악하는 반면, 생태학은 생물권과 경관, 생태계, 생물군집, 동식물 종, 생물 개체 등에 초점을 맞춤으로써 인간에 대한 고려를 거의 하고 있지 않다. 따라서 생태경제학은 환경문제를 구조적으로 풀면서 지속 가능한 경제를 도모하려면 경제학과 생태학을 통합할 필요가 있다고 보았다. 물론 시장

---

8) 위의 책, 38-40쪽.

기능에 익숙한 전통 경제학계에 자연환경을 시장 외적인 가치로 보아야 한다고 주장하는 것이 결코 쉬운 일이 아닐 것이다. 또한 자연을 관계적으로 탐구하는 생태학계에 인간의 문화를 자연과 다른 특성을 지닌 것으로 보도록 하는 것도 마찬가지일 것이다. 그런데 일부에서나마 이것이 가능할 수 있는 것은 생태경제학이 기초적 세계관을 달리하는 철학과 윤리를 바탕으로 깔고 있기 때문이다.

기존의 경제학은 개인의 기호와 선호에 우선적 비중을 두면서 기술 진보와 무한한 자원 대체 가능성에 비추어 인간의 욕구에 부응할 자원의 기반(resource base)이 본질적으로 무제한이라는 세계관을 갖고 있다. 반면 생태학은 자원 기반이 제한적이고 자연에서 나타나는 진화(evolution)가 지배적 힘을 지니고 있다는 세계관을 갖고 있다. 이에 비해 생태경제학을 선도하고 있는 코스탄자(R. Costanza)와 허만 댈리(Herman E. Daly) 등은 인간의 기호와 이해, 기술, 문화적 조직이 넓은 의미에서 생태계에 의해 제공되는 기회 및 제약과 맞물려 공진화하기(co-evolve) 때문에 인간이 상위의 자연 체계 속에서 인간 문화의 고유한 역할을 이해하면서 자연을 지속 가능하게 관리할 책임(responsibility)을 갖는 것으로 본다.[9)]

생태경제학은 환경문제의 복합성을 인식하기 때문에 여러 학문 분야 간 경계를 넘어 해법을 찾고자 하고, 무엇보다도 기본적으로 성장의 한계를 승인한다. 이런 흐름은 초기에 생태경제학의 물꼬를 트는 데 기여한 불딩(K. E. Boulding)이 지구를 우주선에 비유한 데서 잘 나타난다. 그는 막힘없이 확 트인 대지 위에서 거침없이 질주하며 폭력을 비롯하여 약탈적 행위도 서슴지 않는 아메리카 대륙

---

9) R. Costanza et al, “Goals, Agenda, and Policy Recommendations for Ecological Economics”, R. Costanza(ed.), *Ecological Economics*(New York: Columbia University Press, 1991), pp.4-6.

의 개척시대 카우보이를 빗대어 개방형 경제체제를 카우보이 경제(cowboy economy)라는 은유적 표현으로 지칭했다. 이런 카우보이 경제는 지구 자원이 인간을 위해 무한으로 펼쳐져 있다고 인식하므로 소비(consumption)에 주안점을 둔다. 반면 그는 우주선 속의 인간이 우주선에 적재한 제한된 식량과 에너지만으로 생존을 해야 하는 탓에 닫힌 경제체제를 우주선 경제(spaceman economy)로 비유했다. 이곳에서 지속적으로 생존하려면 에너지와 물질이 제한되어 있다는 인식 속에 자원 절약과 대체 물질 개발, 물질 및 생산의 재순환을 효율화하면서, 무엇보다도 자산유지(stock maintenance)에 주안점을 두어야 한다.[10] 불딩은 우주선의 은유가 지구의 협소함과 넘치는 인구, 제한된 자원, 파괴적 갈등에서 벗어날 필요성, 매우 이질적 집단으로 이루어진 세계 공동체의 복합적 의미를 드러내기 위함이었음을 밝히면서, 이것이 주창된 1960년대는 물론 오늘날에도 그 의미는 여전히 확실하다고 여긴다.[11]

댈리는 물질과 에너지 이용을 최소화하기 위해 안정상태 경제(steady state economy)를 제안하였다. 그는 지구 생물권이 만드는 순일차 광합성 생산(NPP), 즉 식물이 광합성 작용을 통해 스스로 생존하면서 인간을 포함한 모든 유기물에게 식량으로 공급할 수 있는 총량이 제한적이기 때문에 지구 생물권 경제의 하위에 속하는 인간 경제가 한계에 봉착할 수밖에 없다고 여긴다. 그래서 일정한 시기까지 "물질 추가에 의한 양적 규모의 증가"를 뜻하는 성장을

---

10) K. E. Boulding, "The Economics of the Coming Spaceship Earth", H. E. Daly et al.(eds.), *Valuing the Earth: Economy, Ecology, Ethics*, pp.303-304.

11) K. E. Boulding, "Spaceship Earth Revisited", H. E. Daly et al.(eds.), *Valuing the Earth: Economy, Ecology, Ethics*, p.311.

도모하다가, 이후 성장 없는 발전(development without growth)의 단계로 이행하여 경제적으로 "더욱 충만하거나 성숙하거나 더 좋은 상태를 향한" 질적 변화를 꾀해야 한다고 주장하고 있다.[12)]

불딩과 댈리, 코스탄자 등에 의해 주도된 생태경제학은 인간의 경제가 지구 생물권 경제의 하위에 포섭되는 것으로 보는 시각을 조성했다. 따라서 생태경제학은 지구 자원이 제한적이고, 인간의 기술 개발이 필요하지만 회복 불가능한 생태계 파괴로 이어질 수 있으므로 매우 신중하게 사용해야 하며, 자연과 문화가 공진화할 수 있도록 맞춰나가야 한다고 보았다. 이렇게 할 때 비로소 인간이 지속 가능한 사회의 경제를 구축할 수 있을 것이라고 여겼다.

생태경제학의 관점에서 볼 때 현재와 같은 조세체계와 화석연료 의존형 경제는 빠른 시일 내에 탈바꿈되어야 한다. 먼저 조세체계부터 바뀌어야 한다. 생태적으로 바람직하지 못한 활동에 조세를 부과하여 그 활동을 억제하는 한편, 생태적으로 바람직한 행위에 대해 보조금을 지급하여 후원할 필요가 있다. 소득세 위주의 조세체계를 환경세로 전환하도록 하는 것이다.[13)] 이것은 현실 속에서 실제로 많은 것을 바꿀 수 있는 위력을 지닌 것임이 분명하다. 물론 지속 가능한 발전이 갖는 또 다른 의미, 즉 인간 공동체의 형평성의 구현에도 주안점을 두어야 한다. 그리고 석유와 같은 재생 불가능한 자원을 소모하는 체제에서 태양 경제체제로 바꾸어야 한다. 태양력과 조력, 풍력, 지력, 생물자원 등을 이용하는 에너지 체계는 지속 가능하기 때문이다. 이런 것들은 지속 가능한 경제로 전환하기 위한 시초에 불과하다고 볼 수 있다.

---

12) H. E. Daly, "Sustainable Growth: An Impossibility Theorem", H. E. Daly et al.(eds.), *Valuing the Earth: Economy, Ecology, Ethics*, pp.267-268.

13) 레스터 브라운, 『에코 이코노미』, 296쪽.

5. 지속 가능한 문화

다스만(R. Dasmann)은 오늘날 인간의 문화를 단순화하여 두 부류로 분류한 바 있다. 하나는 생물권 문화(biosphere culture)이고, 다른 하나는 생태계 문화(ecosystem culture)이다.14) 생물권 문화인은 미국 뉴욕 맨해튼에 거주하는 사람들을 상정하면 된다. 보르네오산 목재로 만든 침대에서 일어나 멕시코산 욕조에서 세수하고, 일본산 냉장고에서 음식을 꺼내어 전자레인지에 돌려 먹은 후 독일산 자동차로 출근하며, 주유소에 들러 사우디아라비아산 석유를 넣으면서 한국산 핸드폰으로 전화를 걸어 급한 업무를 처리한다. 점심에는 아르헨티나산 송아지 고기로 만든 스테이크로 식사를 하면서 프랑스산 포도주를 곁들이고, 후식으로 칠레산 과일을 먹는다. 이렇게 자신에게 필요한 모든 것을 전 지구적 생물권에 의존하여 살아간다. 이런 경우 생산물이 생산되어 유통되는 과정에서 멀리 떨어진 어디에선가 자원이 고갈되고 또 오염이 발생하여 누군가가 병들고 죽더라도 나와 무관하게 느끼게 될 것이다. 따라서 생물권 문화인은 자연에 대해 상대적으로 무책임하게 되고, 자연과 괴리된 상태를 유지하게 된다.

반면 생태계 문화인은 다르게 생활한다. 그들은 주로 자신이 사는 고유 생태계 안의 생산물에 의존하여 살아간다. 세계화와 무관하게 토착적인 삶을 사는 사람들의 문화가 전형적으로 그런 유형에 속한다. 이들은 대체로 자신들 생태계의 생명부양 체계를 넘어설 정도로 경제가 확장되면, 그 피해가 곧바로 자신들에게 돌아온다는 것을 알기 때문에 신중하고 조심스럽게 자연에 대해 책임을 지는

14) R. Dasmann, "Future Primitive: Ecosystem People versus Biosphere People", *CoEvolution Quarterly* 11(1976), pp.26-31.

방식으로 다가간다. 따라서 원리적으로 생태계 문화는 자연과 친화적이다.

영국의 경제학자 슈마허(E. F. Schumacher)는 『작은 것이 아름답다(*Small Is Beautiful*)』라는 저서에서 당시 자신이 직접 체험했던 불교국가 버마(현 미얀마)의 경제가 영국 경제력에 비해 비교도 할 수 없을 정도로 형편없이 처지지만 그들 국민이 불교라는 종교적 전통문화 속에서 살아가고 있는 탓에 영국인 이상으로 행복하게 지내는 것을 인상 깊게 받아들였다. 그런 연유로 그는 불교경제학을 새로운 대안 경제의 하나로 검토할 만한 가치가 있다고 보았다.15) 예를 들자면 자본주의 경제에서 노동은 필요악으로 규정된다. 자본가는 비용 증대를 피하기 위해 자동화 기계로 대체하고자 한다. 노동자도 여가와 휴식을 희생하는 것으로서 마지못해 돈벌이의 일환으로 간주한다. 반면 불교경제의 눈으로 보면, 노동은 자아를 계발하고 필요한 산물을 얻되 다른 사람들과 협력을 통해 이룩함으로써 속 좁은 이기심을 극복할 수 있는 계기로 여긴다.

자본주의 경제는 소비를 목적으로 간주하고 욕망을 필요로 착각하게 하여 생산성 증진에 박차를 가하여 자연에 부담을 주는 반면, 불교경제는 인간성의 정화를 통해 욕망을 자제하여 불가피한 소비만 행하되 기대치를 낮춤으로써 작은 만족에 따른 행복에 도달하고자 한다. 자본주의 경제는 낮은 비용으로 큰 이익을 얻을 수 있다면 자원이 재생 불가능한 것이든 그렇지 않은 것이든 가리지 않는 반면, 불교경제는 재생 불가능한 자원의 사용을 최대한 절제하면서 재생 가능한 자원도 재생과 순환의 연관 속에서 사용하고자 할 것이다.

---

15) 슈마허, 원종익 옮김, 『작은 것이 아름답다』(원음사, 1992), 제1부 4장.

우리나라에도 산업화 이전에는 자연과 공생하는 경제체제를 갖고 있었다. 예컨대 섬진강에서 연어를 잡거나 재첩을 채취할 때 작은 것은 제외했고 또 산물 배분도 그때그때 일에 참여한 사람들이 일부를 취하고 나머지는 마을 공동 몫으로 남겨둠으로써 자연에 부담을 주지 않는 선에서 공동체적 경제를 운영하였다. 그리고 신라 말기 진성여왕 시기에 지리산 자락 밑에 소재한 함양 태수로 부임한 최치원은 여름철 홍수가 나면 인간과 농작물이 피해를 입는 것을 안타깝게 여겨서 대관림(즉, 상림)이라는 인공 숲을 조림한 바 있다. 백두대간이 지나는 길목이어서 산이 깊고 그에 따라 물이 넘칠 수 있는 이곳에 십리에 이르는 긴 제방을 쌓고 녹음으로 우거진 인공 숲을 조성하여 방수림으로 사용한 것은 때에 따라 자연으로부터 분별 있게 인간의 문화를 안정적으로 지키려는 정책으로 평가할 수 있을 것이다. 비록 지금은 세월이 1천 년 이상 경과하여 숲의 일부가 용도 변경으로 사라졌지만, 여전히 6만 5천 평의 대지에 1백 종 이상의 활엽수가 우거져 있는 상림공원은 지역 주민의 사랑을 받고 있는 곳이다.

이렇게 몇 가지 사례에서 보듯이 경제를 바라보는 문화의 가치체계가 어떤 것이냐에 따라 그 경제가 자연 친화적일 수 있고 또 그렇지 못할 수 있다. 물론 이미 세계화라는 역사 과정을 통해 지구촌 문화와 경제가 적극 교류하는 단계에 와있는 현 시점에서 과거로 무작정 돌아갈 수는 없다. 다만 과거와 전통으로부터 소중한 지혜와 문화유산을 계승하면서 오늘에 직면한 문제를 창조적으로 풀 수 있는 새로운 차원으로 도약해야 한다. 특히 인간의 물질적 삶이 필수불가결하게 요청되는 만큼 경제적 접근을 결코 소홀히 할 수 없다. 이에 향후 경제는 문화와 자연이 상생할 수 있는 새로운 내용으로 이행해야 한다. 이 과정에서 지속 가능한 생태경제학은 자연적 존재의 연관성을 중시하는 생태학과 그 연관성이 호혜성과 인간의 책임에 바탕을 둔 것이어야 한다는 생태주의 윤리의 목소리를 들으면서 개척되어야 할 것이다.

제 7 장

동물 해방론

1. 서울대공원 동물의 비극

대도시에 사는 사람이라면 누구나 어린 시절에 부모의 손을 잡고 동물원을 가본 기억이 있을 것이다. 물론 초등학교 시절에 소풍을 동물원으로 가기도 했을 것이다. 여하튼 어떤 경로로 동물원을 갔든지 간에 대다수 사람들은 동물원에서 있었던 재미난 추억을 한두 가지쯤은 기억한다. 코끼리에게 비스킷을 던져주던 동심의 시절, 무서운 맹수 호랑이나 사자 우리에서 옆의 친구를 우리 가까이 밀면서 화들짝 놀라는 친구를 보며 깔깔대며 웃던 어린 시절을 회상할 수 있다. 우리 인간은 이렇게 동물원에 대해 즐거운 추억을 갖고 있는 편이다.

반면 인간의 유희 대상인 동물원의 동물은 어떻게 살고 있을까? 인간의 시각이 아닌 그들의 시각으로 조망할 필요가 있다. 이에 대해 한 마디로 말하면, 우리가 누리는 즐거움의 정반대편에 놓여 있다고 볼 수 있다. 한국에 동물원이 들어서고 처음으로 조사된 서울대공원 동물원 보고서는 우리에 갇힌 동물의 참혹한 생태를 잘 고발하고 있다.[1]) 이 보고서 출간은 영국의 오래된 동물 보호 단체 동물학대방지협회(RSPCA)의 제안과 후원 속에서 이루어졌다.

동물원 설립의 역사를 추적해 보면, 서양의 경우 BC 1500년경에 이집트에서 그리고 동양의 경우 BC 1100년경에 중국에서 야생동물을 사육한 기록이 있다. 왕과 귀족이 자신의 궁전과 정원에서 맹수나 애호했던 동물을 소규모 형태로 길렀던 것으로 추정된다. 근대식 동물원의 경우 오스트리아 빈 소재 쇤브룬동물원이 1752년에 처음 설립되었다. 우리나라의 경우 1907년 순종 시대에 창경궁에 동물원과 식물원이 설치되었고, 1911년에 창경원으로 개칭되었다. 그리고 세월이 흘러 이곳 동물들은 1984년에 대폭 확장된 서울대공원으로 이사하게 되었다.

서울대공원은 총면적이 646만m^2로서 과거 비좁은 창경원에 비해 엄청나게 넓어지기는 했지만, 세계 각처에서 온갖 동물을 수입하여 오밀조밀 배치하면서 인간이 용이하게 관리할 수 있도록 조성했기 때문에 동물의 생태 여건은 여전히 열악하다고 할 수 있다. 각 동물의 생존에 적합한 생태 여건을 조성한 것과 거리가 멀었고, 그 습성도 고려한 흔적이 적으며, 인간의 편리한 관리를 위해 곳곳이 콘크리트 벽과 바닥으로 조성되어 있다. 그래서 많은 동물이 고통을 겪고 있고, 또한 질병 발생으로 이행하는 경우가 다반사였다.

로랜드고릴라는 동물원 콘크리트 바닥으로 인해 두 발의 엄지발가락을 잃어버렸다. 거친 바닥으로 인해 발가락에 상처가 생기고

---

1) 환경연합 동물복지모임, 『서울대공원 동물원 보고서: 슬픈 동물원』(자료집, 2001. 12).

그것이 쉽게 곪게 되는데, 콘크리트 바닥은 이를 더욱 악화시켰다. 본래 로랜드고릴라는 부드러운 흙을 밟으면서 숲에서 산다. 동물원은 이런 생태 여건을 반영하는 방도로 벽에 우거진 숲과 로랜드고릴라의 한 무리를 그린 그림 벽화로 대신하였다. 그나마 정서적 삭막함을 달래주자는 이런 발상을 기특하다고 해야 할지 모르겠다.

공간 배치의 경우에도 문제가 있었다. 앨런드와 같은 일부 초식동물의 경우, 그 사육장이 사자 및 치타와 같은 맹수류 우리 근처에 배치됨으로써 간혹 포식자를 정면으로 바라보아야 할 뿐만 아니라 울음소리가 들릴 때는 늘 불안한 긴장감을 유지해야 하는 상황이 조성되었다. 기온을 차갑게 유지해 줘야 하는 북극곰이나 따뜻하게 해야 하는 사자 등의 경우에 늘 온대지구의 동일한 조건에 있도록 하는 것은 문제로조차 볼 수 없는 지경이었다. 잔점박이물범의 경우, 사육장의 물을 바닷물로 채워야 함에도 불구하고 지하수로 공급하는 탓에 저항력을 떨어뜨리고 마침내 한쪽 눈에 염증이 생겨 안구가 파열되는 사태에 이르렀다.

각 동물은 그 종에 알맞은 서식지 생태 여건과 적합한 개체 수가 확보되어야 정상적인 생활을 할 수 있다. 그러나 서울대공원 사육장은 이런 것과 거리가 멀었다. 예컨대 타조의 경우, 사막이나 초원을 시속 50km의 속도로 달리기도 하는데, 좁은 우리에 갇혀 심한 스트레스를 받고 그래서 서로의 털을 쪼아 뽑아낸 탓에 등의 털이 벗겨진 흉한 모습을 드러내고 있었다. 지능이 높은 침팬지와 고릴라는 대략 20여 마리가 무리를 이루며 살아간다. 그런데 서너 마리를 배치할 경우 정서적 고립감을 이기지 못하여 시름시름 앓는 경우가 있다. 일부 유인원 동물에게서 이런 모습이 관찰되었다.

만일 동물원을 설치한다면, 최소한 각 동물의 서식지 생태를 고려하여 알맞은 개체 수와 활동 공간, 적합한 생태 여건을 반영해야 한다. 아프리카의 세렝게티와 같은 야생 자연환경까지는 아니라고 하더라도 감당 가능한 서식지 생태계를 최소한으로 조성할 수 있어야 한다. 그렇지 못할 경우 동물원의 동물은 인간의 즐거움과 반대되는 고통의 세월을 보내게 된다. 이제 동물원 정책에 대한 전면 재검토가 필요하다고 본다. 그리고 더 나아가 동물을 지속적으로 고통으로 몰아넣고 있는 인간의 의식과 사회제도, 생활양식이 윤리적으로 옳은지에 대해 자기반성을 해야 할 때가 되었다고 여겨진다.

2. 피터 싱어의 동물 해방론

인간의 동물 학대는 오래 전부터 자행되어 왔다. 그래서 동물에 대한 학대를 방지하자는 단체, 대표적으로 RSPCA는 영국에서 1824년에 창립되어 오늘날까지 적극적으로 활동하고 있다. 이 단체는 모든 법적인 수단을 동원하여 동물에게 행하는 인간의 잔인함을 방지하고, 친절함을 증진시키며, 고통을 경감시키는 일을 핵심 임무로 설정하였다.[2] 이와 같이 동물의 복지를 개선하는 단체의 활약에 호응하여 많은 유럽인들이 개와 고양이 같은 애완동물을 보살피고 사랑하는 실천이 생활 속에 뿌리를 내리게 되었다.

20세기 중반 이후 환경문제가 본격적으로 가시화하면서부터 멸종에 처한 야생동식물 종을 보호하자는 운동도 전개되었다. 바로 이즈음부터 유럽과 미국의 유명 여배우들이 간간이 "모피를 입느니 차라리 벌거벗겠다"는 캠페인에 동참하면서 누드로 출현한 것이 신문과 뉴스에 가십거리로 소개됨으로써 일반인들의 주목과 관심을

2) RSPCA, *Policies on Animal Welfare*(West Sussex: RSPCA, 1999), pp. 3-4.

끌게 되었다. 이렇게 동물애호단체와 여배우들의 활약에 힘입어 많은 나라들이 법률에 동물 보호 조항을 담게 되었다. 결국 영국은 1954년에 조류보호법을, 미국은 1970년에 동물복리법을 제정하였다.

이런 유형의 운동은 생활 속에서 동물의 처지를 좀 개선하고 그리고 더 나아가 환경문제 접근의 일환으로 야생동물을 보호하자는 성격의 것인데, 이런 것과 다소 궤를 달리하는 새로운 동물 보호 운동의 지평이 조성되기 시작했다. 그것의 본격적 출발은 1975년에 오스트레일리아의 저명한 윤리학자 피터 싱어(Peter Singer)가 출간한 저술 『동물 해방(*Animal Liberation*)』에서 비롯되었다.

피터 싱어는 초판 서문에서 자신의 책이 인간 아닌 동물에 대한 폭정을 다루고 있는데, 인간이 저지르는 폭정은 동물에게 이루 형용할 수 없는 고통과 괴로움을 주고 있고, 그것은 가히 흑인이 수세기 동안 고통을 겪은 것과 비견할 만하다고 토로하였다.[3] 싱어는 기존의 동물애호가들이 특별히 선호하는 개나 고양이와 같은 애완용 동물에 대해 관심을 갖고 있는 것이 아니다. 또한 그는 기존의 환경주의자 또는 생태주의자가 보호하려고 애쓰는 야생동물에 대해 언급하려고 하는 것도 아니다. 그야말로 그는 동물 일반에 대해 말하고자 한다.

싱어는 모든 동물을 고통에서 해방시키자고 주장하고 있는데, 그것은 동물에 대한 감상적 연민에서 비롯되는 것이라기보다 그의 이성적 판단에 따른 신념에 기인하고 있다. 그는 학술적으로 공리주의(utilitarianism)를 선호한다. 공리주의는 인간의 행위가 최대 다수의 인간에게 최대의 선(the good)을 가져다줄 때 그것이 도덕적으

3) 초판 이후 15년 만인 1990년에 재판이 개정된 형태로 출간되었고, 그것이 번역되었다. 피터 싱어, 김성한 옮김, 『동물 해방』(인간사랑, 1999), 8쪽.

로 옳다고 보는 견해이다. 공리주의의 창시자 제레미 벤담(Jeremy Bentham)은 도덕적 선 또는 좋음을 쾌락(pleasure)이라고 보았고, 그의 후예 존 스튜어트 밀(John Stuart Mill)은 그것을 질적인 쾌락만을 가리키는 행복(happiness)이라고 여겼다. 그래서 벤담의 것을 쾌락 공리주의라고 하고, 밀의 것을 행복 공리주의라고 부른다.

싱어의 판단에 따르면, 공리주의에 따른 인간의 행위가 도덕적으로 옳은 경우는 그것이 영향을 받는 최대 다수의 존재에게 최소한 고통을 주지 않거나 줄이면서 쾌락을 최대로 증진시킬 때이다. 이런 인간의 무수한 행위로 인해 고통이 가급적 사라지고 즐거움이 가득한 곳이 도덕 공동체(moral community)일 터인데, 이런 공동체가 인간으로만 국한되어 있다는 것은 그 기본 정신에서 이탈한 것이 아니냐는 의문이 들 법하다. 왜냐하면 공리주의에서 도덕 공동체에 들어올 수 있는 자격 조건은 원천적으로 고통이나 즐거움을 느낄 수 있음이어야 할 것이기 때문이다. 마침 싱어는 벤담의 저술 『도덕과 법률에 대한 입문』에서 실마리가 되는 중요한 한 구절을 찾아내었다.

> 폭군이 아니라면 그 누구에게도 빼앗기지 않을 권리를 인간 아닌 동물이 획득하게 될 날이 올지도 모른다. 프랑스 사람들은 피부 색깔이 검다는 이유로 어떤 사람을 멋대로 괴롭혀선 안 된다고 생각하며, 괴롭힘으로 인한 피해를 단지 피부색이 다르다고 방치하면 안 된다는 사실을 이미 깨닫고 있다. 설령 다리의 숫자, 피부에 융모가 있는지의 여부, 또는 천골의 끝모습 등에서 차이가 있다고 하더라도 그러한 차이가 감각을 느낄 수 있는 존재의 고통을 방관하는 이유가 될 수 없음을 깨닫게 될 날이 올지도 모른다. 그렇다면 차별을 정당화할 수 있는 특징은 무엇이겠는가? 이성 능력인가? 그렇지 않으면 담화를 나눌 수 있는 능력인가? 하지만 완전히 성장한 말이나 개는

갓난아기 또는 태어난 지 일주일이나 한 달이 지난 아이보다도 훨씬 합리적이다. 또한 우리는 어린 아이들에 비해 그들과 훨씬 원활하게 의사소통을 할 수 있다. 하지만 설령 그들의 능력이 우리가 생각하는 바와 다르더라도 무슨 상관이 있겠는가? 문제는 그들에게 이성적으로 사고할 능력이 있는가, 또는 대화를 나눌 능력이 있는가가 아니다. 문제는 그들이 고통을 느낄 수 있는가이다.[4]

이미 벤담은 자신의 쾌락 공리주의의 주장이 일관성을 유지하려면, 고통을 느낄 수 있는 동물에게까지 확장되어야 함을 예감하고 있었던 것이다. 이에 싱어는 자신의 신념을 구체화하기 시작한다. 먼저 그는 도덕 공동체에 들어오게 될 집단의 모든 구성원은 평등해야 한다고 여긴다.

혹자는 능력의 차이가 사람마다 다르고, 더 나아가 인간과 인간 아닌 자연적 존재가 엄청나게 다른데, 어떻게 평등할 수 있느냐고 반문할 수 있다. 이에 대해 싱어는 도덕 공동체의 평등은 사실적인 능력 차이와 무관하다고 응수한다. 예컨대 우월한 힘을 지녔거나 똑똑한 머리를 소유한 사람들이 능력에 있어서 그렇지 못한 동료 인간을 노예로 삼는 것이 도덕적으로 옳지 않은 것처럼, 또는 스스로 우월하다고 강변하는 백인종이 그렇지 못하다고 여겨지는 흑인종을 노예로 착취하는 것이 옳지 않은 것처럼, 가부장제에서 우월하다고 판단하는 남성이 그렇지 못하다고 여겨지는 여성을 억압하는 것이 옳지 않은 것처럼, 평등은 능력의 차이에 따른 것이 아니라는 것이다. 싱어는 능력에 따른 차이로 차별 대우를 해야 한다면, 과학 실험실에서 피험자로 종종 침팬지와 같은 영장류를 채택하는데, 그보다 능력이 훨씬 떨어지는 갓 태어난 인간 유아나 정신 지

---

4) 다음에서 재인용함. 위의 책, 42쪽.

체 장애인으로 삼아야 하는 빌미를 제공하게 되는 것 아니냐고 반문한다.[5] 왜냐하면 실제로 성장한 침팬지가 인간 유아나 정신 장애인보다 더 우월한 능력을 갖고 있기 때문이다.

만일 과학자들이 침팬지나 토끼, 쥐 등을 피험자로 삼아 실험을 할 수 있지만, 어떻게 유아와 같은 인간을 대상으로 할 수 있느냐고 항변할 경우, 싱어는 그런 과학자가 종차별주의(speciesism)에 빠져 있다고 비판한다. 인종차별주의(racism)나 성차별주의(sexism)는 자기와 같은 인종이나 성을 지닌 집단의 이익을 옹호하면서 그렇지 못한 집단에게 피해가 가는 것을 당연시 여기는 신념과 태도를 뜻한다. 마찬가지로 종차별주의 역시 자신이 속한 종의 이익을 옹호하면서 다른 종의 이익을 배척하는 편견 또는 왜곡된 태도를 가리킨다. 싱어는 역사적으로 인종차별주의 및 성차별주의에 저항하는 운동이 형성된 것처럼, 종차별주의를 종식시키는 동물 해방 운동이 전개될 때 비로소 해방 운동이 실질적으로 종식될 것이라고 본다.

평등은 사실에 대한 단언이 아니라 도덕적 신념과 관련된다. 그렇다면 평등의 조건은 무엇인가? 전통적으로 이성을 지님 또는 합리성, 언어 사용 능력을 꼽았었다. 그래서 인간인 한에 있어서 누구나, 그것이 노예든 흑인이든 또는 여성이든 모두 이성을 지닌 합리적 존재이기 때문에 도덕적으로 평등하다는 주장이 힘을 얻었었다. 그러나 싱어는 이런 것과 전혀 다른 기준을 제시한다. 그는 고통이나 즐거움을 느낄 수 있음을 '감응력(sentience)'이란 줄임말로 부르는데, 이것이 이해관심(interests)을 갖고 있다고 볼 필요하고 충분한 조건이라고 주장한다.

---

5) 위의 책, 55-56쪽.

등하굣길의 학생들이 심심풀이로 길가의 돌을 걷어차는 경우가 종종 목격된다. 이때 돌이 걷어차이지 않을 이해관심을 갖고 있다고 말하는 것은 난센스다. 왜냐하면 돌은 고통을 느끼지 않기 때문이다. 반면 학교 언덕에서 다람쥐를 발견한 학생이 돌멩이를 던지는 경우도 간혹 있다. 이때 우리가 다람쥐의 입장에서 보면, 다람쥐는 돌에 맞지 않을 이해관심을 갖는다고 의미 있게 말할 수 있다. 그 이유는 다람쥐가 돌에 맞았을 경우, 심각한 고통을 느낄 수 있기 때문이다. 이제 인간이나 인간 이외의 동물이나 모두 고통을 받지 않을 최소한의 이해관심을 갖는다고 볼 수 있다. 싱어는 이해관심이 도덕적 평등의 기준이라고 간주한다. 그렇다면 인간 이외의 동물은 인간과 함께 도덕적으로 평등하다고 말할 수 있는 지평에 이르게 된다.

다만 싱어는 동물 종에 따라서 고통을 좀 더 많이 또는 좀 덜 느낄 수 있음을 인정한다. 예컨대 경찰서 취조실에서 발견되는 바퀴벌레와 그곳에 던져진 쥐, 그리고 피혐의자로 끌려간 인간이 느낄 고통의 정도와 질은 다를 수 있다. 바퀴벌레에 비해 쥐는 어두운 실내에 내던져졌다는 것으로 다소 긴장을 할 것이고, 쥐에 비해 인간 피혐의자는 의식을 지닌 특성으로 인해 혐의를 자백하도록 다그치는 취조 행위 등을 연상하면서 미리 정신적 및 물리적 고통을 더 강렬하게 예감하기 때문일 것이다. 그리고 싱어는 종차별주의를 반대하지만, 그렇다고 해서 인간과 인간 이외의 동물이 말 그대로 평등한 가치(equal worth)를 갖고 있다고 주장하지는 않는다.[6] 그래서 그는 벤담과 마찬가지로 엄격한 의미의 도덕적 권리를 인간과 동물이 함께 갖고 있다고 보지 않는다. 그가 중시하는 것은 동물이

---

6) 위의 책, 62쪽.

여하튼 고통을 느낄 수 있다는 점이고 그리고 합리적인 인간은 그런 고통을 주지 않도록 분별 있게 행동할 수 있으므로 최소한 동물을 고통에서 해방시켜야 한다는 점이다.

3. 실험실과 농장 동물의 고통

싱어는 인간이 저지르는 종차별주의가 가장 극명하게 드러나는 곳이 실험실이라고 보았다. 다른 나라도 마찬가지겠지만 미국 공군은 조종사가 어느 정도의 독가스나 방사능에 노출되었을 때 조종행위에 영향을 받는지에 대해 조사하기 위해서 자주 비글 강아지와 원숭이를 실험대상으로 삼곤 했다. 이렇게 만일의 사태에 단 한 명의 인간을 구하기 위해서 수많은 동물들이 피험자로 동원되어 고통을 느끼며 죽어간다. 전쟁에 대비해야 하는 군의 경우는 말할 것도 없지만, 인간의 식품과 의약품의 안전을 위해 각종 실험이 이루어지는 정부기관의 실험실에서도 마찬가지 참혹한 광경이 빈번하게 조성된다. 미국 식의약청(FDA)은 다양한 형태의 독성실험을 하고 있다. 그 가운데서도 동물 해방론자들에게 가장 악명 높은 것으로 드레이즈 테스트(Draize test)와 LD50 독성실험을 들 수 있다.[7)]

드레이즈 테스트는 드레이즈란 식의약청 직원이 개발을 했기 때문에 그의 이름을 붙여 표현하고 있는데, 토끼 수십 마리를 피험자로 택하는 시스템으로 이루어져 있다. 예컨대 삼푸나 머리 염색약, 잉크 등이 상품으로 시장에 출하되기 전이나 후에 그런 물질이 잠재적으로 인간에게 위해를 주는 것을 예방하거나 차단하기 위해 토끼 수십 마리를 동원하여 기계장치에 머리만 삐죽 내밀게 결박하여

---

7) 위의 책, 2장.

고정하고, 그리고 일정한 시간에 따라 토끼 눈에 실험 물질을 투입한다. 그리고 얼마 만에 토끼의 눈에 종기나 궤양, 출혈, 시력 감퇴 등이 나타나는지를 관찰한다. 보통 3주 정도 지속하여 상품의 독성 여부를 판단한다. 그런데 문제는 이때 토끼가 몸부림을 치고, 눈을 비비려고 애를 쓰며, 진물이 흐르는 과정을 거쳐 실명에 이르고 그리고 마침내 고통 속에 죽어간다는 데 있다. 미국 농무부 통계에 따르면 1983년에 독물학 실험연구소에서 사용한 토끼의 수는 5만 5,785마리이고, 화학회사가 사용한 수는 2만 2,034마리로서 이 가운데 상당수가 드레이즈 테스트의 희생물인 것으로 추정된다.

LD50 독성실험은 동물에게 더 가혹하다. 그것은 '50%의 치사량'을 뜻하는 표현이다. 즉 실험을 통해 50%의 피험자 동물이 죽게 되는 물질의 양을 일컫는다. 새롭게 개발된 농약이나 제초제, 또 다른 화학약품, 부동액, 머리 염색약 등에 이르기까지 인간이 직접 노출되었을 때 어느 정도로 영향을 받게 되는지 그 양을 측정하고자 쥐에서부터 토끼, 그리고 원숭이 등에게 독성물질을 투입하여 어느 정도의 양으로 피험자 절반이 죽는지를 평가한다. 실험이 진행되는 동안 모든 피험자 동물이 극도의 고통을 겪으며 죽어간다.

실례로 영국의 대기업 ICI와 헌팅턴연구소는 제초제 패러쾃트가 어느 정도의 독성을 갖고 있는지 구체적으로 확인하기 위해서 40마리의 원숭이를 중독시키는 실험을 하였다. 모든 원숭이들이 호흡곤란을 느끼고, 토하며, 저체온 현상으로 고통을 받았다. 그리고 며칠에 걸쳐서 고통이 지속되는 가운데 서서히 죽어갔다. 이 제초제는 인간에게도 완만하고 고통스러운 죽음을 초래하는 것으로 알려져 있다.

다양한 형태로 고통을 겪고 있는 동물의 참상에 대해 싱어가 고발하는 저술을 내놓은 것이 1975년이었고, 그 이후 본격적으로 미국에서 시작된 동물 해방 운동이 전 세계로 퍼져나가게 된다. 새로운 형태의 운동을 실천적으로 촉발시킨 장본인은 싱어의 저술에서 확신을 얻게 된 스피라(H. Spira)였다. 물론 미국에도 영국과 마찬가지로 동물의 복지를 개선하기 위해 애를 쓰는 동물학대방지협회(SPCA)와 같은 단체들이 있어서 법에 호소하는 형태로 실험실 동물에 대해 인도적으로 대우하자는 운동을 이전부터 전개하고 있었다. 그러나 1976년부터 스피라는 감상적 차원의 캠페인과 법률 호소를 넘어서서 강단 철학자 싱어의 주장을 직접 실천하려고 달려들었다.[8)]

그는 가장 먼저 뉴욕시 미국자연사박물관에서 벌어지는 행태에 대해 도전했다. 당시 그 안의 연구진은 고의로 수컷 고양이의 두뇌를 손상시키고 치료한 후에 한 마리 암컷 고양이와 다른 종인 암컷 집토끼를 한 우리 안에 넣고 뇌 손상 수컷 고양이가 어떤 성적 반응을 보이는지, 예컨대 암컷 집토끼와 짝짓기를 하려고 시도하는지 관찰하고자 했다. 스피라는 이런 정보를 당시 하원의원에게 통보하여, 연구진으로부터 정부로부터 받은 기금으로 왜 그런 유형의 실험을 해야 하는지에 대한 소견을 청취하고, 자연사박물관을 후원하는 사람들에게 이런 사실을 알리는 편지를 보내어 기부금 중단을 유도하는 등 여러 형태의 압박을 가함으로써 실험을 중지시키는 데 성공을 거두었다.

스피라는 이어서 드레이즈 테스트와 LD50 독성실험이 이루어지는 현장에 달려들었다. 드레이즈 실험을 폐지하는 단체가 출범하고, 이에 합세하여 세계적으로 유명한 화장품회사 레브론(Revlon)으로 하여금 드레이즈 실험을 대체할 연구 개발비로 수익의 1천 분의 1

---

8) R. Scarce, *Eco-Warriors*(Chicago: The Noble Press, 1990), pp.118-119.

을 사용하라고 요청하였다. 물론 거부 답변이 오자 곧바로 『뉴욕타임스』에 "레브론은 아름다움이라는 이름으로 얼마나 많은 토끼의 눈을 멀게 하고 있는가?"라는 질문의 전면광고를 게재하면서 여론을 통해 압박을 가하기 시작했다. 그리고 레브론의 연례 총회장에 토끼 복장을 한 동물 해방 활동가들 다수가 나타나서 적극적 시위를 전개하였다. 결국 레브론사는 그들의 진의를 파악하고 여론을 청취한 후에 그 요구를 수용하는 방향으로 승복을 함으로써 스피라의 노력 역시 성공을 거두게 되었다.9)

스피라의 적극적 활약이 지속된 지 3, 4년이 경과하면서 그 유명한 동물 보 호단체가 출범하기 시작했다. 대표적으로 1979년과 1980년에 각각 ALF(American Animal Liberation Front)와 PETA (People for the Ethical Treatment of Animals)가 출현했다. 대학 실험실은 이들 단체가 주요 목표로 삼은 곳 가운데 하나였다. 1984년 펜실베이니아대학의 게나렐리(T. Gennarelli)는 원숭이 머리에 일부러 손상을 입히고 그에 따라 나타나는 행동 반응을 살펴서 실험 결과를 논문으로 작성하여 발표한 바 있는데, 이에 대해 공식적으로는 마취를 실시하여 적어도 고통을 느끼지 않게 한 것으로 드러나 있었다. 그러나 이에 의구심을 갖게 된 ALF 대원들은 실험실에 몰래 침입하여 비디오테이프를 훔쳐내어 이를 분석하였다. 아니나 다를까 원숭이들은 머리에 타격을 입기 전에 가죽 끈으로 묶이면서 발버둥을 쳤고, 뇌의 시술이 이루어지는 과정에서 마취에서 깨어난 원숭이들이 고통스럽게 몸부림을 쳤으며, 그리고 이를 보면서 조롱하듯이 웃어대는 연구진의 관찰 모습 등이 적나라하게 드러났다. ALF 대원이 대학당국과 연구진의 허가도 없이 실험실에 침

9) 피터 싱어, 『동물 해방』, 119쪽.

입하여 테이프를 훔친 것은 명백히 불법적인 것이다. 그럼에도 불구하고 보고를 받은 보건후생부 장관조차 비디오 내용을 판독한 뒤 불가피하게 게나렐리 연구진에 대한 정부기금 지원을 중단하는 조치를 취하지 않으면 안 될 정도였다.[10] 물론 이때 PETA와 같은 다른 단체도 적극 가세하여 지원을 한 것이 큰 힘이 되었다.

PETA는 제품 생산 과정에서 동물실험을 행하는 화장품 판매 국내외 대기업을 상대로 집요한 반대 캠페인을 전개했다. 그 대상은 주로 레브론과 아본, 녹셀, 로레알, 랑콤 등과 면도기 제조업체로 유명한 질레트, 국제적 다단계 판매업체 암웨이에 이르기까지 광범위했다. 결국 많은 회사로 하여금 동물실험을 중지하도록 하는 성과를 올렸다. 물론 문제를 들추어내는 네거티브 전략과 더불어 시민들에게 동물 애호심을 고취시키고자 여배우 등의 적극적 동참 속에 감성에 호소하는 전략도 채택하였다. 그 결과 회원수가 매년 4만-5만 명씩 늘어나 10년 만에 24만 명에 이르게 되었는데,[11] 이는 1969년에 발족한 지구의 친구들(Friends of the Earth) 회원수가 당시 4만 명에 불과한 것과 비교할 때 괄목할 만한 성장을 한 것으로 볼 수 있다. 이것이 가능할 수 있었던 것은 동물 해방 운동을 본질적으로 시작한 싱어 때문이었다고 해도 과언이 아닐 것이다.

싱어는 실험실 못지않게 공장식 동물농장에서 벌어지는 집단적 고통에 대해서도 세세하게 그 현황을 드러내었다.[12] 지금의 가축 사육은 과거 목초지에서 행해지던 소규모 형태와 완전히 성격을 달리하고 있다. 인구 3억을 조금 상회하는 미국에서만 1년에 1억 마리에 해당하는 소와 돼지, 양을 도축하고 있고, 닭을 포함한 가금

---

10) 위의 책, 151쪽.

11) R. Scarce, *Eco-Warriors*, p.121.

12) 피터 싱어, 『동물 해방』, 3장.

류는 무려 50억 마리 넘게 도축하고 있는 정도다. 사육할 때 들인 비용에 비해 이익을 늘리려는 시도가 부단히 강구되었고, 그에 따라 수많은 가축에게는 집단적 고통이 따르는 구조적 행태가 빈번하게 자행되었다.

기업농 양계장에서 사육되는 수십만 마리의 닭은 층층으로 배치된 성냥갑 모양의 우리에서 상품인 알을 낳는 기계로 다루어진다. 축사에 감금된 돼지도 거의 지푸라기조차 깔려 있지 않은 콘크리트 바닥에서 아무것도 하지 않은 채 먹고 싸고 자는 일만 반복하는데, 이 과정에서 받는 스트레스를 주체할 수 없어서 서로의 꼬리를 물어뜯는 행위를 하게 된다. 그래서 긴 꼬리가 인위적으로 절단되기 시작했다.

미국인과 유럽인들이 좋아하는 연한 송아지 고기를 만드는 과정을 들여다보면 더욱 비참하다. 갓 태어난 어린 송아지는 며칠 안에 어미로부터 떼어져서 짚이 깔려 있지 않고 얇은 판자로 만들어진, 그러면서 비스듬하게 간신히 드러누울 정도의 공간에 감금되어 사육된다. 움직이는 공간이 조성되면 근육이 형성되어 육질이 질기게 됨을 방지하기 위해서다. 또한 철분이 포함된 마른 사료를 먹이지 않는다. 왜냐하면 철분 함량이 많아지면 고기 색이 너무 붉어지는데, 고급 레스토랑의 인간은 연한 분홍색 고기를 원하기 때문이다. 반면 반추동물인 송아지는 되새김질을 제대로 못하고 부족한 철분 섭취로 인해 위장병과 빈혈증세로 고통을 겪게 된다. 물론 다른 송아지와 접촉도 하지 못한 채 홀로 지내도록 하기 때문에 소에게 생물학적으로 주어진 본래적 성향은 모두 차단된다. 결국 스트레스로 병에 걸릴 수밖에 없고, 이에 따라 항생제 약품이 든 사료와 주사를 맞고 크게 된다.

피터 싱어와 그의 신념에 동참한 많은 동물 해방 단체는 현실을 개선하는 데 적극 관여했다. 그들 스스로 동물을 고통에서 해방시키는 최후의 조치는 모든 가축을 순차적으로 적응시켜 야생의 자연으로 되돌려 보내고 그리고 인간이 전면적으로 채식주의를 채택하는 것이라고 선언하였다. 그리고 때마침 지나치게 좋은 것을 너무 많이 먹어 생기는 성인병과 비만을 퇴치하자는 운동이 전개되면서 채식주의 열풍을 불게 했다. 법을 개정하는 데도 일부 성공을 거두었고, 또 기업과 정부로 하여금 실험실과 공장식 농장에서 어찌되었건 동물에 대한 과거의 잔인한 대우와 다른 형태로 전환하도록 유도했다. 그러나 그런 개선은 시작에 불과하다. 싱어의 견해에 따르면 아직 끝나지 않고 계속 진행되어야 할 혁명이다. 그는 인간이 야생에 있든 가축이든 모든 동물에 대해 평등한 시각으로 조망하여 처우를 획기적으로 개선함으로써 지구상에서 무수한 동물의 고통이 사라지기를 희망하고 있다.

4. 평 가

피터 싱어의 동물 해방 이론은 확실히 새로운 내용이다. 그것은 인간 중심주의를 넘어서 있다는 점에서 전통윤리에서 벗어나 있다. 그래서 대안적인 자연윤리의 범주에 들어올 수 있다. 다만 동물을 해방시키자는 기본 논조가 벤담의 쾌락 공리주의에서 발원한 것이기 때문에 전통윤리의 응용으로 보는 경향도 강하게 존재한다. 그것은 하나하나의 동물이 고통이나 즐거움을 느낄 수 있다는 데서 주장의 정당화 근거를 찾기 때문에 개체론적 접근을 취하고 있고, 그런 점에서 집합적 개념인 생태계와 생물 종 개념을 중시하는 생태주의와 견해를 달리한다. 이런 연유로 싱어의 동물 해방론이나 향후 살펴볼 톰 레간의 동물 권리론은 자연적 개체인 동물의 특성에 초점이 맞추어진 자연적 개체 중심주의 윤리에 해당한다.

자연적 개체인 동물에 대한 싱어의 주장 가운데 상당한 부분은 진실이고 또 그의 주장대로 이루어져야 할 대목이 적지 않다고 본다. 정말로 싱어가 고발하고 있듯이 동물에게 가해지는 온갖 다양한 유형의 고통은 청산되거나 또는 불가피하다면 최소화되어야 한다. 그러나 환경문제를 근본적으로 바로잡고자 하는 생태주의가 그의 주장을 액면 그대로 수용할 수는 없을 듯하다. 인간은 도덕적으로 행위해야 할 사회적 존재이면서 동시에 생태계 법칙을 어느 정도 존중해야 할 자연적 존재이기도 하다. 오늘의 인류가 환경위기를 초래하고 있다고 해서 자신의 필연적 생존 양식인 문화를 해체하고 자연으로 돌아갈 수 없고 또한 자연과 분리된 초월적 문화의 영역에 계속 버티고 있을 수도 없다. 인간은 문화인이면서 자연적 존재이기 때문이다. 따라서 필자가 염두에 두는 생태주의는 문화인으로서의 지혜와 자연인으로서의 사실 인식을 토대로 중용의 도를 구현해야 한다. 다시 말해서 자연 초월적인 문화 영역과 순수 야생의 자연 영역이라는 양 극단을 피해 그 사이에서 중용의 도를 슬기롭게 실현해야 한다.

자연에서 이루어지는 포식자와 피식자의 먹이연쇄에 대해 한 개체와 개체 간의 미시적 관계로만 보아야 하는 것은 아니다. 오히려 생태학이 드러낸 바와 같이 자연을 이루는 구성단위들 간의 에너지 흐름 관계로 조망해야 한다. 개체 수가 극히 적은 육식동물이 그 수가 월등히 많은 초식동물의 일부를 먹이로 삼는 것이 생태계에서 자연스럽듯이 자연 친화적 문화 속에서 살아가는 비서구적 전통의 문화인들이 스스로의 생존 차원에서 채식과 더불어 정도의 차이에 따른 육식을 하는 것에 대해 도덕적 잣대를 들이대는 것은 온당하지 않다. 인간이 자연적 존재라는 사실을 외면한 극단적 문화인의 잣대일 수 있기 때문이다. 그것은 서구가 그동안 지나친 길을 걸은 데서 나오는 반작용의 일환으로써 되돌아 나와야 할 서구적 접근일 뿐이다.

이렇게 생태주의는 동물에 대해 또 다른 입장을 취하는 편이다. 이들의 견해는 환경운동과 녹색당을 통해 부분적으로 드러난 바 있다. 우선 동물 해방과 동물의 권리 주장을 원론적인 접근 그대로 수용하지 않는다는 점에서 견해를 달리한다. 이 대목에서 전통적인 잡식을 취해 왔던 일반인들의 시각과 크게 궤를 달리하지 않는다. 그러나 동물을 도구로만 간주하는 현대 의료계와 과학자 집단, 산업계, 보수적 정치인의 입장에 대해서는 오히려 비판적이다. 바로 이런 점에서는 전통의 동물 보호주의자와 견해를 상당히 공유한다.

생태주의자는 동물에 대한 평가를 사회와 자연의 관계성(relationship) 차원에서 접근한다는 점에서 특징적이다. 우선 동물을 포함하는 자연과 생태계가 인간을 위해 도구로서의 가치만 갖는다는 보수적 견해에 도전적이다. 강자와 약자, 주체와 대상, 목적과 수단이라는 이분법적 사유를 비판하면서, 자연과 동식물 종은 인간에게 도구를 넘어선 가치(non-instrumental value)를 지닌다고 본다. 인간 사회와 자연이 생명적 상생 관계에 놓여 있다고 보기 때문이다. 따라서 인간이 스스로의 존립 기반인 자연과 생태계가 항상적인 생명 부양 체계를 유지할 수 있도록 보호하는 데 주력하고, 이를 실현하기 위해 현 문명의 생활양식과 제도, 법을 근본적으로 바꾸고자 한다. 생태주의자는 바로 이 과정에서 생태계의 안정성 유지에 관건인 생물 종의 다양성(diversity of species)을 보전하는 데 주력한다. 기본적으로 자연적 생물 종의 보호에 초점을 맞춘다는 점에서 야생 동물 종의 보호를 핵심으로 포함한다.

다만 생태주의자는 동물이 아닌 식물 종에 대해서도 동물에 버금가는 관심을 기울인다는 점에서 이를 도외시하는 동물 해방 또는 권리 주장자와 견해를 달리한다. 대표적으로 생태주의자인 사고프(M. Sagoff)는 1984년에 한 학술지에 실은 논문, 즉 「동물 해방과 환경윤리는 불행한 결혼이므로 빨리 이혼하라」는 제목의 글에서 원칙적인 동물 보호의 단계에 들어서게 되면 생태계 훼손과 식물의 희생을 초래할 수 있다는 점을 강조하면서 일정한 거리를 두고자 했다.13) 다시 말해서 생태주의는 고통을 느끼거나 권리를 지닌 하나하나의 동물에 관심을 갖는 것이 아니라 생태계와 야생동식물 종의 보호에 관심을 갖는다고 할 수 있다. 다만 낱낱의 동물이 인간에 의해 불필요한 고통 상태에 놓이는 것을 차단하는 데는 적극적이고, 그럼으로써 현재의 동물 관련 산업의 획기적 전환에도 주력한다.

또한 필자와 같은 생태주의자는 생물 다양성만큼이나 문화 다양성도 존중한다. 지구는 다양한 형태의 생태계로 구성되어 있고, 그 조건 아래서 인간은 나름대로 고유한 문화를 꽃피우고 있다. 그런데 에스키모 부족이나 아프리카의 각 부족은 채식만으로는 생존이 불가능한 척박한 여건에 놓여 있게 되고, 이에 따라 육식을 포함하는 문화를 갖고 있다. 이때 생산물이 차고 넘치는 서구 선진국의 동물 해방 또는 권리 이론의 시각에서 사태를 재단하는 것이 옳지 않을 수 있다.

전체적으로 종합하면, 동물 해방론은 모든 동물을 고통에서 해방시키기 위해서 전면적 채식주의로 이행해야 한다고 주장한다. 반면 전통 관습에 익숙하거나 동물 관련 산업에 종사하는 보수주의는 동

---

13) Mark Sagoff, "Animal Liberation, Environmental Ethics: Bad Marriage, Quick Divorce", M. E. Zimmerman et al.(eds.), *Environmental Philosophy* (Englewood Cliffs, N.J.: Prentice Hall, 1993).

물에게 불필요하게 고통을 주는 여건을 개선하겠지만, 기본적으로 동물이 인간의 목적 달성을 위한 도구에 불과하기 때문에 동물 해방의 주장은 빗나간 것이라고 여긴다. 이와 또 달리 자연보전을 기치로 내건 생태주의는 인간과 자연의 유기적 관계성에 근거하여 생태계와 야생동식물 종을 인간의 도구로 보는 시각에서 벗어나 있으면서 상생적 보전에 주력하고, 그럼으로써 야생동물 종 보호에 주안점을 두지만, 그렇다고 해서 동물 하나하나를 고통에서 해방시키기 위해서 전면적으로 채식주의로 전환해야 한다는 데 전적으로 동의하는 것은 아니라고 볼 수 있다. 다만 생태주의가 동물 해방의 일정한 주장에 공감하고 있듯이 현 문명이 구조적으로 저지르고 있는 동물에 대한 잔인한 처우와 고통을 수반하는 실험 등은 현행 생활양식의 전환과 더불어 전면적으로 개선되어야 할 것이라고 간주한다.

제 8 장

동물 권리론과 채식주의

1. 규범 윤리학의 목적론과 의무론

오늘날 많은 사람들은 종종 윤리가 땅에 떨어졌다고 말한다. 우리 주변에서 자식이 부모에게 패륜적 행위를 저지르거나, 공무원이 국가의 권한을 악용하여 사리사욕을 채우거나 또는 기업이 대규모 탈세를 저지르는 등 헤아릴 수 없을 정도로 많은 부도덕한 행위가 줄을 잇자, 도덕 실종을 이야기하고 있다. 이런 도덕 실종에 대한 개탄은 "자식은 부모를 공경해야 한다", 또는 "공무원은 국가의 공복으로서 국민을 위해 봉사하는 것이 옳다", 또는 "기업은 사회적 책임을 지면서 이윤을 추구하는 것이 바람직하다"는 사회 규범을 전제하고 있다. 윤리란 이런 사회 규범 가운데 가장 기본적이어서 그 토대를 이루는 것들을 가리킨다.

규범적 윤리체계란 우리가 처한 구체적 상황에서 이렇게 할 것인지 또는 저렇게 할 것인지와 관련된 선택적 문제 상황에서 어떻게 하는 것이 옳은지를 결정하는 도덕적 표준과 행위의 규칙이 체계적으로 짜인 것들의 총체를 일컫는다. 그리고 이런 규범적 윤리 체계를 구축하고, 그 정당성을 검토하는 분야를 규범 윤리학(normative ethics)이라고 한다. 그런데 이런 규범 윤리학에서 우리는 전형적으로 다음과 같은 질문을 던지게 된다.

가) 한 행위를 도덕적으로 옳거나 그르다고 할 수 있는 근거는 무엇인가?

규범 윤리학의 질문 가)에 대해 전통적 답변은 크게 둘로 나뉜다. 하나는 목적론이고, 다른 하나는 의무론이다. 목적론적 윤리설(teleological ethical view)은 질문 가)에 대해 다음과 같이 대답한다.

가-1) 한 행위가 좋은 결과를 초래한다면 그 행위는 도덕적으로 옳지만, 나쁜 결과를 초래하면 도덕적으로 그르다.

목적론적 윤리설에 의하면, 한 행위의 옳고 그름을 결정하는 것은 그 행위가 초래하는 결과의 좋고 나쁨에 있다. 이렇게 목적론은 행위의 옳고 그름의 기준이 행위의 결과에 있으므로, 결과론이라고도 한다. 이런 견해에 의거하면, 우리는 늘 최선의 결과를 초래하는 행위를 해야 한다.

목적론적 윤리설의 대표적 견해로는 공리주의(utilitarianism)가 있다. 공리주의는 효용성(utility)의 원리를 근간으로 하는데, 그것은 최대 다수에게 최대의 선(the good)을 산출하는 데 있다. 그렇다면 공리주의는 선을 무엇으로 보는가? 즉, 도덕적 옳음을 결정하는 좋음을 무엇이라고 여기는가? 이에 대해 고전적 공리주의는 크게 두 가지 형태로 답변한다. 가장 먼저 공리주의를 개척한 제레미 벤담(Jeremy Bentham)은 그것이 쾌락(pleasure)의 초래에 있다고 본다. 그래서 벤담의 공리주의를 쾌락 공리주의라고 한다.

존 스튜어트 밀(John Stuart Mill)은 도덕적 좋음으로 쾌락을 설정하는 것은 양에 만족하는 돼지의 철학에 불과할 뿐이라고 보면서, 자신은 "배부른 돼지가 되느니 차라리 배고픈 소크라테스가 되겠다"는 말을 남기면서 더욱 진전된 길을 개척한다. 그것은 질적인 쾌락을 뜻하는 행복(happiness)이다. 따라서 밀은 도덕적 옳음이 행복의 초래에 있다고 함으로써, 그의 견해를 행복 공리주의라고 한다. 따라서 이들은 질문 가)에 대해 각각 이렇게 답변할 것이다.

가-11) 한 행위가 도덕적으로 옳은 것은, 최대 다수의 최대 쾌락을 가져다줄 때이다.
가-12) 한 행위가 도덕적으로 옳은 것은, 최대 다수의 최대 행복을 가져다줄 때이다.

목적론의 대표적 유형인 공리주의는 한 행위가 결과적으로 다수에게 쾌락이나 행복을 가져다줄 때 도덕적으로 옳다고 승인하는 것이다.

이에 반해 의무론적 윤리설(deontological ethical view)은 목적론과 전혀 다른 길을 간다. 그것은 질문 가)에 대해 다음과 같이 답변한다.

가-2) 한 행위가 도덕규칙을 의무로 이행하는 것이면 옳지만, 규칙에

어긋나면 도덕적으로 그르다.

의무론적 윤리설에 의하면, 한 행위의 옳고 그름은 그 행위의 결과에 관계없이 그 행위가 오직 도덕규칙을 준수하고 있느냐의 여부에 달려 있다. 따라서 이것은 도덕규칙을 준수하는 이론이기 때문에, 흔히 법칙론이라고도 부른다. 이런 견해에 의거하면, 우리는 늘 도덕규칙을 인지하여 그것에 부합하는 행위를 해야 한다. 전통적으로 의무론적 윤리설의 대표적 견해가 칸트(I. Kant)의 이론이다.

현대 사회는 두 이론에 바탕을 두고 사회와 법, 경제를 운영하고 있을 정도로 두 견해가 지대한 영향을 끼치고 있고 또 그만큼 훌륭한 특성을 갖고 있다고 할 수 있다. 다만 양자 사이에는 장점을 공유하는 경우도 있지만, 서로 갈등 속에 놓이는 경우도 적지 않다. 예컨대 우리의 행위가 도덕규칙을 준수한 것이면서 동시에 좋은 결과를 초래했다면, 그것은 양자를 모두 만족시킬 것이다. 그러나 경우에 따라서는, 우리가 주변에서 부닥치는 문제 행위가 어떤 윤리설에 따라 판단하느냐에 의해, 그 도덕적 옳고 그름이 엇갈리는 경우가 있을 수 있다. 두 가지 경우가 가능하다. 하나는 목적론에 따르면 옳은 행위이지만, 의무론에 따르면 그른 행위로 나타날 수 있다. 그 역의 경우는 한 행위가 의무론에 따르면 옳지만, 목적론에 따르면 그른 행위일 수 있다. 목적론과 의무론의 대표적 견해인 공리주의와 칸트 이론의 경우, 서로 대비했을 때 그 이론적 난점이 무엇인지 간략히 고찰해 보자.

고전적 공리주의는 가-11)과 가-12)가 언급하고 있는 것처럼, 최대 다수의 쾌락이나 행복 증진에 주안점을 둔다. 이제 그 한계를 보기 위해서, 다음과 같은 가설적 상황을 설정해 보자. 공리주의를 사회 규범으로 채택하고 있는 한 작은 공동체가 있다. 어느 시기에 그 사회의 병원에 유독 많은 환자들이 입원했고, 각각 심장이나 간, 신장, 폐, 눈 등에 이상이 있으며, 장기 이식 이외에 병을 낫도록 할 뾰족한 방도가 없어서 병원장이 환자들의 건강을 몹시 염려하고 있다. 그런데 어느 날 한 건장한 청년이 친구의 문병차 찾아왔다. 이를 본 병원장은 곧바로 그 청년을 붙잡아 오도록 하여 수술대로 데리고 갔다. 그리고 강제로 수술을 하여 그 청년의 온갖 장기를 분리하고, 그 장기를 많은 환자에게 각각 이식을 함으로써, 다수의 환자를 고통에서 해방시켜 행복을 가져다주었다. 이런 극단적인 일이 실제로 발생하지는 않겠지만, 원리적으로만 보면 공리주의에 투철한 사회에서 이 병원장의 행위는 도덕적으로 옳다. 고통이나 불행을 한 사람에게 몰아버리고 쾌락이나 행복을 최대 다수에게 주었기 때문이다. 그러나 우리의 건전한 판단에 비추어볼 때, 이 행위는 옳은가? 두말할 것도 없이 그르다. 경우는 다르겠지만, 역사 속에서 다수를 위한다면 미명 아래 소수자를 희생시킨 사례가 실제로 비일비재했다. 이런 것을 부정의(injustice)하다고 하는데, 고전적 공리주의는 이런 부정의를 용인하는 한계를 갖는다.[1)]

반면 칸트의 의무론을 이 사례에 적용하면, 합리성을 지닌 인간은 누구나 타인에 의해 도구나 수단으로 대우를 받아서는 안 되는 목적적 존재이고, 그런 연유로 "무고한 사람을 해치지 말라!"는 도덕규칙이 보편적인 것으로 수용되기 때문에 부정의가 발생할 소지가 차단된다. 다만 종종 도덕규칙의 준수가 너무 어려워서 실행이 전혀 쉽지 않을 수 있다. 예컨대 일본에 유학을 간 이수현 의인이 지하철에서 승강장 아래 떨어진 일본인 취객을 구하고 자신은 사망에 이른 사건이 발생했다. 이 행위는 "곤경에 처한 사람을 도와야

---

1) 폴 테일러, 김영진 옮김, 『윤리학의 기본 원리』(서광사, 1985), 109-110쪽.

한다"는 도덕규칙을 준수한 것으로서 정말로 옳은 행위이지만, 자신은 결과적으로 사망에 이르는 비극을 맞았다. 이런 사건은 도덕성이 갈수록 실추되는 사회에서 수많은 사람들에게 커다란 교훈이 될 수 있다. 다만 많은 사람들에게 같은 유형의 행위에 따르도록 요구하는 것이 결코 쉽지 않다는 점이다. 왜냐하면 자기의 희생을 무릅쓰는 것이 결코 쉬운 일이 아니기 때문이다. 어쨌든 동물 보호를 위한 이론이 이런 두 유형의 윤리설을 기반으로 조성되어 있으므로, 그 한계도 인식하는 선에서 평가를 할 필요가 있다.

2. 의무론으로 본 동물 해방론의 한계

피터 싱어(Peter Singer)는 모든 동물을 고통에서 해방시켜야 한다고 주장하였다. 그가 이런 주장을 하게 된 직접적 계기는 공리주의 윤리학자이기 때문이다. 공리주의는 한 행위에 대한 도덕성을 그 행위가 결과적으로 최대 다수에게 최대의 좋음(예, 고통을 줄이고 쾌락을 늘림 또는 불행을 줄이고 행복을 증진시킴)을 주는 데 성공을 거두었느냐에 의해 판단한다. 논지가 이와 같다면, 인간 이외의 동물도 고통이나 즐거움을 느낄 수 있기 때문에, 최소한 그들에게 고통은 주지 말아야 한다는 것이다.

공리주의는 목적론적 윤리설의 전형적 입장이다. 반면 이와 대비되는 견해가 칸트를 중심으로 하는 의무론적 윤리설이다. 이런 의무론의 입장에서 바라보면, 공리주의의 접근으로는 동물을 보호하는 데 한계가 있다. 이 점을 분명히 지적한 사람은 톰 레간(Tom Regan)인데, 그는 의무론의 지평에 놓여 있다.

레간에 따르면, 쾌락 공리주의는 도덕적 행위자와 그 행위에 의해 영향을 받는 도덕적 피행위자(moral patients) 양자를 쾌락인 긍정적 가치나 고통인 부정적 가치를 갖는 단순한 수용자(mere receptacles)로 간주하는 셈이다. 이때 가치 있는 것은 수용자인 도덕적 행위자와 피행위자가 포함하는 것, 즉 쾌락이나 고통과 같은 경험이다. 도덕적 행위자와 피행위자를 달콤한 음료(쾌락)나 또는 쓰디쓴 액체(고통)를 담을 수 있는 컵으로 생각하자. 쾌락 공리주의는 한 컵에 쓴 것에 비해 단 것을 최대로 담으려고 시도하는 것이 아니라, 영향을 받는 모든 것을 고려하여 모든 컵에 담긴 양의 전체적 비율을 산정하되 쓴 것에 비해 단 것을 최대화하려는 시도이다. 이 과정에서 일부 특정 컵에 단 것이 아닌 쓴 것만이 담기는 것을 허용한다. "모든 컵에 든 단 액체와 쓴 액체를 공정하게 고려하고 계산한다고 가정하고 그리고 집합적으로 고려할 경우, 관련된 모든 컵에 대해 쓴맛에 비해 단맛이 가장 많은 최선의 상태를 산출하고자 하는" 한, 쾌락 공리주의는 동물에게 고통이 가해지고 동물이 살해되는 "재분배나 파괴에 대해 반대할 수 없다."[2)]

좀 더 쉬운 예를 들어보자. 한 작은 마을에 기쁜 일이 생겨서 잔치가 벌어졌다. 빈대떡을 부치고, 떡을 만들며, 막걸리가 서너 통이나 준비되었다. 그러나 이것만으로 사람들은 어딘지 허전하다고 여겼다. 아니 일부 사람들에게는 마땅치 않아 하는 표정이 역력했다. 그래서 마침내 돼지 한 마리를 잡게 되었다. 이때 행위자인 마을사람들 수십 명과 피행위자인 돼지 한 마리의 고통 대비 쾌락의 총량을 계산해 보면, 돼지를 잡지 않을 때에 비해 돼지를 잡을 때 전체적으로 고통 대비 즐거움의 수치가 훨씬 올라갈 수 있다. 다시 말해서 한 마리의 돼지에게는 고통이 주어지고, 나머지 인간 모두에게 말할 수 없는 기쁨이 넘쳐날 수 있다.

---

2) Tom Regan, *The Case for Animal Rights*(London: Routledge, 1983), pp. 205-206.

마을 잔치의 사례는 공리주의자 싱어가 의도한 바와 달리 동물을 고통에서 구하는 데 실패하게 됨을 보여준다. 이런 일과 유사한 사건이 어딘가에서 매일같이 반복된다면, 적어도 이론적으로 동물을 보호하는 데 결정적 지장을 받게 된다. 이론적으로 납득할 수 없다면, 법과 정책적으로도 한계에 놓일 수밖에 없다. 결국 현재와 같이 공장식 농장에서는 많은 가축들이 사육되고 또 실험실에서는 무수히 많은 인류에게 엄청난 의료 혜택을 줄 수 있다는 이유로 온갖 동물이 피험자로 동원될 것이다.

이런 것을 실천적으로는 물론 이론적으로도 차단할 수 있는 좋은 방도가 없을까? 그것은 앞서 공리주의를 규범으로 채택한 작은 마을의 사례에서 단서를 발견할 수 있다. 마을의 건장한 한 청년이 본의와 무관하게 다수의 병든 사람들을 위해 수술대 위에 올려지지 않도록 하려면 그가 목적으로 대우를 받을 가치를 지닐 뿐 아니라, 이에서 더 나아가 그가 결코 침해당할 수 없는 생명에 대한 도덕적 권리(moral rights)를 갖고 있다고 해야 한다. 이런 길은 칸트를 좇는 의무론의 선상에서 마련될 수 있다. 마찬가지로 동물을 인간의 횡포로부터 제대로 보호하려면 동물의 권리를 주장해야 하는 것은 아닌가? 바로 이 길을 개척한 사람이 레간이다.

3. 톰 레간의 동물 권리론

레간은 동물의 권리(animal rights) 옹호를 인간의 경우와 대비하여 찾고자 했다. 그래서 그는 먼저 시선을 인간에게 두었다. 그렇다면 인간이 도덕적 권리를 갖고 있다고 말할 수 있는 근거는 무엇인가? 칸트는 권리 개념에 호소하기보다 그것에 선행하는 의무에 초점을 맞췄다. 그리고 의무의 수혜 존재는 수단이 아닌 목적으로 대우를 받을 가치를 갖고 있다고 보았다. 물론 목적으로 대우를 받은 수 있는 존재는 합리성을 갖추어야 한다고 함으로써 도덕 공동체의 구성원을 인간으로만 국한시켰다. 레간은 칸트의 길을 좇지만, 칸트의 길을 뛰어넘고자 했다. 그래서 그는 인간의 권리에 초점을 맞추면서, 그 권리를 해명할 수 있는 가장 가망성 있는 논거는 인간이 수단이 아닌 목적으로 대우받을 내재적 가치(inherent value)를 지님을 꼽았다. 그리고 동시에 인간이 내재적 가치를 갖는 것은 다른 사람들의 이해관심에 논리적으로 독립해서 각자가 더 나아지거나 나빠질 수 있는 생활의 주체(subject of life)이기 때문이라고 보았다.

인간이 갖는 이런 가치 유형 때문에 인간을 단지 수단적 가치만 갖고 있는 것으로 대우하는 것은 그릇된 것이다. 특히 어떤 집단의 이익과 즐거움을 위해 다른 인간을 해치는 것은 침해받을 수 없는 그들의 권리를 유린하는 것이다. 칸트의 방식으로 표현하면 본래 가치 있는 것을 단순히 수단으로서가 아니라 늘 목적으로 대우해야 하므로 내재적 가치를 소유하는 개체들은 부당하게 침해받지 않을 권리, 단순히 수단으로 대우되는 것을 배제하는 권리를 갖는다.

인간 개개인이 이런 권리의 담지자로 간주될 때, 그들은 도덕적 행위자의 공동체 속에서 어떤 지위를 갖는 것으로 여겨진다. 인간은 자신이 인격체이기 위해 그리고 자신을 인격체로 만드는 데 필요하고 충분한 특성을 보존하는 것에 본질적인 자신들의 삶의 조건에 대해 최상의 권위를 갖는 것으로 서로서로 승인한다. 왜냐하면 개인의 기본권이 다른 사람들에 의해 존중되지 않을 경우 인간은 인격체로서 자신의 존재를 유지할 수 없게 되기 때문이다. 레간은 이렇게 인간의 기본권은 '자기존중'으로부터 나온다고 본다. 우리가 우리의 권리를 스스로 존중받아야 한다고 주장하는 것과 마찬가지로 타인도 같은 권리를 갖고 있으며 그 권리를 존중해 주어야 한다고 믿는다. 인간이 인격체이기 때문에 권리를 갖고 있으며, 인간이 권리를 갖고 있기 때문에 그 권리를 존중할 의무를 갖는다.

레간은 칸트와 상반되게 권리가 의무에 앞선다고 보았다. 그는 동물과 인간이 마찬가지 입장임을 밝힘으로써 도덕적 권리를 도덕적 피행위자, 즉 도덕적 행위 능력은 없지만 도덕적 피해를 입을 수 있는 동물에게로 확장시킨다. 그는 우선적으로 동물이 인간과 마찬가지로 "다른 존재에게 유용하다는 것에 논리적으로 독립해서 그리고 다른 존재의 이해관심의 대상이라는 것에 논리적으로 독립해서 자신의 존재 조건이 더 나아지거나 나빠질 수 있는 생활의 주체"라는 사실에서 양자의 유사성을 찾는다.[3]

생활의 주체라는 것이 무엇인가? 생활의 주체라고 일컫기 위해서는 그것에 요구되는 특성, 예컨대 지각, 기억, 믿음, 자기의식, 의도, 미래에 대한 감각 등을 갖고 있어야 하는데, 이런 속성은 생활을 하고 있는 일년 이상 된 정상적인 포유류 동물에게서 나타난다.[4] 따라서 인간은 물론 동물도 생활의 주체이다. 그리고 생활의 주체 기준을 만족시키는 존재들은 특징적인 종류의 가치, 즉 내재적 가치를 갖는다.[5] 생활의 주체 기준을 만족시키는 개체는 내재적 가치를 갖는데, 동일하게 하나의 자격으로 갖기 때문에, 내재적 가치란 관점에서 더 우수하거나 더 열등한 것일 수 없다. 따라서 동물은 인간과 평등한 내재적 가치를 갖는다.

다만 레간은 엄격성을 기할 경우, 도덕적 행위자와 도덕적 피행위자가 평등한 내재적 가치를 갖는다는 견해가 그 자체로 도덕 원

---

3) Ibid., p.244.

4) Ibid., p.81.

5) Ibid., p.243.

리는 아니라고 본다. 그런 견해는 내재적 가치를 지니는 개체들을 이런 또는 저런 방식으로 대우하도록 결집시키지 않기 때문이다. 다만 내재적 가치의 가정은 우리에게 그런 대우와 관련된 해석의 토대를 제공할 뿐이다. 다시 말해 한 존재가 내재적 가치를 갖는다는 것만으로 직접적으로 그 존재가 도덕적 권리를 갖는다고 말할 수 없으므로, 내재적 가치를 갖는다는 것에서 도덕적 권리를 갖는다는 것으로 이동하려면 양자간의 결속이 형성되어야 한다. 레간은 보편화 가능성의 원리와 같은 도덕 원리를 만족시킴으로써 정당화되는 존중의 원리(principle of respect)로 이것을 결속시킨다. 존중의 원리는 우리에게 내재적 가치를 소유하는 개체들을 그들의 내재적 가치를 존중하는 방식으로 대우해야 하는 것이다.

존중의 원리는 내재적 가치를 갖는 모든 존재를 존중해서 대우할 것을 요구하기 때문에, 이런 개체들은 존중받을 타당한 주장과 권리를 갖는다. 그리고 그것도 도덕적 행위자와 피행위자가 평등한 내재적 가치를 갖기 때문에, 그들은 자신들의 가치가 존중해서 대우받을 평등한 도덕적 권리(equal moral right)를 갖는 것으로 입증된다. 따라서 레간에 의하면, 동물은 인간과 마찬가지로 도덕적 권리를 갖는다.

권리는 통상 두 가지 유형으로 구분된다. 그 하나는 절대적인(absolute) 것이고 다른 하나는 조건부적인(frima facie) 것이다. 따라서 권리를 존중할 의무도 절대적인 것과 조건부적인 것으로 짝지을 수 있다. 절대적 권리와 의무는 칸트에게서 발견된다. 그는 지상명령으로서 실천이성의 근본 법칙을 제시했다. 그것을 표현하면, "네 의지의 준칙이 항상 동시에 보편적 입법의 원리로서 타당하도록 행위하라!"는 것이다.[6] 이것을 조금 더 풀어내면, 네가 선한 의지를 갖고 다양한 문제 상황에서 어떻게 행위를 해야 하는지 고민하는 상황이 되었을 때, 네가 준수해야 하는 도덕규칙은 늘 시대와 장소를 초월하여 누구에게나 적용될 수 있는 보편적 입법의 원리에 일치하는 그런 것으로 삼아, 그에 따라 행위하라는 것이다. 따라서 맥락상 절대적인 것을 요구하는 것으로 보인다. 그런데 특정 도덕규칙을 절대적으로 준수할 수 없는 상황에 봉착할 수 있다. 예컨대 보편적으로 "약속을 지켜야 한다"를 의욕하지만, 그럴 수 없는 불가피한 사정이 생길 수 있다. 내가 돌보지 않을 수 없는 곤경에 처한 누군가와 마주칠 수 있다. 이때 "약속은 지켜야 한다"와 "곤경에 처한 자를 돕는 것이 옳다"는 두 규칙이 충돌을 빚게 된다. 도덕적 직관 능력에 따라 우열 비교를 통해 후자를 먼저 수행할 수밖에 없을 것이다. 그렇다고 해서 약속에 대한 규칙이 폐기되는 것은 아니다. 그것은 잠시 유보될 뿐이다. 이렇게 권리와 의무를 바라보는 시각이 로스(W. D. Ross)가 개척한 조건부 이론이다.

레간에 따르면, 우리는 소극적 형태로 동물의 권리를 침해하지 않을 의무를 가지며 또한 적극적 형태로 존중의 원리에 따라 동물의 권리를 보호하고 지원할 의무를 갖는다. 그런데 이런 유형의 권리는 인간 사회와 마찬가지로 조건부적인 것이다. 이에 불가피하게 동물의 권리가 유보될 수 있음을 용인한다. 그것은 대체로 다른 무고한 존재에게 초래되는 막대한 피해를 막을 수 있다고 믿을 좋은 이유를 갖고 있거나 또는 그것이 유일한 이유이거나, 그것 이외에 다른 희망이 없다고 여겨질 때이다.7)

레간은 동물의 권리가 제약될 수 있음을 받아들이고 있지만, 제

---

6) 김태길, 『윤리학』(박영사, 1979), 136쪽.

7) Tom Regan, "Animal Rights, Human Wrongs", M. E. Zimmerman et al. (eds.), *Environmental Philosophy*(Englewood Cliffs, N.J.: Prentice Hall, 1993), p.41.

약을 할 명료한 이유가 있을 때로 국한하고 있다는 점에서 여전히 엄격하다고 할 수 있다. 그는 그런 경우가 아닌 한 동물의 권리는 보호되어야 한다고 본다. 특히 동물이 스스로의 권리를 변호할 수 없고, 조직화하여 탄원하고, 시위하고, 정치적 압력을 넣을 수 없다는 사실은 그들의 편에서 행위해야 할 인간의 의무를 약화시키지 않는다고 본다. 오히려 동물의 제한된 능력에 비추어 인간인 우리가 더 각별한 의무를 짊어져야 한다고 보고 있다. 이렇게 레간은 칸트적 의무론의 연장선상에서 동물의 권리가 분별될 때 비로소 인간의 의무가 확연해지고, 이에 따라 하나하나의 동물들이 인간의 온갖 위협으로부터 벗어날 수 있다고 여겼다.

4. 채식주의

엄격성을 기하면, 레간이 존중의 원리로서 식별한 동물의 권리 소유자는 포유류이다. 왜냐하면 포유류야말로 생활의 주체임이 확연하기 때문이다. 포유류는 새끼를 낳고 젖을 먹여 키운다. 그렇게 큰 포유류는 관계성을 습득하게 되고, 이에 따라 가족이나 집단의 구성원으로서 자신들에게 고유한 생활을 유지하며 살아간다. 이때 그들 나름의 방식으로 지각하고, 기억하며, 심지어 의도 속에 미래를 도모하는 행위를 수행한다. 물론 포유류가 아닌 동물이라고 해서 그런 생활의 주체가 아니라고 단정적으로 말할 수도 없다.

레간은 첫째, 생활의 주체인 동물과 그렇지 않은 동물을 구분하는 것이 용이하지 않고 그리고 둘째, 포유류 아닌 동물, 예컨대 닭과 오리 등 가금류 등에게 인간이 농장 사육과 같은 그릇된 행태로 저지르는 짓이 생활의 주체임이 확연한 포유류 동물, 예컨대 멸종에 처한 고래는 말할 것도 없고 소와 돼지 등의 권리를 위반하는 경우로 이행하기 때문에, 인간은 동물에 대한 특징적 의무를 가져야 한다고 여겼다.[8] 그래서 그 역시 싱어와 마찬가지로 채식주의(vegetarianism)를 도덕적 의무로서 채택해야 할 것이라고 보았다. 싱어가 동물을 보호하기 위해 개척한 길과 레간이 다가간 길은 서로 다르다. 그럼에도 불구하고 양자에게 적어도 동물을 보호하자는 것과 이것을 실천하기 위해 채식주의가 요청된다는 것은 동일하게 나타난다고 말할 수 있다.

오늘날 채식주의가 하나의 흐름으로서 존중을 받고 있고, 보기에 따라서는 각광을 받는 것으로도 보인다. 채식주의자들에 따르면, 채식은 여러 가지 측면에서 필요하다고 주장한다.[9] 첫째, 채식은 의료비용을 급격히 감소시킨다. 예컨대 암 환자의 경우 채식하는 사람들에 비해 육식을 하는 사람들이 서너 배(유방암 3.6배, 전립선암 3.8배 등)에 달하는 치명적 질병을 앓게 되므로, 채식으로의 전환은 의료비용을 줄이는 결과를 낳는다. 둘째, 채식으로의 전환은 자연을 살린다. 목축을 위해 숲을 베어 방목지를 만들 일이 사라지고, 또 자연 회복을 가능하게 하기 때문이다. 셋째, 채식은 불필요한 자원의 낭비를 줄여준다. 소와 돼지, 닭 등을 사육하기 위해 드는 비용이 채식을 위한 생산 비용보다 엄청나게 소요되는데, 채식은 이런 에너지 사용을 줄이기 때문이다. 넷째, 채식으로의 전환은 노동 시간을 단축시켜 인간의 여가를 여유롭게 활용할 수 있도록 해준다. 다섯째, 채식은 생명이 존중되는 사회를 만들 것이다. 동물 생명에 대한 존중은 인간 생명에 대한 존중으로 이어짐으로써 죽음의 문화를 종식시킬 수 있기 때문이다. 여섯째, 채식은 생명력

8) Tom Regan, *The Case for Animal Rights*, p.396.

9) 이광조, 『채식이야기』(연합뉴스, 2003), 저자 서문.

넘치는 교육으로 변화시킬 것이다.

물론 이런 채식주의자의 논조 하나하나에 대해서 다른 의견을 제시하는 사람들이 많이 있을 것이다. 그러나 전반적으로 채식주의자의 의견 대다수는 공감을 불러일으킬 만하다고 본다. 여기서 필자는 채식주의를 둘로 분별할 필요가 있다고 본다. 하나는 기호 채식주의이고, 다른 하나는 의견 채식주의이다. 물론 양자가 서로 선명하게 분리된다고 말하려는 것은 아니다. 태도에서 나타나는 것을 토대로 한 인식적 분류일 뿐이다. 기호 채식주의는 채식이 자신의 식생활 기호에 잘 맞고, 그렇게 하는 것이 자신의 몸과 마음에 좋다고 여기는 습성과 그 습성을 받쳐주는 미약한 신념이다. 그래서 기호 채식주의자는 채식이 입맛에 맞고, 무병장수하도록 하며, 더 나아가 맑은 심성을 유지할 수 있기 때문에 자신은 이것을 선호한다고 할 것이다. 반면 의견 채식주의는 채식을 하는 것이 도덕적으로 옳으니 그렇게 해야 한다고 규정한다. 따라서 의견 채식주의자는 채식을 하지 않는 사람들에게 일정한 영향을 끼치고자 의도하고, 더 나아가 육식이 도덕적으로 옳은 행위가 아니라고 비판한다.

기호 채식주의와 의견 채식주의의 차이 가운데 중요한 하나는 타인에 대한 태도를 취하는 것에서 드러날 수 있다. 기호 채식주의는 커피가 아닌 녹차를 좋아하는 것에 비유할 수 있다. 통상 녹차를 좋아하는 사람이 커피를 좋아하는 사람을 도덕적으로 비난할 하등의 이유가 없다. 왜냐하면 커피나 녹차 가운데 어느 것을 더 선호할 것인지는 기호의 문제이기 때문이다. 마찬가지로 기호 채식주의자는 육식을 하는 사람들에 대해 아무런 도덕적 시비도 걸지 않을 것이다. 다만 누군가 묻는다면, 자신은 채식을 좋아한다고 말하거나 표현할 뿐이다. 반면 의견 채식주의는 이와 다르게 반응한다. 피터 싱어나 톰 레간이 제시하는 것은 의견 채식주의이다. 동물에게 고통을 주거나 또는 그들의 고유한 생활을 해치는 것은 윤리적으로 그릇된 것이기 때문에, 동물을 고통에서 해방시키기 위해서 또는 동물의 권리를 존중하기 위해서 채식을 해야 하며 또 그렇게 하는 것이 옳다고 주장한다. 이에 의견 채식주의자는 글이나 행동으로써 다른 사람들에게 영향을 미쳐서 그들의 생활과 사회제도까지 교정하거나 전환하는 데 개입하려 한다고 볼 수 있다.

5. 평 가

오늘날 동물에게 저지르는 인간의 짓이 정말로 잔일할 뿐 아니라 과도하고, 그로 인해 수많은 동물이 곤경에 처해 있다는 싱어와 레간의 지적은 온당하다. 따라서 동물에 대한 알맞은 처우가 이루어질 수 있도록 인간의 생활양식에 대한 전환이 요청된다. 그러나 이런 현실이 지구촌 모든 문화 민족에게 일률적으로 모든 동물을 고통에서 해방시키거나 또는 그들의 생활에 대한 권리를 증진시키기 위해서 전면적 채식주의로 돌아서야만 하는 것을 함축하는 것은 아니다.

특히 레간이 주장하듯이 동물이 인간과 같은 도덕적 권리를 갖는 것으로 분별한다면, 그것은 인간의 행위를 지나치게 제약함으로써 인간의 삶을 곤혹스럽게 만들 것이다. 레간의 동물권 주장에 대해 두 가지 반론을 제기할 수 있다. 첫째, 전통적으로 도덕적 권리 개념은 엄격한 성격의 것이어서 동물에게도 부여할 경우, 권리 개념에 대한 일반적 인식의 약화를 초래하여 인권마저 도매금으로 전락시킬 소지가 있다. 권리는 원칙적으로 합리성을 지닌 존재에게 부여되었기 때문에 인간에게만 귀속되었다. 인간 사회에서 사회적 약자의 권리 침해가 빈번하게 발생하고 있고, 이것을 법체계에 의해 바로잡고자 해도 결코 쉽지 않아서 인권 존중의 외침이 역사 속에서 무수히 반복되고 있는 실정이다. 이런 실정에서 동물에게 같은 권리를 인정하게 되면 그야말로 권리는 실질적으로 사회적 인간 강자에게만 주어지고, 나머지 사회적 인간 약자는 동물과 같은 것을 지닌 장식품 권리 소유자로 전락할 소지가 크다. 그렇다면 이런 판단이 동물에 대한 배려를 외면하자는 것인가? 그렇지는 않다. 다른 길을 모색하면 되기 때문이다. 그 길은 자연적 존재에게서 구태여 권리가 아닌 다른 것, 권리 개념보다 다소 약한 것, 즉 인간의 도구를 넘어선 가치(내재적 가치나 고유한 가치 등)를 분별하여 이에 상응하는 의무를 자각하도록 하는 것이다.

둘째, 동물의 권리를 수용할 경우, 인간의 문화적 삶이 피폐해질 수 있기 때문에 수용하기 어렵다. 인간은 인간 고유의 생존을 위해 자연에 문화를 구축하고 있고, 그 일환으로 농사를 지어 그 산물을 창고에 비축하여 미래를 도모하는 계획적 삶을 살고 있다. 이때 달려드는 것 가운데 대표적인 것이 들쥐와 집쥐 등이다. 그들에게 권리를 인정할 경우, 먹고 살겠다고 곳간에 달려드는 그들을 죽일 수는 없다. 배고픈 장발장이 빵 한 조각 훔친 것에 대해 징역형을 내린 것도 가혹한데, 식량 조금 축내는 쥐에게 사형을 내리는 것은 더욱 가혹할 것이기 때문이다. 그런데 문제는 인간의 경우 한두 번 이해시키는 것으로 같은 행위가 반복되지 않게 되지만, 쥐와 같은 동물은 이성적이지 않기 때문에 그야말로 말이 통하지 않을 것이다. 결국 농사꾼은 곳간 지키면서 쥐를 쫓는 일로 허구한 날 날밤을 지새우게 될 것이다. 최근 농사를 망치는 야생 멧돼지의 행태에 대해서도 마찬가지로 볼 수 있다. 이렇게 인간의 삶과 괴리된 동물의 권리 설정은 편안하고 수월한 삶을 사는 일부 선진국 중산층의 감상적 동물애호로 비춰질 소지가 다분함을 부정하기 어렵다.

톰 레간의 동물 권리론은 보편적으로 수용할 만한 것이 못 된다. 그것은 인간에게만 부여된 도덕적 권리를 인간 이외의 동물에게도 확장하여 적용했다는 점에서 기존의 인간 중심주의를 넘어선 것임에 분명하다. 그래서 생태윤리에 포함시키는 것이 가능하다. 물론 또 다른 쪽에서는 칸트의 전통윤리를 응용하여 확장했다는 점에서 대안적이기보다 응용적인 것으로 간주하기도 한다. 그럼에도 불구하고 자연의 일부인 동물에게로 윤리적 지평을 넓혔다는 측면에서 그것은 자연 중심주의 윤리에 포함된다. 다만 레간의 동물 권리론은 개체 동물, 즉 낱낱의 동물이 고유한 생활을 갖고 있다는 것에 의거하여 권리를 설정하고 있기 때문에, 동물 해방론과 마찬가지로 자연적 개체 중심주의 윤리에 속한다고 볼 수 있다. 이와 같이 개체론적 특성을 띠고 있기 때문에 더욱 치명적인 한계에 봉착한다고 여겨진다. 즉, 관계성을 중시하는 전체론의 시각에서 볼 때 그 난점이 분명히 드러난다. 자연에 대한 전체론은 생태학과 생태주의로 나타났다.

이제 동물에 대해 생태학의 시각과 생태주의의 눈으로 살펴보자. 생태계에서 진행되는 자연선택의 원리는 인도주의적인 것이 아니다. 먹이-약탈 관계는 인간의 도덕적 감정이입과 관련이 없는 것이다. 자연은 냉엄하기 때문에, 먹이사슬 체계의 아래에서 위로 갈수록 많은 개체 수가 점차 적어지고, 그 이유는 개체들 간의 침탈로 인해 조성된다. 초록식물과 초식동물, 육식동물 그리고 분해자인 박테리아 등이 서로 맞물리는 생태적 관계를 조성하는 연유로 생태계는 아름답다. 『모래 군의 열두 달(*A Sand County Almanac*)』에서 '대지의 윤리'를 제창함으로써 생태주의자의 아버지로 통하는 알도 레오폴드(Aldo Leopold)가 찬미했던 생태계는 바로 이런 유형의 것이지, 인간과 동물이 말 그대로 평등주의 도덕체계에 속해

있어야 한다는 것은 아니었다.10)

알도 레오폴드의 주석가로서 탁월한 생태주의자인 캘리콧(J. B. Callicott)은 동물의 복지를 추구하는 이론에 대해 다음과 같이 비판적으로 평가한 바 있다. 첫째, 그것은 도덕적 고려 대상의 범위를 지나치게 좁게 설정함으로써 생태계의 훼손을 원리적으로 허용하고 있다. 예컨대 야생 소 떼나 가축의 자유로운 방목과 수적 증가에 따른 초지 확보로 인해 울창한 삼림이 베어져 풀밭으로 변해야 함을 용인한다. 둘째, 그것은 야생 유기체와 가축 유기체 사이의 어떤 차이도 두지 않는다는 문제를 지닌다. 애완견이나 돼지가 야생 이리나 수달과 동일한 도덕적 존중을 받는다는 것은 어딘가 잘못이다.11)

필자가 보기에 싱어나 레간의 견해는 종이나 생물 공동체, 그리고 생태계와 같은 집합적 존재 또는 전체론적 존재에 대한 도덕적 직관을 명료화하는 데 실패한다고 본다. 왜냐하면 이런 집합적 존재는 고통을 느낄 수도 없고 생활의 주체도 아니기 때문이다. 레간의 권리론은 개체의 도덕적 권리에 관한 견해이다. "종은 개체가 아니므로, 권리론은 종이 생존을 포함하는 어떤 것에 대한 도덕적 권리를 갖는 것으로 인식하지 않는다."12) 싱어와 마찬가지로 레간에게도 멸종 위기에 처한 백두산 호랑이나 흰머리독수리, 장수하늘소가 개나 들쥐, 나방보다 더 비중이 나가는 도덕적 고려 대상일 수 없다. 멸종에 처해 있다는 것은 어떤 도덕적 고려 대상도 되지

---

10) Mark Sagoff, "Animal Liberation, Environmental Ethics: Bad Marriage, Quick Divorce", M. E. Zimmerman et al.(eds.), *Environmental Philosophy* (Englewood Cliffs, N.J.: Prentice Hall, 1993), p.86.

11) J. B. Callicott, "Non-Anthropocentric Value and Environmental Ethics", *American Philosophical Quarterly* 21(1984), pp.300-301.

12) Tom Regan, *The Case for Animal Rights*, p.359.

못하기 때문이다. 그리고 인간이 처한 생태계 여건에 따라 채식만으로 생존이 가능한 문화 민족도 있지만, 척박한 여건으로 인해 잡식을 할 수밖에 없는 에스키모 및 아프리카 토착문화도 얼마든지 존재한다. 따라서 동물 보호가 반드시 채식주의를 택해야만 하는 것으로 귀결될 필요는 없다. 다만 산업화된 문명인의 잘못된 식생활 습관에 비추어볼 때 채식의 비중을 획기적으로 높일 필요가 있다고 여겨진다.

종합하자면, 생태주의자는 자연의 다양성과 순결, 아름다움 그리고 숭고함을 유지시키려고 애쓰기 때문에, 동물 평등이라는 개념에 의해 정책을 추천하는 것이 아니라, 생태계 보존이라는 차원에서 정책을 추천한다고 볼 수 있다. 생태주의자는 생태계의 숭고함과 순결, 복합성을 보존하기 위해 개별적인 동물들의 생명을 희생시킬 수 있다. 반면 동물 해방론자나 동물 권리론자는 동물의 비참함을 감소시키는 것을 진지한 목표로 간주할 경우, 동물의 권리를 보호하고 그 생명을 지키기 위해 원리상 생태계의 숭고함과 순결, 그리고 복합성을 기꺼이 희생시킬 수 있다. 왜냐하면 그들의 권리 존중과 복지 추구를 위해 목초지를 더욱 많이 조성해 주면 줄수록 좋을 것이기 때문이다. 이렇게 생태주의가 동물 해방론이나 권리론을 그대로 수용하는 것은 어렵다. 생태계 보존이 가치 있는 것이라면, 그래서 생태계 보존에 대한 의무를 갖는다면, 그것은 동물 하나하나의 권리나 그들에 대한 의무로부터 나오는 것은 아니다.

제 9 장

생물 중심적 환경윤리

1. 환경윤리와 생명 존중

오늘의 인류는 환경재난을 빈번하게 겪고 있고, 이런 재난이 증폭되어 위기로 가시화되는 것을 제어하기 위해서 각양각색의 실천적 해법이 모색되고 있다. 이런 실천적 해결책이 현장성에 기반하여 현실을 바꾸는 것으로 진행되고 있지만, 그것에 분명한 이념적 좌표가 결여되어 있을 때 중간에 목표를 잃은 채 표류할 수 있다. 그래서 실천은 늘 그것에 정당성을 부여하는 철학을 필요로 한다. 다만 제시된 철학이 너무 형이상학적이어서 현실 속에서 전혀 뿌리를 내릴 수 없을 정도로 공허한 담론에 그친다면, 그야말로 아무 쓸모가 없게 될 것이다. 이때 철학적 이념과 짝을 이루면서 현실 속 실천을 계도하는 역할을 하는 것이 실천철학인 윤리학이다. 따라서 환경재난이 기승을 부리는 현실 속에서 올바른 환경윤리(생태윤리)가 출현하여 인간의 문화가 자연과 상생할 수 있는 새로운 차원의 문명을 개척할 수 있어야 한다.

그런데 지금까지 제시된 넓은 의미의 환경윤리 해법에는 인간과 자연, 그리고 동물이 거론되었을 뿐이지, 그 모두를 관통하는 생명적 조망(biotic perspective)이 빠져 있다는 자각이 서구에서 일어났다. 응용윤리의 지위를 갖고 조성된 인간 중심적 환경윤리는 자연을 보전해야 할 이유가 어디까지나 건강한 자연에서 살아가야 할 인간을 위한 것임을 드러내었을 뿐이다. 왜 여전히 인간만을 위해서냐고 묻는다면, 인간만이 합리성을 지닌 존재라고 답변한다. 또 달리 전통윤리의 연장 속에 있으면서 새로운 영역을 적극 개척하는 동물 해방론이나 동물 권리론은 동물의 고통을 헤아리거나 그 권리를 존중하는 방식으로 이행하면서 전면적 채식주의를 실천하게 될 때 환경문제도 자연스럽게 해결될 수 있다고 여긴다. 이때 또다시 왜 동물이어야 하느냐고 묻는다면, 인간도 동물의 한 종일 뿐이고, 동물이 고통을 느끼기 때문에 또는 동물이 생활의 주체이기 때문이라고 답변한다.

환경윤리의 시각으로 새로운 도덕 공동체를 구축하고자 할 때 그 안에 들어올 자격조건으로 각각 합리성이나 고통, 생활의 주체가 거론되고 있는데, 그것으로 과연 필요하면서 충분하다고 할 수 있는가? 이에 대해 '아니다'라고 생각하는 사람들이 나타났다. 이들은 새로운 이념의 단서를 슈바이처(A. Schweitzer) 박사의 숭고한 생명 외경(reverence for life) 사상에서 찾기 시작했다.

슈바이처는 가장 척박한 땅 아프리카 오지에서 현대 의학에 무지한 원주민의 질병을 고치고 생명을 구원하는 성자의 길을 걸었다. 그는 인종과 남녀노소를 가리지 않고 생명의 손길이 뻗칠 수 있는 모든 곳을 어루만지고자 했다. 이때 이런 일을 수행하는 그에게 떠오른 생각은 생명에 대한 존중이었고, 그것은 어느덧 굳건한 신념으로 자리를 잡으면서 평생을 이것에 매달릴 수 있었다. 다만 그에게는 인간 생명만이 소중한 것은 아니었다. 비록 거칠기 그지 없는 땅이었지만 아프리카 대륙에서 살아가는 모든 생명체가 한결 같이 자신의 생명을 유지하기 위해 애를 쓰는 모습을 보면서 어느 순간 생명 일반에 대한 외경심으로 느꼈다.[1] 그래서 마침내 누구나 살기 위해 애를 쓰는 생명의 한복판에서 자신도 마찬가지임을 자각하는 것이 중요하다고 보았다. 그는 자서전에서 이 점을 분명히 드러내고 있다.

> 생각하는 존재인 인간은 살려고 애쓰는 모든 존재에게 스스로에게 주는 생명에 대한 동일한 외경을 주어야 하는 압박감을 느낀다. 인간은 그 자신이 다른 존재의 생명을 경험한다. 그는 생명을 보존하고, 생명을 촉진시키며, 그리고 성장할 수 있는 생명에게 가장 고귀한 가치를 불러일으킬 수 있는 것을 좋은 것으로 수용한다. 인간은 생명을 파괴하고, 생명을 해치며, 그리고 성장할 수 있는 생명을 억압하는 것을 나쁜 것으로 받아들인다. 이것은 도덕의 절대적이면서 근본적인 원리이다.[2]

슈바이처는 인간 생명체만이 아니라 우주의 모든 생명체가 생명을 유지하고자 애를 쓴다는 점에서 그 자체로 고귀하게 평가할 수 있는 본래적 가치, 즉 생명 안에 스스로 품고 있는 내재적 가치를 갖는다고 말하는 것이다. 물론 이때의 가치는 인간이 존중해야 할 윤리적인 가치이다.

---

1) 데자르뎅, 김명식 옮김, 『환경윤리』(자작나무, 1999), 224쪽.

2) A. Schweitzer, A. G. Lemke(tr.), *Out of My Life and Thought*(New York: Holt, 1990), p.131

슈바이처의 행적은 수많은 사람들에게 감동을 주었다. 그는 스스로 희생을 무릅쓰면서 아프리카 오지에서 현대의 의료 혜택을 받지 못하는 사람들에게 인술을 베풀었다. 그뿐만 아니라 방 안의 모기조차 바깥으로 쫓을 뿐 죽이려 하지 않았다는 점에서 무한한 생명 외경심을 보여주었다. 다만 슈바이처의 사상이 더 이상 확산되지 않고 언어적 표현으로만 남겨진 데는 그만한 이유가 있다. 하나는 현실성이 결여되어 있다는 것이고, 다른 하나는 생명 외경 사상을 받쳐줄 정당화 작업 등 체계적 짜임새가 결여되어 있기 때문이다. 마침 환경재난이 고조되는 시기에 생명 일반에 대한 존중이 모색되면서, 생명사상에 대한 정당화가 이루어지기 시작했다.

2. 생명 존중의 윤리적 정당화

슈바이처의 생명 외경 사상은 후세대 학자들에 의해 더 정교하게 정당화되는 절차를 거쳐서 새롭게 거듭나게 된다. 먼저 윤리학자 워녹(G. J. Warnock)은 도덕이 사회 공동체의 건강한 유지라는 기본 목적을 갖고 있으므로 "행위자의 관점이 아닌 피행위자의 관점에서" 도덕에 접근할 필요가 있음을 주지시킨다.[3] 여기서 도덕적 행위자는 합리적으로 판단하여 행위할 수 있는 인간을 가리키고, 그리고 피행위자는 인간의 행위에 의해 이렇게 또는 저렇게 해를 입거나 혜택을 받을 수 있는 존재를 지시한다. 따라서 피행위자에는 인간은 물론 인간 아닌 자연적 존재도 포함될 수 있다.

워녹은 도덕 공동체가 행위자와 피행위자로 구성된다고 할 때, 행위자가 피행위자를 염두에 두면서 도덕적으로 고려해야 할 기준

3) G. J. Warnock, *The Object of Morality*(New York: Methuen, 1971), p. 148.

이 무엇인지, 또는 공동체의 구성원이 될 수 있는 도덕적 지위(moral standing)의 필요충분조건이 무엇인지 묻고 이에 대답하고자 했다. 첫 번째 후보로 '합리성'을 꼽을 수 있다. 이것은 가장 엄격한 조건인데, 이것을 기준으로 내세울 경우 유아나 정신 질환자 등은 도덕적 고려 대상에서 배제되는 문제를 낳게 된다. 두 번째 후보로 첫 번째 조건에 잠재성을 결합시켜 '잠재적으로 합리적임'을 내세울 수 있다. 이 경우 유아나 장차 낫게 될 희망을 가진 정신 질환자는 구제된다. 다만 회복이 불가능하다고 의학적 판정을 받은 치매 노인이나 정신 장애인은 여전히 배제된다. 워녹은 1971년에 "도덕적 행위의 적절한 수혜적 존재가 되는 조건은 곤경에 처해 열악함을 당할 수 있음이다"고 함으로써 '당할 수 있음(capacity to suffer)'을 내세웠다.[4] 파인버그(J. Feinberg)는 1974년에 워녹보다 더 구체화하면서 도덕적 지위를 갖는 조건으로 혜택을 보거나 해를 입지 않을 이해관심(interests)을 꼽았다.[5] 이 기준은 다소 변폭이 있는 것으로서 식물도 포함될 수 있는 여지가 있지만, 그는 최종적으로 이해관심을 욕구나 욕망과 결부지음으로써 식물을 배제하고 동물에 초점이 맞춰지도록 했다. 그리고 이런 분위기에서 마침내 싱어(P. Singer)는 그 기준으로 1975년에 동물 해방을 주장하면서 '고통이나 즐거움을 겪을 수 있음'으로, 레건(T. Regan)은 1983년에 동물권을 주장하면서 '생활을 가짐'으로 더 선명하게 드러냈다.

반면 굿패스터(K. E. Goodpaster)는 1978년에 "합리성이나 즐거

4) Ibid., p.151.

5) J. Feinberg, "The Rights of Animals and Unborn Generations", W. T. Blackstone(ed.), *Philosophy & Environmental Crisis*(Athens: University of Georgia Press, 1974), p.51.

움 또는 고통을 겪을 수 있음이 도덕적으로 고려되기 위한 충분조건일 수 있어도 필요조건일 수 없다"고 하면서, 확실하게 혜택을 입거나 해를 당하는 존재가 있을 수 있다고 주장하였다. 그리고 그는 '살아 있음(being alive)'을 도덕적 지위의 필요충분조건으로 삼았다.[6] 이렇게 되면 식물도 살아 있는 존재임이 자명하기 때문에 생명 존중의 조망 속에 들어오게 된다. 마침내 동물은 물론 식물까지 포괄하여 생명체에 대한 도덕적 고려의 지평이 열리게 됨으로써 슈바이처의 생명사상이 싹을 틀 수 있는 상황이 조성되었다.

3. 식물의 생존 투쟁

식물은 언뜻 보기에 정지 상태에 놓여 있기 때문에 식물이 생존을 위해 애를 쓰는 모습은 감지되지 않는 편이다. 그러나 최근 비디오 촬영기술이 발달하게 됨에 따라 시간을 시각적으로 조절하여 동작을 가속화하여 볼 수 있게 됨으로써 식물이 적극적으로 생존을 위한 투쟁을 벌이고 있음을 확인할 수 있게 되었다. 이것은 인간의 눈으로 그냥 지나치면서 식물에 대해 평가를 하는 것과 다른 결과를 얻을 수 있다는 것을 뜻한다.

최근 들어서서 많은 식물학자들에 의해 식물의 생활상이 잘 드러나고 있다. 데이비드 애튼보로(David Attenborough)도 그런 학자 가운데 하나로 이 점을 잘 드러내고 있다. 일단 모든 식물이 종 보존 차원에서 영토를 넓히기 위한 영역 개척이나 여행을 한다는 점을 꼽을 수 있다.[7] 영국의 삼림지대에서 이동성이 가장 큰 식물 중

---

6) K. E. Goodpaster, "On Being Morally Considerable", *Journal of Philosophy* 75(1978), p.310.

7) 데이비드 애튼보로, 과학세대 옮김, 『식물의 사생활』(까치, 1995), 1장.

하나가 검은 딸기인데, 일단 한 개체가 어딘가에 자리를 잡게 되면 생활영역을 적극적으로 넓히기 시작한다. 탐색용 가지가 선발대로서 활약을 하게 된다. 육안으로 보면 움직임에 아무 변화가 안 보이지만, 비디오카메라로 장시간 촬영을 하면 탐색용 가지가 좌우로 파도치듯이 천천히 움직이면서 뻗어나가다가 흙이나 다른 식물에 도달하면 날카롭고 굽어 있는 갈고리를 사용하여 달라붙거나 움켜잡는다. 그리고 작은 뿌리를 내려 자신의 입지를 단단하게 구축한 다음 새 영토에서 자양분을 빨아들이기 시작한다. 특히 이 식물이 지닌 가시 갈고리는 동물에게도 상처를 입힐 정도로 강력하기 때문에 영역 개척의 효과적 수단으로 쓰인다. 후세대를 위한 영토 확장도 마찬가지다. 모든 식물은 모체를 재생산할 때 필요한 모든 유전 정보를 씨 안에 담는다. 그뿐만 아니라 대부분의 씨는 어린 새싹이 스스로 자양분을 생산할 수 있을 때까지 생명을 유지하는 데 필요한 영양분까지 저장하고 있다. 식물은 이런 씨를 어디로든지 보내고자 한다. 예컨대 민들레의 씨는 꽃줄기 위에 우아한 공 모양을 이루고 있다가 바람이 불면 공중으로 떠오르면서 멀리 비행을 하는 것으로 여행을 떠난다. 그래서 곳곳에 민들레 영토를 구축한다.

식물이 생존을 위해 애를 쓰는 모습은 역력한데, 태양과 관련되는 경우가 더욱 분명하다. 식물에게 잎은 먹이를 만드는 공장이다. 기본 원료는 이산화탄소와 물, 그리고 몇 가지 기본 영양소 등이다. 잎의 표면에 있는 미세한 기공을 통해 대기 중의 기체를 흡수하고, 뿌리를 통해서 흙속의 물과 물속에 녹은 광물질을 빨아들인다. 이때 잎의 엽록소는 태양광선을 에너지로 삼아 원료를 합성하여 녹말과 당분을 생산하고, 신체구조를 다듬고 완성하며, 그리고 부산물로 산소를 배출하는 광합성 작용을 한다. 광합성이 이루어지려면 낮에 비추는 햇빛이 필수적이다. 이에 모든 식물은 가능한 한 다른 것들의 방해를 받지 않으면서 햇빛을 잘 받을 수 있는 위치를 차지하는 데 총력을 기울인다. 물론 태양의 움직임에 따라 위치를 이동하기도 한다. 숲의 꼭대기에서 올려다보면, 식물이 얼마나 위치를 잘 잡았는지를 확인할 수 있다. 마치 그림을 맞추는 퍼즐 판과 같이 숲이 온갖 식물로 완벽하게 짜여져 있음을 알 수 있다. 그리고 연속적인 카메라 촬영을 통해 식물의 움직임을 여러 날에 걸쳐 관찰하면, 마치 테니스장의 관중이 공의 움직임에 따라 고개를 이리 돌리고 또 저리 돌리는 모습을 보게 되듯이, 식물의 잎도 같은 장관을 연출하게 됨을 식별하게 된다. 어찌 식물을 정지된 수동적 개체로만 볼 수 있겠는가?

식물은 지구상의 모든 생명체를 부양하는 생산자 역할을 수행하면서 동시에 자신의 종의 생존을 위해 동물과도 적극적인 경쟁을 마다하지 않는 존재이다. 식물은 광합성 작용을 통해 탄수화물($C_6H_{12}O_6$)을 만드는데, 이것이 초식동물의 기초적인 먹잇감이 된다. 여름에 숲속에서는 밤낮을 가리지 않고 수도 헤아릴 수 없는 곤충이 식물의 소중한 잎을 뜯어먹는다. 예컨대 딱정벌레는 침처럼 날카로운 주둥이를 잎맥 속에 박아 수액을 빨아먹는다. 온갖 애벌레도 잎을 뜯어먹고 새순의 봉오리 속으로 파고든다. 물론 곤충만이 아니라 토끼에서 사슴, 코끼리에 이르기까지 다른 동물도 식물을 먹이로 한다. 이와 같은 초식동물은 그 일부가 또다시 육식동물의 먹이가 된다는 점에서 식물은 궁극적으로 생태계의 생명체 부양에 기초가 되는 것이다.

식물은 다른 것의 먹이가 되는 까닭에 그 수를 엄청나게 늘리는 것으로 종의 생존을 도모한다. 그러나 수만 늘리는 소극적 전략만 취하는 것은 결코 아니다. 식물은 자신을 보호하고 동물의 강탈에 의한 피해를 최소화하는 일련의 방어 조치를 취하기도 한다. 여건이 척박한 초원에서 자라는 풀은 손을 댔을 때 상처가 생길 정도로 자신을 동물로부터 방어하고 있다. 서양 감탕나무나 산사나무는 잔가지에 가시를 두고 있다. 버펄로 아카시아도 매우 길고 날카로운 가시로 자신을 무장하고 있다. 물론 이런 곳에 사는 기린과 같이 체구가 큰 초식동물은 이에 대응하여 가시도 녹여낼 정도의 침을 분비하는 진화 과정을 거치고 있다. 말하자면 식물과 동물이 서로 치열한 생존경쟁을 벌이고 있는 셈이다. 또 다른 사례로 시계꽃 덩굴과 헬리콘 나비를 들 수 있다. 헬리콘 나비는 시계꽃 덩굴에 알을 낳고, 깨어난 유충이 이 식물을 먹이로 자라날 수 있도록 하고 있다. 언제부터인가 시계꽃 덩굴의 일부 종은 이런 나비의 습성을 역으로 이용하기 시작했다. 이 종의 식물은 나비의 알과 흡사한 모양의 둥글고 노란 돌기를 만들어 그 위치를 잎의 밑동에 두기도 하고 잎의 뒷면에 두기 시작했다. 이렇게 되면 헬리콘 나비의 암컷이 날아와 알을 낳으려다가 그 모양을 보고 다른 곳으로 떠나게 된다. 나비와 시계꽃 사이에 생존을 위한 경쟁이 미묘하고 치열하게 전개되고 있는 것이다.[8)]

경우에 따라서는 동물을 이용하는 식물도 있다. 오스트레일리아 말벌의 암컷은 왕쇠똥구리의 애벌레를 먹고 살기 때문에, 애벌레를 잡고자 땅을 파고들고, 교미기가 되면 땅속 굴을 뚫고 나와 페로몬을 발산하면서 수컷을 유인한다. 수벌은 암벌의 등에 올라타서 꽃밭으로 날아가고, 거기서 생애 처음이자 마지막인 꽃 꿀을 대접하고 나서 교미를 시작한다. 이런 대접은 암벌로 하여금 다시 땅속에서 알을 낳을 때 필요한 영양분을 비축하도록 하기 위함이다. 그런데 용란은 복잡한 말벌의 생활에 교묘하게 끼어들어 자신의 수정에

---

8) 위의 책, 67-68쪽.

이용한다. 용란은 수컷을 기다리는 암컷 벌의 모형과 흡사하게 꽃잎을 피우고, 암벌이 내는 페로몬 냄새와 유사한 것을 풍긴다. 수벌은 조금의 망설임도 없이 용란의 꽃잎에 내려앉아 이를 껴안고 비상하고자 시도한다. 이때 꽃가루가 든 수술의 머리가 벌의 등에 마찰하면서 꽃가루 덩이가 붙게 되고, 이 수벌이 다른 곳으로 날아가 다른 용란의 꽃과 씨름을 하는 과정에서 꽃가루 덩이를 그 꽃에 전달하게 된다. 결국 수벌은 교미에 성공을 하지 못했지만, 용란은 꽃가루받이에 성공을 거둠으로써 종족 보전을 할 수 있게 된다.[9] 이렇게 식물은 소극적으로 종의 개체 수를 무수히 늘리는 데 주력하기도 하고 또 적극적으로 동물을 이용하여 생존을 이어가는 방법을 터득하기도 한다. 자연에서 사태가 이와 같이 복잡하고 미묘하게 전개되고 있다면, 언뜻 보기에 식물이 정지 상태에 놓여 있다고 해서 어찌 그들을 수동적 대상으로만 여길 수 있겠는가?

4. 폴 테일러의 생물 중심적 환경(자연)윤리

동물의 능력이 인간만은 못하지만, 그들도 고통을 느끼거나 자율적 생활을 갖고 있는 것으로 파악되고 있다. 그런데 식물도 동물만은 못하지만, 그들도 생존을 위해 치열한 몸부림을 치고 있는 것으로 확인할 수 있다. 다행스럽게도 슈바이처 박사가 생명체 일반을 아우르는 생명 외경 사상을 펼쳤고, 굿패스터는 도덕 공동체에 들어올 수 있는 필요충분조건으로 살아 있음을 설정하는 단계에 이르렀다. 바로 이런 생명사상의 연장에서 생물 중심적 환경윤리(biocentric environmental ethics)를 발전시킨 사람은 윤리학자 폴

9) 위의 책, 129-130쪽.

테일러(Paul Taylor)이다.

도덕적 행위자는 도덕적 판단을 내릴 수 있고 그에 따라 행동할 수 있는 존재이다. 이때 도덕적 행위자의 행동에 의해 이득을 보거나 피해를 입을 수 있는 존재도 있는데, 이런 존재를 도덕적 피행위자라고 할 수 있다. 통상적으로 도덕적 행위자의 집합을 인간 집합과 동일시한다. 이 견해는 모든 인간이 도덕적 행위자는 아니라는 사실과 인간은 아니지만 도덕적 행위자로 간주할 만한 존재가 있을 수 있기 때문에 거부된다. 예컨대 갓난아이나 어린이, 나을 수 없게 미친 성인 남녀, 정신적으로 극도로 지체된 사람들은 도덕적 행위자의 능력을 갖고 있지 못하다. 그리고 도덕적 행위자의 능력을 갖춘 지구 밖의 외계인이 있을 수 있고 돌고래나 침팬지도 그런 능력을 갖고 있다는 주장도 제기된다.

도덕적 행위자는 모두 도덕적 피행위자이지만, 도덕적 피행위자가 모두 도덕적 행위자는 아니다. 도덕적 피행위자는 도덕적 행위자가 지닌 능력을 결여하고 있지만, 도덕적 행위자가 의무로 여기는 도덕적 지위를 가질 수 있기 때문이다. 도덕적 행위자가 아닌 인간이나 인간 아닌 대다수의 동식물은 도덕적 행위자의 행동에 의해 이득을 보거나 해를 입는 것이 가능하다. 이때 도덕적 피행위자는 도덕적 행위 능력이 없다는 이유로 도덕적 행위자의 임의의 행동에 의해 피해를 입어도 되는가? 가령 유아나 정신 이상의 남녀에게 그들이 도덕적 행위자가 아니라는 이유로 피해를 끼쳐도 되는가? 이들에게 해를 입히는 행위는 도덕적으로 부당하다. 그렇다면 마찬가지로 동물 및 식물과 같은 생명체도 인간의 행동에 의해 이득을 보거나 피해를 입을 수 있기 때문에, 그들도 피해를 입지 않도록 도덕적으로 고려되어야 한다.[10)]

도덕적 피행위자란 도덕적 행위자가 질 의무와 책임의 수용 당사자로서 그들로부터 올바르거나 그릇되게 대우받을 수 있는 존재이다. 이런 존재는 인간에 의해 더 낫거나 더 나쁘게 조성될 존재 조건을 갖고 있는 것이 분명하다. 따라서 이런 존재인 생명체는 '자체적 좋음(good of its own)'을 갖는다고 말할 수 있다. 테일러에 의하면, "우리가 다른 존재에게 조회하지 않고서도 한 존재에게 어떤 무엇이 좋거나 나쁘다고 말할 수 있다면, 그 존재는 자체적 좋음을 갖는다"고 한다.[11] 다만 우리는 나비가 어떤 의도 속에 무엇인가를 선호한다고 말하는 것은 부적절한 표현일 수 있다. 나비가 다른 무엇을 좋거나 바람직한 것으로 고려한다는 의미에서, 나비가 무엇인가의 가치를 평가한다는 것을 아마도 우리는 단호하게 거부할 것이다. 그러나 일단 나비의 생명 순환을 이해하게 되고 그것이 쾌적한 상태에서 생존할 필요가 있는 환경 조건을 인식하게 되면, 우리는 주저 없이 나비에게 이익이 되는 것과 해가 되는 것에 대해 말할 수 있게 된다. 단순한 동물 유기체를 고려할 때도 그들에게 무엇이 이득이 되거나 해가 되는지, 어떤 환경적 변화가 그들을 이롭게 하거나 불리하게 하는지, 그리고 어떤 물리적 여건을 그들이 선호하거나 기피하는지에 대해 말하는 것이 생물학적 정보를 갖고 있는 사람들에게 완전하게 의미가 있다. 식물에게도 마찬가지이다. 도덕적 행위자가 아닌 유아나 정신 지진아에게 그들의 부모가 그들의 자체적 좋음에 대해 말하고 그 말에 따라 행동하는 것이 의미가 있는 것과 같다.

테일러에 의하면 생명체는 모두 '목적론적 생명 중심체(teleological center of life)'이기 때문에, 모든 생물은 자체적 좋음을 갖는다.

---

10) Paul Taylor, *The Respect for Nature*(Princeton, N.J.: Princeton University Press, 1986), Ch.1.

11) Ibid., p.61.

아리스토텔레스는 그의 생물학적 관찰을 토대로 모든 생물은 어떤 특징적인 목표나 '목적(telos)'을 향해 행동한다는 주장을 하였다. 테일러도 아리스토텔레스와 마찬가지로 각각의 종(species)은 그 종의 특정의 좋음을 결정하는 특징적인 본성을 갖는다고 주장한다. 다만 아리스토텔레스와는 달리, 이 본성은 그 유기체의 본질이나 영혼과 동일한 것일 필요는 없다. 테일러에게, 이 본성은 그 종에 의해 충족되는 생태학적 영역이나 기능과 흡사한 것으로 비춰지는데, 어쨌든 모든 종이 목적을 갖는다. 일반적으로 그 목적은 성장과 발달, 유지, 전파로서 생명 자체는 목적을 향하는 경향이 있다는 의미에서 방향적(directional)이다.

테일러의 '목적론적 생명 중심체' 개념은 레간의 '생활의 주체' 개념보다 더 포괄적인 것이다.

> 그것이 목적론적 생명 중심체라는 것은 이렇게 말하는 것이다. 즉 그것의 외적 활동뿐 아니라 그 내부 기능도 전면적으로 목표-경도적이어서 시간의 변화에도 그 유기체의 존재를 유지시키며 그 생물학적 운영을 성공적으로 수행케 하는 지속적 경향성을 가지고, 그럼으로써 그것은 변화하는 환경적 사건과 조건에 지속적으로 적응하고 그 종을 재생산한다. 그것을 목적론적 활동의 중심체로 만드는 것은 바로 그 좋음의 실현을 향해 전반적으로 방향 지워진 그 유기체 내의 이런 기능들의 정합성과 통일성 덕분이다.[12)]

물론 이렇게 표현한다고 해서 잘못된 의인화를 하는 것은 아니다. 구태여 그들이 의식을 갖고 있는 것으로 설정할 필요는 없다. 의식이 있든 없든, 모든 생명체는 그들 생명의 보존과 복지로 향하

---

12) Ibid., pp.121-122.

는 목표-경도적 활동들의 통합 체계라는 의미에서 평등하게 목적론적 생명 중심체이다.

다만 이때 주의해야 할 점이 있다. 테일러가 말하는 목적론적 생명 중심체로서 생명체가 갖는 자체적 좋음은 생물학적 좋음이지 윤리적 좋음은 아니다. 따라서 생명체가 자체적 좋음을 갖는다고 해서 곧바로 그 생명체가 도덕적으로 고려되어야 한다고 말할 수 없다. 왜냐하면 생물학적 좋음은 사실과 관련된 서술적(descriptive) 진술인 반면 윤리적 좋음은 가치와 연루된 규범적(normative) 주장이기 때문이다. 생명체에 대한 도덕적 존중을 마련하기 위해서 테일러는 생명체가 내재적 가치(inherent worth)를 갖는다고 한다. 한 생명체가 내재적 가치를 갖는다면, 그것은 그것이 가질 수도 있는 도구적 가치와 무관하게 그리고 어떤 다른 존재의 좋음에 참조할 필요가 없는 그런 본원적 가치를 소유하는 것이다.

다만 어떤 존재가 내재적 가치를 갖는다는 주장은 여기서 두 가지 도덕적 판단을 함축하는 것으로 이해할 수 있다. 첫째, 그 존재는 도덕적 관심과 도덕적 고려를 받을 만하다. 달리 말하면 그것은 도덕적 지위를 갖는 피행위자로 간주되어야 한다. 둘째, 모든 도덕적 행위자는 한 존재자의 좋음을 그 자체 목적(end in itself)으로서 그리고 그 존재자를 위해 보전하고 증진시킬 자명한 의무를 갖는다.[13)]

자체적 좋음을 갖는다는 것과 그것이 내재적 가치를 띤다는 것 사이에는 어떤 결속이 이루어져야 한다. 한 존재가 실제로 증진될 자체적 좋음을 가질 경우에만 인간은 그 존재의 좋음을 보존하거나 증진시킬 의무를 가질 수 있게 된다. 따라서 자체적 좋음을 가짐은

13) Ibid., p.75.

도덕적으로 고려될 수 있기 위한, 즉 내재적 가치를 갖기 위한 필요조건이다. 그러면 그것으로 충분한가? 충분하지는 않다. 생명체가 자체적 좋음을 갖고 있다고 해서 반드시 인간이 그 좋음을 해치지 말거나 그 좋음을 보존할 의무를 가져야만 하는 것은 아니기 때문이다.

한 존재의 자체적 좋음에서 도덕적 의무를 수반하는 윤리학의 내재적 가치 개념으로 이행하려면, 그것을 연결하는 다리가 필요하다. 이 다리를 통해 건널 때 비로소 자연주의의 오류에서 벗어날 수 있다. 즉 사실의 차원에서 곧바로 가치의 영역으로 넘어갈 수 없고, 또 다른 가치관적 조망인 다리가 놓여야 한다. 테일러는 톰 레간과 비슷하게 이것을 자연 존중의 태도(attitude of respect for nature)라고 보았다. 인간이 근본적으로 이런 태도를 취하게 될 때 자체적 좋음을 갖는 존재가 윤리적인 내재적 가치를 갖는 것으로 분별될 수 있다.

자연 존중은 더 기초적인 용어로 설명하거나 정당화할 필요가 없는 '궁극적인 도덕적 태도'로서 '자연에 대한 생명 중심적 조망(biocentric outlook)'이라는 믿음 체계에 의해 지지되거나 이해 가능한 것으로 설정된다. 테일러는 생명 중심적 조망을 형성하는 핵심 믿음을 네 가지로 보고 있다.14)

(1) 인간은 다른 생명체들이 지구 생명 공동체의 구성원인 것과 동일한 의미로 그 공동체의 구성원으로 간주된다는 믿음.

(2) 모든 생명체 각각의 생존은 이롭거나 해로운 변화를 포함하여 자신이 처한 물리적 환경에 의해 결정될 뿐만 아니라 또한 다른

14) Ibid., pp.99-100.

생명체와의 관계에 의해 결정된다는 의미에서 다른 모든 종과 마찬가지로 인간 종도 상호 의존적 체계의 통합적 요소라는 믿음.

(3) 모든 유기체 각각은 자기 방식대로 자체적 좋음을 추구하는 독특한 개체라는 의미에서 목적론적 생명 중심체라는 믿음.

(4) 인간은 다른 생명체에 비해 내재적으로 우월하지 않다는 믿음.

이와 같이 생명 중심적 조망을 이루는 믿음 체계를 수용하게 될 때, 비로소 자체적 좋음을 지닌 자연적 존재에게 도덕적 행위자가 의무를 갖게 된다.

테일러는 자연 존중으로부터 파생되는 일반적인 행위의 규칙을 크게 네 가지로 구분하여 논의를 전개한다.[15] 첫째, 악행 금지의 규칙(rule of nonmaleficence)이다. 이것은 자체적 좋음을 갖는 자연환경 속의 존재에게 해를 입히지 않을 의무이다. 예컨대 꽃을 꺾거나 동물에게 총을 쏘는 것 등이 이를 위반하는 경우다. 둘째, 불간섭 규칙(rule of noninterference)이다. 이것은 인간으로 하여금 개별 유기체의 자유에 제약을 가하는 것을 금지하는 것과 전 생태계의 진행 과정에 '손대지 말라(hands off)'는 정책을 요구한다. 셋째, 신뢰의 규칙(rule of fidelity)이다. 이것은 야생동물들이 인간에게 보여주는 신뢰를 인간이 깨뜨리지 말아야 하고, 속거나 오도될 수 있는 어떤 동물들을 속이거나 오도하지 말아야 하고, 동물들이 인간의 과거 행동을 토대로 가졌던 인간에 대한 그들의 기대에 부응해야 하며, 그리고 동물들이 인간에게 의지하게 되었을 때 인간이 동물들에게 알려졌던 대로의 인간의 의도에 충실해야 할 의무를 포

15) Ibid., pp.172-192.

함한다. 예컨대 덫 설치나 낚시 등은 이런 것을 위반하는 대표적 사례이다. 넷째, 배상적 정의의 규칙(rule of restitutive justice)이다. 이것은 도덕적 피행위자가 행위자에 의해 피해를 입었을 때 양자 사이에 정의의 형평성을 회복하려는 의무이다. 이 의무는 앞의 세 규칙이 위반될 때 인간과 생물 사이에 정의의 형평성(balance of justice)이 회복되어야 함을 요구한다. 다시 말해 인간 행위자나 인간 행위자 집단이 도덕적 피행위자인 동식물에게 해를 입혔거나 죽였을 경우, 그것이나 그 종의 다른 개체들에게 보상이나 배상을 함으로써 기울어진 정의의 추를 평형 상태로 되돌려야 한다는 것이다.

여기서 테일러가 말하는 생명 개념은 좁은 의미의 것으로 생물학적인 것이지, 공기나 물, 돌 등을 포함하는 생태학적 개념은 아니다. 이런 무생명체인 공기나 물은 도덕적 피행위자일 수 없으므로, 직접적인 도덕적 존중의 대상일 수 없다. 왜냐하면 이런 것들은 자체적 좋음을 갖지 못하므로, 도대체 바르게 또는 그릇되게 대우한다는 것이 아무 의미도 없기 때문이다. 생물학적 무생명체는 직접적인 도덕적 존중 대상이 아니다. 그러나 인간이 바다나 강에 대해 아무 의무도 지지 않는다고 해도, 바다나 강에 사는 수중 생명체에게 오염되지 않은 곳에서 살 수 있도록 하는 의무를 질 수 있다. 달리 말해 바다나 강이 그 자체로 도덕적 피행위자가 아니라는 사실에도 불구하고, 도덕적 행위자는 도덕적 피행위자에게 의무를 이행하기 위해 어떤 방식으로든 바다나 강을 대우할 수박에 없다. 마찬가지로 농약이나 산업폐기물인 중금속으로 대지가 오염되는 것, 공해로 하늘이 뒤덮이는 것, 모래언덕이 부식되는 것을 막도록 그리고 기암괴석의 자연 협곡이 보존되도록 요구받는다. 이 경우 엄격히 말해 대우받을 자격을 갖춘 것은 대지나 하늘이나 모래언덕이나 기암괴석이 아니다. 그런 것들의 변화에 영향을 받는 낱낱의 생명체를 도덕적으로 고려해야 하기 때문에 그렇게 대우하는 것이다.16)

5. 평 가

필자는 2장 2절의 [도표 1]에서 넓은 의미의 환경윤리를 인간 중심적 환경윤리와 자연윤리로 구분할 수 있다고 밝혔다. 그리고 자연윤리도 인도적 생태주의 윤리와 자연 중심주의 윤리로 구분했다. 그리고 또다시 자연 중심주의 윤리도 자연적 개체 중심주의 윤리와 생태 중심주의 윤리로 분류했다. 여기서 생물 중심주의는 동물 해방론이나 동물 권리론과 함께 자연적 개체 중심주의 윤리에 속하는 것으로서 좁은 의미의 생태윤리, 즉 인도적 생태주의와 생태 중심주의를 포괄하는 생태윤리와 대비되는 성격을 갖는다고 할 수 있다. 이제 이런 대조적 관점에서 생물 중심주의를 평가해 보자.

테일러가 전개한 생물 중심적 환경윤리는 동물은 물론 식물까지 포괄하여 모든 생명체에 대한 윤리적 존중의 지평을 열었다는 점에서 획기적이다. 그가 도덕 공동체의 영역에 살아 있는 생명체 모두를 배치했다는 점에서 슈바이처의 생명 외경 사상을 적극 반영한 측면이 강하다. 그래서 그의 견해는 넓은 의미의 환경윤리에 속하지만, 구체적으로 인간 중심주의를 넘어선 것이어서 자연윤리 (ethics for nature)에 속한다. 오늘의 인류가 생명을 지나치게 경시하는 단계로 접어들었기 때문에 이와 같이 자연에 귀를 열고 자연적 생명의 소리에 일정하게 귀를 기울일 필요가 있다고 보인다.

16) Ibid., p.18.

그러나 이런 생물 중심적 자연윤리를 반성적으로 평가를 하면 적지 않은 문제를 갖고 있는 것으로 볼 수 있다. 먼저 방법론의 시각에서 평가를 해보자. 서양에서 주류를 이룬 방법론은 개체론(individualism)이다. 그것은 우주나 지구와 같은 전체를 이해할 때 그것을 구성하는 요소 단위로 분석하여 낱낱의 성질을 파악하고, 그 모든 요소를 합하는 것으로 전체를 설명한다. 결국 주안점을 전체를 구성하는 요소 단위의 특성에 초점을 맞춘다. 이렇게 보면, 동물 해방론이나 권리론, 그리고 생물 중심주의 모두 개체론적 자연윤리에 속한다. 좀 더 구체화하면 자연적 개체 중심주의 윤리인 것이다. 동물 해방론은 하나하나의 개체 동물이 고통을 느낄 수 있다는 점에, 동물 권리론은 개별 동물들이 생활의 주체라는 것에, 그리고 생물 중심적 자연윤리는 낱낱의 동식물, 즉 생물이 자체적 좋음을 추구한다는 점에 초점을 맞추고 있기 때문이다.

자연적 개체 중심주의 윤리는 생태학이 드러내는 자연에 대한 이해와 배치된다. 물론 더 나아가 생태학에 대한 형이상학적 자연 이해에 기반한 생태주의와도 정면으로 상반된다. 자연과학의 생태학이나 사회과학의 생태론, 그리고 철학의 생태주의는 모두 개체론과 대비되는 전체론(holism)의 방법론적 이해에서 태동한 것이다. 전체론은 우주나 자연, 사회와 같은 전체가 요소 단위로 쪼개질 수 있다고 보지 않는다. 왜냐하면 전체는 구성 부분들로 이루어져 있지만, 그 구성 부분들이 유기적으로 서로 연결되어 있다고 여기기 때문이다. 이 견해가 옳다면, 유기적 연결이라는 관계성은 실재한다. 대표적으로 생태계의 먹이사슬 체계가 바로 이 관계성을 드러내준다. 이와 같은 전체론적 인식에 의해 태동한 생태 중심주의나 인도적 생태주의의 윤리는 모두 자연윤리이지만, 개체론적이지 않은 탓에 그저 생태윤리로 부를 수 있다.

이제 생태 중심주의이든 인도적 생태주의이든 전체론 성격의 생태주의 눈으로 조망하면, 개체론의 한계가 곧바로 드러난다. 가장 대표적으로 집합적 개념인 종이나 생태계는 고통을 느끼지도 않고, 생활의 주체도 아니며, 더 나아가 자체적 좋음을 갖는 생물학적으로 살아 있는 존재가 아니다. 따라서 생물 중심적 자연윤리가 첫 번째로 갖는 한계는 그것이 살아 있는 모든 생명체에 대한 존중을 꾀하려고 시도는 해도, 멸종에 처한 동식물 종이나 아름답고 수려한 자연경관에 대한 관심을 가질 수 없다는 것이다. 그런데 생태주의는 오히려 낱낱의 개체 생명체에 대한 존중을 시도하기보다 오히려 멸종 동식물 종과 생물 종 다양성이 구현된 생태계를 보전하는 데 더 우선적인 주안점을 둔다.

두 번째 한계는 더 치명적이다. 생물 중심적 자연윤리에 따를 경우, 인간이 산다는 것 자체가 불가능하게 된다. 동물 해방론이나 권리론은 그나마 채식주의로 이행할 수 있지만, 생물 중심주의는 식물까지 내재적 가치를 갖는 것으로 설정하고 있고, 이것은 식물을 윤리적 목적으로 대우를 해야 함을 함축한다. 그런데 인간이 어찌 식물의 생명조차 취하지 않으면서 살아갈 수 있겠는가? 원리적으로 인간의 생존을 불가능하게 만드는 생물 중심주의는 실천적 한계에 봉착할 수밖에 없다.

세 번째 한계는 두 번째 난점을 피하기 위해 테일러가 채택한 원칙에서 발견된다. 테일러 자신도 인간이 생존을 위해 또는 수용 가능한 문화시설을 조성하기 위해 불가피하게 동식물을 해칠 수밖에 없음을 승인한다. 그래서 이런 유형의 부정의를 바로 잡고자 배상적 정의의 원칙을 설정하고 있다. 예컨대 식량 생산을 위해 또는 주택이나 박물관과 같은 기초적 문화시설 구축을 위해 일부 동식물이 죽음을 당하게 될 때, 같은 종의 다른 개체를 각별히 보살피고 배려하는 것으로 의무를 다할 수 있다고 보았다. 그런데 이것은 내연의 관계에 있는 한 남성이 자신이 마음에 두고 있는 여성의 남편을 살해하고, 그에 따른 배상의 원칙에 의거하여 같은 종에 속하는 그 여성을 더욱 사랑하는 것으로 기울어진 정의의 원칙을 회복했다고 말하는 것과 다르지 않은 것이다. 이제 개체론에 근거한 환경윤리 모두가 우리가 직면한 환경문제를 바르게 푸는 데 실패하고 있음을 확인했다. 따라서 향후 새로운 대안으로 전체론에 바탕을 둔 생태주의 윤리로 이행하지 않을 수 없다.

제 10 장

가이아 가설과 생태윤리

1. 러브록과 가이아 신화의 새로운 부활

인간이 직면한 환경문제를 해결하기 위해서 생명 존중 사상이 요청된다. 앞서 슈바이처의 생명 외경 사상을 따르는 폴 테일러의 생물 중심적 환경윤리를 살펴보았다. 그것은 지구상에 존재하는 개체 생명에 대한 존중을 토대로 환경문제를 해결하는 해법이었다. 생물은 모두 목적론적 생명 중심체로서 살려고 애를 쓰기 때문에, 그런 개체 생명을 존중하게 되면 저절로 자연에 대한 보전으로 이어질 수 있다는 것이다. 그러나 개체 생명 존중론이 일정한 의미는 있어도 넓은 의미의 환경윤리에 썩 적합한 것이 못 됨을 확인했다. 그것은 크게 두 가지 한계를 지닌 것으로 파악되었다. 첫째, 동물은 물론 식물 생명까지 하나하나 존중하면서 인간이 살 수 있는 방도가 없다는 것이다. 둘째, 인간의 문화가 손을 대어서는 안 되는 아름답고 수려한 특정 생태계나 멸종에 처한 동식물 종에 대해 더 깊은 관심 속에 보전하도록 다가가야 하는데, 집합적 개념으로서 생태계나 종은 그 자체로 목적론적 생명 중심체가 아닌 탓에 직접적으로 이를 배려할 효과적 방도가 없다는 데 있다.

생명 존중 사상이 요청되는데 개체론적 생명관으로 해결할 수 없다면, 불가피하게 다른 방도를 모색하지 않을 수 없다. 우선적 대안으로 역시 서양에서 그리스 신화나 스피노자(B. Spinoza)의 범신론을 통해 비주류의 흐름으로 이어져온 전체론적 생명관으로 시선을 돌리지 않을 수 없다. 바로 이때 마주치게 되는 것이 제임스 러브록(James E. Lovelock)이 주창한 가이아 생명관이다. 과연 이것은 환경윤리의 해법으로 알맞은 것인지 분별할 필요가 있다.

러브록은 대기과학자로서 가이아를 발견하게 되는 결정적 계기를 맞이하게 된다. 그는 1961년 봄 NASA로부터 달 탐색선에 실어 보낼 실험 기기를 개발해 달라는 요청을 받는다. 이에 다른 NASA 연구원들과 함께 달 탐색용 실험 장치의 개발을 위해 연구하던 중에 더 매력적인 연구의 일을 맡게 된다. 그것은 화성을 비롯한 태양계 행성의 대기권을 분석할 수 있는 정밀한 기기의 개발에 관한 것이었다. 러브록은 달과 화성, 금성의 대기를 연구하는 과정에서 당연하게도 우리가 살고 있는 지구의 대기를 찬찬히 천착할 수 있는 기회를 갖게 된다. 그는 지구 탄생 과정에서부터 시작해서 지금에 이르기까지 대기의 변화를 연구하던 중에 기존의 과학계에서 생각할 수 없었던 가설을 떠올리게 된다. 물론 발상의 전환에서 기인하는 것이었지만, 그는 지구를 그리스의 여신인 가이아(Gaia)로 표현하게 된다. 그러나 이 표현은 지구를 살아 있는 여신으로 단순히 은유하는 것이 아니다. 지구상의 생물계(biota)가 생명체가 살기 알맞도록 무생물계와 상호작용을 함으로써, “지구의 생물들, 대기, 대양, 지표면은 모두 함께 한 복잡한 시스템을 형성하여" 하나의 생물로 간주되는 생명 실체라는 것이다.[1] 이렇게 해서 그리스 신화 속의 가이아가 과거에는 그저 상상 속의 이야기에 그쳤지만, 2,000년이 지나서 한 과학자에 의해 실제 살아 있는 존재로 거듭나게 되었다.

2. 가이아 가설과 지구 생명체

러브록이 1979년에 저술 『가이아(*GAIA*)』에서 지구 생명체론으로 압축되는 가설을 발표하자 기존의 과학계는 대단히 냉소적으로 반응하였다. 이에 대해 러브록은 1988년 후속 저술로 출간한 『가이아의 시대(*The Ages of GAIA*)』 서문에서 이렇게 항변하고 있다: "어찌된 영문인지 최근의 세상사는 갈릴레이가 기독교의 아집에 대항하여 싸울 때와는 정반대 방향으로 바뀐 듯하다. 자기만의 아집에 빠져서 헤어날 줄 모르는 것은 기독교가 아니라 과학계가 되고 말았다."[2] 어찌되었든 러브록의 생각은 과학계에 신선한 바람을 불어넣은 것만은 분명하다. 더 나아가 환경위기가 가속화하면서 더욱 주목을 받고 있다.

이런 러브록의 가이아 가설은 지구 대기에 대한 탐구에서 시작된다. 지구가 탄생하던 무렵은 대략 46억 년 전이다. 그 당시에는 태양도 어렸기 때문에, 지금보다 태양 에너지의 밝기가 30% 정도 적었던 것으로 추정된다. 지금에 비해 태양 에너지를 적게 받을 수

---

1) 제임스 러브록, 홍욱희 옮김, 『가이아: 생명체로서의 지구』(범양사, 1990), 14쪽.

2) 제임스 러브록, 홍욱희 옮김, 『가이아의 시대: 살아 있는 우리 지구의 전기』(범양사, 1992), 22쪽.

밖에 없던 지구는 비단 남북극만이 아니라 그 이하까지 상당한 규모로 얼어 있어야만 했고 이런 상황이 알베도 효과에 의해 더욱 심화되었을 것이다. 다시 말해 회색 얼음 덩어리의 양이 늘어갈수록 또다시 태양 에너지를 더 외계로 반사시킴으로써 지구는 생명체가 탄생할 수 없는 지경에 이르렀을 것이다. 그러나 그런 일은 발생하지 않았다. 묘하게도 온실효과를 나타내는 이산화탄소가 수증기와 함께 원시 지구상의 대기 주성분을 구성하고 있음으로써 지구가 차가워지는 것을 막았기 때문이다. 오늘날 지구 앞뒤의 행성인 금성과 화성의 대기 중 이산화탄소 비율이 각각 96.6%, 95.0%임은 지구에도 이산화탄소가 많았으리라는 것을 말해 준다.

반면 어린 태양이 완만한 곡선을 그리면서 지금과 같이 에너지를 방출하게 되는 상태로 이행하는데도 여전히 지구가 같은 농도로 이산화탄소를 대기 중에 끌어안고 있었더라면, 온실효과로 인한 온도 상승이 가중됨으로써 오늘날 금성과 같이 생물이 생존할 수 없는 사막화가 이루어졌을 것이다. 그런데 그런 일이 생물의 작용에 의해 발생하지 않았다는 점에서, 바로 이 시기를 즈음하여 가이아가 탄생한 것으로 여긴다. 대략 35억 년 전 지구상에 생명체가 처음 출현하였다. 지구 대기의 주성분이었던 이산화탄소가 산소로 바뀌게 된 데는 생물의 작용이 결정적이었음을 러브록을 비롯한 가이아론자들은 한결같이 지적한다. 특히 바다 속 미생물로서 핵도 없는 원핵생물이 출현하여 스트로마톨라이트(stromatolite)와 같은 퇴적물을 조성하고, 이후 산호 등도 물속에 녹아든 이산화탄소를 칼슘과 결합시켜 탄산칼슘($CaCO_3$)의 형태로 자신들의 뼈대로 저장했다. 오랫동안 무수히 이 과정이 지속되고 그리고 지각의 변화에 따라 이산화탄소의 저장소인 석회암 층이 내륙에도 형성되었다. 그 결과 이제는 이산화탄소 비율이 0.03% 정도로 낮아졌다. 오늘날과 같은 지구 여건이 형성되어 생명체가 살기 알맞게 된 데는 스트로마톨라이트와 산호초를 축적한 바다 조류와 광합성 작용을 하는 육상식물 등이 알맞게 대기와 상호작용을 한 덕택이었다고 말할 수 있다.

러브록은 지구 행성의 생물학적 구성원과 비생물학적 요소 사이의 상호작용적 공진화(co-evolution)에 대해 독특한 가이아적 조망을 내놓음으로써 대기과학의 새 장을 열었다고 할 수 있다. 그에 의하면, 지구 생명체가 생명이 살기 알맞도록 지구 여건을 능동적으로 변화시킨 경우는 흔하다. 이제 가이아가 공간적 및 시간적 경계를 갖는 생명 실체로 등장한다. 공간적으로는 지구상의 생물권을 비롯하여 대기권과 해양계, 암석권 등을 포함하며 그리고 시간적으로는 생물권이 "주위 온도를 적정하게 유지시키기 위해서 기온을 감지하고 대기 중의 암모니아 농도를 측정할 수 있는 그러한 수단을 발전시키는" 능동적 조절 시스템을 수행하는 시기에 가이아가 출현한다.[3] 적어도 가이아의 출현 시기는 지구상에서 생명체가 탄생되던 35억 년 전으로 거슬러 올라간다.

가이아의 생물권(biosphere)이 무생물계와 적절히 상호작용을 하면서 지구를 생명체가 살기 좋도록 만들었다면, 이것은 가이아가 특정 목적을 갖고 있다는 것으로 여길 수 있다. 실제로 가이아의 생물계가 생물계를 위하여 비생물계와 작용함으로써 지구를 안정적인 비평형 상태로 유지해 왔다고 해석될 수 있는 분위기를 적극 풍기고 있다. 이런 까닭에 기존의 많은 과학자들은 가이아 가설을 목적론적이라고 비판했다. 과학에서의 목적론적 해석은 과학적 이성을 거부하는 것이다. 그리고 그것은 자연의 객관성을 부정하는

3) 제임스 러브록, 『가이아』, 53-54쪽.

것으로 귀결된다. 따라서 가이아 가설이 목적론적으로 판명되는 순간, 과학 이론으로서의 지위를 잃어버리게 된다.

러브록은 가이아 가설을 목적론적이라고 몰아붙이는 도전에 대해, "아무런 예견이나 미래에 대한 계획이 없이" 생물계에 의해 지구가 효과적으로 통제될 수 있음을 컴퓨터 모의실험(computer simulation) 속의 데이지 행성(Daisyworld) 모형을 통해 보여준다.

데이지 행성이 처한 여건은 원시 지구에서와 마찬가지로 태양 에너지의 밝기가 지금보다 30% 정도 적은 상태에서 점차 늘어나며, 논의의 단순성을 위해서 그곳에는 데이지라는 국화과 식물이 짙은 색과 엷은 색의 두 종만 있는 것으로 간주된다. 원시 상태의 지구와 같이 태양의 복사열이 적어서 지금에 비해 상대적으로 기온이 낮은 까닭에 데이지의 성장은 더딜 수밖에 없다. 첫 번째 해에는 알베도 효과에 의해 빛을 잘 흡수하는 짙은 색의 데이지가 낮은 기온에도 제대로 적응하여 꽃을 잘 피우는 반면, 빛을 반사하는 엷은 색의 데이지는 점차 꽃을 피우지 못하고 죽어간다. 해가 거듭될수록 짙은 색 데이지 식물 주변은 온도가 올라가서 또다시 짙은 색의 데이지 성장을 촉진하는 반면, 엷은 색의 데이지 종은 갈수록 적어져서 적도 근처로 쫓겨 간다. 그런데 이런 현상이 반복되어 데이지 행성의 기온이 전체적으로 너무 높아지면, 지나친 고온으로 인해 짙은 색의 데이지가 씨앗을 맺지 못하는 단계에 이르게 된다. 바로 이 시기에는 주위 환경보다 자신의 체온을 낮게 유지할 수 있는 엷은 색의 데이지가 오히려 성장의 적기를 맞이하여 갈수록 잘 성장하게 됨으로써 점차 행성의 기온은 조금씩 낮아지게 된다. 물론 지나치게 낮아질 경우에는 또다시 역전되어 짙은 색의 데이지 식물에 의해 기온이 조금씩 높아져갈 것이다.

컴퓨터 모의실험을 통한 데이지 행성 모형에서 태양 빛의 밝기가 처음에는 약한 상태에서 점차 높아지는 상태로 변모하는 외부 여건의 변화에도 불구하고 생물이 자신의 환경과 상호작용을 함으로써 생물이 살기에 적절한 기온을 일정한 폭으로 유지할 수 있다는 것이 핵심이다. 러브록은 이 모형에 중간색의 데이지 종을 포함시키거나 또는 데이지들을 뜯어먹는 초식동물로서 토끼 종을, 그리고 토끼를 잡아먹은 육식동물인 여우 종을 추가할수록 기온의 변화 폭만이 아니라 대기나 해양, 지각, 산화 상태 등의 제반 변화 폭이 더욱 안정적이 됨으로써 주위 환경은 생명체가 살기에 좋은 여건이 조성된다고 말한다.[4)]

생태학자들이 이미 컴퓨터에 수학적 모형을 가미하여, 자연이 허용하는 범위 안에서 생물 다양성이 구현된 생태계가 그보다 덜 구현된 생태계보다 더 안정적이고 견고하다는 사실을 밝힌 바 있다. 러브록도 데이지 행성 모형을 토대로 비슷한 결과를 도출한 셈이다. 따라서 정상적인 조건 아래에서는 종의 다양성(species diversity)이 크게 실현되는 생태계일수록 외부 조건의 변화에도 불구하고 생태계의 안정성을 더 잘 구현할 수 있으며 일부 훼손에 대한 더 큰 복원력을 갖는다고 말할 수 있다.[5)] 환경을 보전하자는 노력이 생물 종 다양성에 집착하는 이유가 여기에 있다.

그러나 러브록이 데이지 행성을 상정한 주된 목표는 지구상의 생물권이 주위 여건의 변화에 능동적 작용을 하고 있다는 것을 드러내기 위함이었다. 특히 자신의 가설에 대한 목적론적 시비에 대해 데이지 행성 모형을 통해 이렇게 응수한다: "기후와 제반 환경 조건이 어떤 목적을 추구하는 시스템에 의해서 자동적으로, 그러나

4) 제임스 러브록, 『가이아의 시대』, 91, 98쪽.

5) G. Tyler Miller, Jr., *Living in the Environment*(Belmont, CA: Wadsworth Publishing Co., 1985), pp.78-79.

결코 의도적이지는 않게 통제된 결과라고 한다면, 그러면 가이아는 생물체가 빚어낸 가장 커다란 조형물이라고 말할 수 있다."[6]

미생물의 작용에 의해 이산화탄소가 적절하게 감소되었던 사건, 그리고 지금도 생물권에 필수적인 요오드 및 황과 같은 물질이 해양생물에 의해 직접 생산되고 대기를 통해 척박한 땅으로 이송되는 사건, 그리고 질소 고정에 이르기까지 한결같이 생물권이 생명체가 살기 좋도록 움직이고 있다. 데이지 행성 모형도 그것을 입증해 준다. 달리 말해서, "생물권은 시행착오를 거듭하면서 주위 환경을 조절할 수 있는 방법을 익히게 되었는데, 처음에는 비교적 넓은 범위 내에서 기온을 조절할 수 있었지만 점점 미세 조절이 가능하게 되어 결국 생물의 최적 성장에 요구되는 온도를 안정적으로 유지시킬 수 있게 되었을 것이다."[7]

항상성(homeostasis)은 생물체가 주위 환경의 변화에도 불구하고 생명 유지를 위해 자신의 생리적 상태를 일정하게 유지할 수 있는 능력을 일컫는 것이므로, "항상성은 생물의 총체적인 속성"이라고 말할 수 있다. 생물체가 이런 항상성을 유지할 수 있는 이유는 생물체가 자가 규제적이고 자가 조직적 시스템이기 때문이다. 그런데 생물권을 포함하는 "지구는 자가 조직적이고 자가 규제적인 시스템"이기 때문에 항상성을 유지할 수 있었고 또 그렇게 유지하고 있다. 그러므로 "지구는 살아 있는 존재", 즉 지구는 생명 실체이라는 것이 러브록의 최종적 결론이다.[8]

---

6) 제임스 러브록, 『가이아의 시대』, 81쪽.

7) 제임스 러브록, 『가이아』, 53쪽.

8) 제임스 러브록, 『가이아의 시대』, 55, 71쪽.

3. 가이아 생태윤리

가이아 가설은 생물이 살기에 적합하도록 생물계의 작용에 의해서 행성의 대기와 기후, 해양, 지각 등이 알맞게 조성된다는 것이다. 이것을 입증하기 위해 상정된 데이지 행성 모형에서도 실제 지구와 마찬가지로 태양 빛의 밝기가 변함에 따라 다양성이 증가하게 되고, 이어서 다양성의 증가는 생물량(biomass)의 증가뿐 아니라 지구 행성 표면을 조절할 수 있는 능력의 증가로 이어진다.

러브록은 가이아가 어떤 예견된 목적을 갖지 않고서도 지구를 조절할 수 있음을 사이버네틱 원리(cybernetic principles)로 나타낸다. 가이아에는 센서와 입력, 출력 그리고 증감이 나타난다. 안정성을 획득하기 위해서 출력은 오류를 교정하는 역할을 수행한다. 이때 오류 교정이 의미하는 바는 새로운 입력이 출력에 따른 변화를 보상할 수 있도록 그렇게 출력이 센서에게 어떤 방식으로든 되먹임(feedback)되어야 한다. 통상 양의 되먹임이나 음의 되먹임은 오류를 교정하는 기능을 수행한다.[9] 마치 인공지능 에어컨이 실내의 정보를 통해 자동적으로 찬 바람을 내보내거나 아니면 너무 추울 경우 꺼지도록 할 때, 입출력이 양의 되먹임이나 음의 되먹임을 수행하는 것과 같다. 이렇게 해서 실내 온도가 일정한 범위의 온도를 유지하게 되는 것과 마찬가지로, 러브록에 의하면 지구 탄생 후 지구상의 평균적인 지표면 온도가 섭씨 5도에서 50도 사이를 넘어선 적이 없다는 것이다.

살아 있는 낱낱의 유기체는 변화하는 주위 환경에 맞춰 자신의 체온을 조절하고 자신의 여건을 개선하는 방식으로 생명을 유지하

---

9) D. Sagan and L. Margulis, "The Gaian Perspective of Ecology", *The Ecologist* 13(1983), p.161.

고자 한다. 이때 의도적인 목적을 갖고 미래를 예견하며 주위 여건을 자신에게 맞도록 개선하는 그리고 스스로 변화되는 환경에 적응하는 생물도 있지만, 미래를 예견하는 목적의식을 갖지 않고서도 그렇게 하는 생물이 있다. 마찬가지로 가이아도 그런 경우에 해당한다. 이런 측면에서 가이아는 살아 있는 생명 실체라는 것이다.

그렇다면 우리가 가이아 가설을 사실로 받아들일 경우, 우리는 가이아를 어떻게 바라보고 대우해야 하는가? 특히 지구촌 환경 파괴가 날로 심화되어 위기를 촉발하는 상황에서 우리는 환경보전을 위해 가이아를 어떻게 대우해야 하는가? 우선 "가이아 가설은 자연 속을 산보하거나 또는 단순히 자연 속에 서서 그것을 들여다보면서 지구에 대하여 그리고 지구의 생물들에 대하여 감탄을 발하는 그러한 사람들을 위한 것이다." 그리고 더 나아가 "가이아 가설은, 자연을 반드시 우리가 정복하여야만 하는 본원적 힘을 가진 대상으로 간주하는 이제까지의 독선적 견해에 대한 대안이 될 것이다."[10] 이렇게 볼 때, 가이아 가설은 강력한 생태윤리로 인도하는 것으로 보일 수 있다. NASA가 후원하고 러브록에 의해 부활된 그리스의 여신에 대한 예우는 응당 종교적 수준의 도덕적 존중이어야 할 것 같다. 우리 인간이 그녀에게 잘못을 범한다면, 그것은 신성모독에 해당할 것이다. 우리는 마땅히 그녀에게 복종해야 하거나 적어도 경배해야 할 것이다. 그러나 러브록은 이런 형태의 인간의 자세에 대해 언급한 바 없다. 그가 보여주고자 한 것은 가이아 여신의 위대한 능력이었다. 다시 말해서 여신에 대한 인간의 경배와 책임, 의무를 언급하기보다, 여신의 위력에 대해 드높은 찬양을 한 편이다.[11]

---

10) 제임스 러브록, 『가이아』, 35쪽.

가이아 가설에 의하면, 지구의 여신 가이아는 다윈의 경우에 나타나는 변화하는 환경에 적응할 수 있을 뿐 아니라 능동적으로 생명 유지를 위해 변화를 도모하고 또 피해를 입은 지역을 복원할 수 있다. 적어도 수십억 년을 그렇게 유지해 왔다. 찬양 받을 만큼의 위대한 능력을 지니고 있다. 반면, "가이아의 세계에서 우리 인류는 단지 한 생물 종에 불과하며 이 지구의 주인이 아니며 또한 그 후견인도 아니다."[12] 인간이 발생시킨 오염도 인간 중심적인 개념이므로, 가이아의 맥락에서는 부적절한 표현이다. 지구 역사상 산소가 없던 시절에 대기 중의 산소 유입은 초유의 대기 오염 사건이었다. 그러나 여신 덕분에 인간을 비롯한 호기성 생물이 출현할 수 있었다. 여신을 얕보고 인간의 능력을 과신할 이유가 없다. 따라서 알도 레오폴드(Aldo Leopold)가 주창한 대지의 윤리와 같은 것은 불필요하다. 물론 레오폴드 이후 숱하게 쏟아져 나온 각양각색의 환경윤리도 거의 불필요하다. 자연을 보전하기 위한 인간의 책임과 윤리가 별도로 요청될 필요가 없다. 인간 자신의 안위를 걱정하는 것이라면 몰라도 지구와 자연을 구하기 위한 인간의 노력은 거의 요구되지 않는다.

가이아 세계에서 인간의 윤리적 의무와 책임이 별도로 요구되지 않는다는 것은 어디까지나 가이아적 관점에서 나온 것이다. 인간의 생존과 행위가 가이아에게 특별히 중요하지 않기 때문이다. 인간은 가이아의 세계에서 눈이나 두뇌의 역할을 하는 것도 아니다. 비하하자면 메탄가스를 공급하는 숱한 생물 종 가운데 하나일 뿐이다. 그런 인간이 무슨 짓을 해도 가이아의 생명력은 쉽게 손상되지 않

---

11) Anthony Weston, "Forms of Gaian Ethics", *Environmental Ethics* 9 (1987), p.219.

12) 제임스 러브록, 『가이아의 시대』, 48쪽.

는다.

다만 러브록에 따르면, "우리 인류가 생존을 계속하기 위해서는 우리들이 가이아의 범주 내에서 인간이 차지하고 있는 지역적 경계가 어디까지인지를 명백히 이해하고 있어야 하며, 또 여기에 대해 충분한 지식을 축적하고 있어야 한다는 것이다. 또 우리들은 범지구적으로 가이아의 건강을 유지시키기 위하여 꼭 필요한 핵심 지역들을 적절한 수준에서 보전해야 하며, 여기에 인류의 주도면밀한 보살핌을 잊지 말아야 한다."[13] 특히 가이아의 몸체 중에서 가장 중요한 부분들은 육지에 있는 것이 아니라 강의 하구, 늪지와 습지, 대륙붕의 진흙 바닥이므로, 이런 지역이 파괴되지 않도록 유의하면 될 것이다.

4. 가이아 생태윤리 평가

방법론적 개체론에 의거한 생물 중심주의는 낱낱의 동물이나 식물과 같이 개체 생명만을 생명체라고 여겨서, 그들에 대한 도덕적 및 법률적 대우를 통해 환경보전을 꾀한다. 그러나 그 개체론적 성격 때문에 종이나 생태계 보호에 적합하지 않는 측면을 드러낸다. 그렇다면 지구 자체를 전체 생명으로 보는 가이아론에 의거할 때 효과적인 자연보전이 가능한가?

환경론 및 생명론에서 개체론에 대립하는 것을 둘로 세분할 필요가 있다고 본다. 환경 논의에서 개체론적 접근에 문제가 있다고 여기자, 서양의 일각에서는 그것과 다른 길을 모색한다. 그 다른 길을 흔히 전체론(holism)이라고 한다. 이때 전체를 이루는 부분들

13) 제임스 러브록, 『가이아』, 207쪽.

이 단순히 합해져도 전체와 같지 않다거나 또는 부분들의 단순 합이 전체로 환원되지 않는다는 입장을 넓은 의미의 전체론이라고 하겠다. 필자는 이런 넓은 의미의 환경론적 전체론을 '유기체 전일론(有機體 全一論)'과 '유기적 전체론(有機的 全體論)'으로 구분하겠다.

유기체 전일론은 전체를 단일한 하나로 간주하는 것이다. 이 경우 전체를 부분들의 합으로 환원시키면 그 전체적 특성이 사라진다고 보기 때문에 개체론이 아니다. 말하자면 지구와 같은 전체를 한 유기체로 간주하는 입장이다. 서양에서 지구를 신으로 간주한 스피노자의 범신론이 여기에 해당한다. 그리고 그리스의 가이아를 전설에서 실재로 불러낸 가이아 가설 역시 이것에 해당한다.

반면 좁은 의미의 유기적 전체론은 전체가 부분들로 구성되지만, 그 부분들의 단순 합이 전체로 환원되지 않는 것은 물론 그 부분들이 서로 특징적인 성질을 가짐으로써 고유한 역할을 수행하되, 그 역할 수행이 서로 협력적이고 공생적인 역할을 수행한다고 여긴다. 따라서 전체를 이루는 부분들의 공생적 관계성이 유난히 중요한 것으로 간주된다. 그러나 그렇다고 해서 전체를 개체와 같은 단일한 실체로 보기를 거부한다. 예컨대 지구를 숱한 유기체와 무생명체가 고유한 역할을 수행함으로써 생명 에너지가 흐르는 대규모 장(field)으로는 간주하되, 그 장을 개별 유기체와 같은 생명 실체로 보지 않는다. 이런 견해는 지구를 단일 유기체로 보지 않고, 다만 그 부분들의 유기적인 관계가 얽히고설킨 장으로만 볼 뿐이다.

방법론적 전체론을 유기체 전일론과 좁은 의미의 유기적 전체론으로 구분한다면, 가이아 생태윤리는 전자에 의거한 것이다. 이런 유기체 전일론의 방법으로 지구를 조망하면, 거대한 하나로서 전체인 지구 생명체에 초점이 맞추어지기 때문에 생태적 지평에서 생태 중심주의(eco-centrism)로 이행하게 된다. 그래서 가이아 가설은 생태 중심주의 윤리로 나타난다. 반면 유기적 전체론의 방법으로 지구를 조망하면, 거대한 지구 그 자체가 부각되기보다 지구를 구성하는 다양한 생물 종과 종간의 관계성, 그 생명적 터전 등 연관성이 부상되기 때문에 일반적인 생태주의 지평에 놓이게 된다. 이렇게 생태주의 지평에 놓이게 될 때, 각 종의 특성과 연관성은 물론 자율성도 드러나게 된다. 이때 자연은 물론 인간의 생존과 자율성도 함께 중시될 때 비로소 인도적 생태주의의 지평도 열리게 된다.

가이아 가설은 유기체 전일론의 특성을 띠고 생태 중심주의의 견해로 표출되기 때문에 그것이 생명론으로 알맞은지, 또 환경론으로 얼마나 적합한지에 대해 살펴보자. 가이아 가설은 인간의 환경보전 노력에 적합하게 부응할 수 있는가? 그 자체로 썩 적합한 것은 아니다. 러브록에 의하면, 가이아의 세계에서 오염이란 언어적 표현 자체가 인간 중심적인 용어이다. 그에 따르면, "오염은 현대 기술 혁명의 가장 큰 종양이며, 이는 조만간 우리 인류의 생존까지도 위협하게 될 것이라고 믿는 사람들이 의외로 많다. 그러나 현재 수준의 산업 활동이나 또는 가까운 미래의 공업 발달이 가이아의 생명성을 전반적으로 위험에 처하게 한다는 판단을 뒷받침하는 증거는 사실상 대단히 적은 편이다." 오히려 가이아 가설에서 오염은 용인된다. "사실상 인류는 오염을 발생시킴으로써 생존할 수 있는 것이다. 우리 동물 가족들은 이산화탄소로써 대기를 오염시키고 식물 가족들은 산소로써 오염시킨다. 어느 한쪽의 오염은 곧 다른 한쪽의 먹이가 된다." 심지어 "현대인에게 가장 우려할 만한 문제로 부각되고 있는 핵 위협도 그것이 인류 개개인에게는 생사의 문제로 귀착되지만 가이아에게는 사소한 문제에 지나지 않는다."[14)] 이쯤되면 오염을 줄이거나 막자는 생태주의자들의 노력은 그야말로 공허한 것이 되고 만다.

러브록은 일반적인 인식과 달리 선진국이 몰려 있는 적도 위쪽의 북반구는 가이아의 관점에서 생명 유지에 핵심적인 지역이 아니므로 산업화가 진행되더라도 가이아의 생명 유지에 별로 영향을 끼치지 않는 반면, 후진국들이 몰려 있는 열대우림의 습지와 대륙붕은 가급적 손상되어서는 안 된다고 주장한다. 레이첼 카슨(Rachel Carson)이 『침묵의 봄』에서 경고한 DDT 남용도 "처음에 생각했던 것만큼 그리 대단한 것이 아니었으며, 또 그 독성도 쉽게 치유될 수 있는 것으로 밝혀졌다"고 언급하면서, 조심스럽게 이렇게 덧붙이고 있다. "우리들은 급진적인 환경 보호주의자들이 환경오염의 실제적 또는 잠재적 위험성에 대해 경고성의 발언을 행할 때 그들을 두둔해 줄 필요가 있다. 그러나 이러한 운동에 대한 반응에서는 우리들이 너무 과민해지지 않도록 자제해야만 할 것이다."[15]

전반적으로 가이아론은 인간의 환경운동과 양립하기 쉽지 않다. 왜냐하면 인간의 오염 행위는 가이아의 능력에 비추어볼 때, 별로 대수로운 것이 못 되기 때문이다. 예컨대 엘니뇨는 태평양 동서쪽의 현저한 수온 차이로 인해 1백 년에 한두 차례 발생하는 자연현상인데, 최근 지구 온난화로 인해 그 빈도가 늘고 위력이 더 심해지고 있다. 그런데 엘니뇨가 발생하면 비가 내리던 지역에 가뭄이 드는 반면, 사막에는 폭우가 내리기도 한다. 그래서 인도네시아 및 말레이시아 열대림에 가뭄이 들고, 그 태평양 건너편 페루 사막지대에는 폭우가 쏟아진다. 이때 가이아의 눈으로 보면, 별로 문제가 될 것이 없다. 페루 사막지대에 내린 비로 인해 그곳에서는 수십

---

14) 제임스 러브록, 『가이아』, 172쪽; 『가이아의 시대』, 64, 25쪽.

15) 제임스 러브록, 『가이아』, 182-183쪽.

년 만에 숨어 있던 씨가 발화하여 꽃이 사막 전체를 물들이는 장관을 연출하기 때문이다. 반면 인간의 눈으로 볼 경우, 늘 비가 많았던 지역에 가뭄이 들어 인간과 현존 동식물은 고난을 겪게 된다.

가이아론이 환경보전 노력을 어렵게 만드는 요인은 그것이 전일적 생명론이어서, 가이아의 안위 자체가 먼저 문제가 되지 인간의 안위는 부차적인 것으로 여겨지기 때문이다. 러브록이 가이아 가설을 통해 고무하고 찬양한 것은 지구 여신의 탁월한 능력이다. 이런 가이아의 능력에 비추어볼 때, 인간이 산업화 과정을 통해 끼치는 행위는 그렇게 크게 문제가 될 소지는 적다. 앞으로 인간의 각종 행위가 저질러지더라도 핵심 생명 기관인 열대림과 대륙붕을 크게 해치지만 않는다면 괘념할 바가 못 된다. 이것은 인간의 환경보전 노력을 무력하게 만든다는 문제를 낳는다. 또한 북쪽의 산업 행위를 보장하고 열대림이 있는 남쪽의 개발을 제한하는 결과를 초래하여 남북 간 빈부차를 더 조장할 뿐 아니라 환경문제의 본질을 오도할 수 있다. 따라서 가이아 가설은 인간의 환경보전 이론으로서 결코 좋은 것이 될 수 없다.

그 다음으로 가이아 가설에는 개체 생명들의 도덕적 지위와 관련된 또 다른 문젯거리가 있다. 동물 해방론이나 동물 권리론, 또는 생물 중심주의는 개별적인 동식물의 도덕적 지위 마련에 부심하다가 종이나 생태계와 같은 자연적인 집합적 존재의 도덕적 지위 마련에 실패했다. 그러나 가이아 가설에서는 오히려 개체 생명의 도덕적 위상 설정이 어려워진다. 가이아 가설에서 개체 생명의 가치를 평가할 수 있는 길은 없기 때문이다. 그뿐만 아니라 러브록의 동업자인 마굴리스(L. Margulis)에 따르면, 현재 존재하고 있는 종의 99% 이상이 지금 소멸 과정에 있고 또 그것이 자연스럽다고 보기 때문에 종에 대한 도덕적 지위 설정도 어려워진다. 중요시되는 것은 가이아 자체의 운명과 지구 생명의 항상성이므로, 여기서 개체나 종, 인간에 대한 논의는 부적절한 것으로 간주된다. 이것은 가이아론이 현 상태 그대로 인간이 선택할 생태윤리의 대안이 될 수 없다는 것을 함축한다. 결국 전일론적 생명론도 환경윤리에 썩 적합하지는 않다는 결론에 이르게 된다. 이것은 장차 유기적 전체론에 따른 생태주의가 유력한 대안이 될 수 있음을 시사한다. 필자가 동아시아 자연관에 기초하여 제시하는 기-생태주의가 그런 특성을 띤다.

5. 가이아 생명관의 평가

환경문제는 대체로 생명문제로 간주된다. 환경보전이 인간 생명이나 아니면 모든 생명에 대한 존중에서 비롯되기 때문이다. 그러나 엄격히 할 경우, 인간이 행하는 환경보전론은 생명보전론과 동치는 아니다. 왜냐하면 인간이 행하는 엄격한 생명보전론은 인간의 목숨 보전을 불가하게 만들기 때문이다. 인간이 다른 자연적 존재의 생명을 치열하게 지키면서 산다는 것은 불가능하다. 인간은 불가피하게 생명 유지를 위해 다른 식물이나 동물의 생명을 먹이로 삼을 수밖에 없다.

이제 가이아 가설을 생명체 문제로 접근해 보자. 지구는 과연 생명 실체인가? 러브록은 기존의 생명에 대한 정의를 일소하고, 새로운 생명 개념으로 다가간다. 생명체는 외부 환경 여건의 변화에도 불구하고 자신의 생명을 유지하는 항상성의 기능을 갖고 있다. 그런데 이런 항상성의 기능은 생명 스스로 자가 조직적이고 자가 규제적인 시스템이기 때문에 가능하다. 러브록은 이렇게 말하고 있다:

가장 작은 것으로부터 가장 큰 것에 이르기까지 모든 생물들이 갖는 특이한 속성의 하나는 그들이 어떤 목표를 설정하고 시행착오라는 사이버네틱 과정을 통하여 그것을 이룩하도록 노력하는 그러한 시스템을 개발하고 가동시키고 또 유지하는 능력을 소유한다는 것이다. 전 지구적 규모에서 가동되고, 또 그것의 목적이 생물체가 번성하도록 적절하게 물리적, 화학적 조건을 확립하고 유지시키기 위한 것임이 분명한 그러한 시스템을 발견할 수만 있다면 그것은 곧 우리들로 하여금 가이아의 존재를 명백히 인정하도록 하는 것이 되고도 남음이 있으리라.[16)]

사이버네틱스(cybernetics)는 살아 있는 생명체나 복잡한 기계에서 보이는 자가 규제 시스템의 연구 분야이다. 러브록은 지구가 이런 사이버네틱 시스템이기 때문에, 지구는 생명체라고 주장한다. 그의 주장을 다음과 같이 논증으로 정식화할 수 있다.

가-1) 어떤 것이 사이버네틱 시스템이라면, 그것은 개체 생물이거나 전일론적 생명체이다.
가-2) 어떤 것이 가이아라면, 그것은 사이버네틱 시스템이다.
가-3) 어떤 것이 가이아라면, 그것은 개체 생물은 아니다.

그러므로
가-4) 어떤 것이 가이아라면, 그것은 전일론적 생명체이다.

이 논증은 형식적으로 타당하다. 만일 전제 가-1, 2, 3)이 모두 참이라면 결론은 필연적으로 참인 형식이다. 그러면 전제는 모두 참인가? 아니다. 왜냐하면 가-1)이 거짓이기 때문이다. 즉 어떤 것

16) 위의 책, 89-90쪽.

이 사이버네틱 시스템이면서 개체 생명체도 전일론적 생명체도 아닌 것이 있기 때문이다. 러브록이 예로 들고 있는 것처럼, 고급 전기오븐이나 인공지능 에어컨이 사이버네틱 시스템이면서 생명체는 아니기 때문이다.

인공지능 에어컨은 사이버네틱 시스템이다. 그것은 일정한 온도, 예컨대 26도에 이르면 가동되면서 찬 바람을 내보낸다. 이제 적절하게 온도가 내려가면, 그래서 17도 이하가 되면 그것은 다시 꺼진다. 얼마 후 다시 온도가 올라가면 켜졌다가 온도가 지나치게 내려가면 다시 찬 바람을 내보내는 기능이 멈춰진다. 이렇게 자가 조직적으로 진단하고 규제적일 수 있는 것은 자동온도조절 시스템 때문이다. 그런데 26도가 되어서 켜졌지만, 찬 바람이 적절하게 채워질 때까지 방 안의 온도는 더 올라갈 것이다. 또한 17도가 되어 너무 추워질까 염려해 꺼졌지만 이미 냉기가 너무 돌아 그 이하로 온도가 내려갈 수 있다. 에어컨은 특정 "온도를 축으로 하여 상하로 몇 도의 범위 내에서 오르락내리락 하는 것이다. 온도 조절에서의 이러한 오차 범위는 실제로 모든 사이버네틱 시스템에서 보이는 중요한 특징이 된다. 마치 생물계 그 자체처럼 모든 물질적 사이버네틱 시스템들도 완벽을 추구하지만 결코 완벽에 도달할 수 없는 것이다." 인간의 경우도 마찬가지로 날씨가 추워지면 피부가 위축되고 더워지면 늘어나게 되어 열을 빼앗기지 않거나 또는 방출하는 생리체계를 갖고 있다. 그러면 생물 시스템과 무생물 시스템의 차이는 어디에 있는가? 러브록은 그 유일한 차이를 '복잡성의 규모'에 있다고 한다.17)

그러나 복잡성은 양으로 환산되는 정도의 문제이지 질적 문제가

---

17) 위의 책, 91-92, 108쪽,

아니기 때문에, 필자는 복잡하다고 해서 생명이고 복잡하지 않다고 해서 생명이 아니라고 말할 수 없다고 본다. 따라서 러브록의 생명론은 딜레마에 빠진 셈이다. 왜냐하면 고급 전기오븐이나 인공지능 에어컨을 생명이라고 하면, 그런 것들을 무생물 시스템으로 분류한 것에 모순되고 그리고 그런 것들을 무생명이라고 하면 논증 가-1)을 거짓으로 만들어 자신의 결론 가-4), 즉 지구는 살아 있는 거대 생명 실체라는 주장을 정당화할 수 없는 지경에 이르게 되기 때문이다.

이 딜레마에서 탈출할 수 있는 방도는 사이버네틱 시스템을 생명의 충분조건으로 간주하지 않고 필요조건으로 간주하는 것이다. 이 경우 무엇인가를 생명체라고 말하기 위해서는 또 다른 필요조건이 요구됨을 뜻한다. 이렇게 한다고 해도 이것이 러브록에게는 손쉬운 탈출구가 못 된다. 사이버네틱 시스템은 자가 규제적이고 자가 조직적이어서, 변하는 주위 환경에 능동적으로 대처함으로써 기온과 같은 여건을 항상적으로 유지하는 기능을 수행한다. 그런데 바로 이것이 가이아를 살아 있다고 주장하게 만든 요인이었다. 그런데 이것 이외에 또 다른 필요 요인을 덧붙이고자 한다면, 그것은 전통 생물학자들이 유전인자 DNA의 전파를 생명체의 한 필요조건으로 규정하여 가이아의 생명 실체설을 부정하려 했던 그런 자의적 길을 그 또한 취하게 됨으로써 그 스스로도 자신의 논지를 잠식하게 만들기 때문이다. 그러므로 필자는 가이아 가설은 환경론으로도써 적합하지 않으며, 생명론으로서의 설득력도 갖기 어렵다고 본다.

6. 평 가

전통적으로 생명체에 대한 이해가 존재한다. 그것에 따르면, 생물은 통상 주위 환경으로부터 물질과 에너지를 얻고, 환경에 반응 및 적응함으로써 자기 자신을 생존에 맞도록 조직화하며, 항상성을 유지하되, 무엇보다도 자신의 화학정보인 DNA를 자손에게 전하는 것으로써 번식하는 존재로 정의된다. 이런 정의가 아직 불완전한 것은 사실이다. 이런 상태에서 러브록이 제안한 가이아 생명체관은 획기적이었다. 다만 그의 정의 역시 불충분하다고 할 수 있다.

그뿐만 아니라 그의 가이아 생명관에서 직접 도출할 수 있는 생태윤리 접근도 생태주의자에게 마땅치 않다고 할 수 있다. 가이아 가설은 유기체 전일론에 해당하기 때문에 전체로서 하나의 지구에 중점적 초점을 맞추게 되고, 그런 점에서 지구를 구하는 노력을 전개할 때 생태 중심주의 윤리로 평가될 수 있다. 생태계의 복합적 총체인 지구 생물권 자체가 가이아 여신이고, 그것의 보전에 맞는 윤리적 접근이 이루어져야 하기 때문이다. 그런데 바로 이런 특성 때문에 지구를 구하는 데 매우 효과적일 수 있어도 지구에 거주하고 있는 인류는 정작 부차적인 지위로 밀려나게 된다. 인간이 자신의 물질적 탐욕을 위해 지구를 희생시키는 것은 문제지만, 그렇다고 해서 인류가 자신의 생존을 도모하지 못하면서 지구를 구하자는 것도 자가당착이다.

다만 러브록의 견해가 여러 측면에서 미흡하다고 해도, 그런 견해에 이르는 과정에서 그리고 그의 입장을 다르게 전환할 경우 매우 쓸모가 있음은 인정해야 할 것이다. 먼저 가이아 가설은 지구가 놀라울 정도로 탁월한 생명부양 여력을 가지고 있음을 드러내고 있는데, 이 점은 존중되어야 한다. 그동안 생태주의자가 지구를 지나치게 걱정했는데, 길게 보면 지구 자체를 우려스러운 눈으로 볼 필요는 없다. 지구가 동강날 정도의 동시다발적 핵전쟁만 벌이지 않는다면, 인간은 자신의 안위와 현재의 지구 생물 종에 대한 염려를 하는 것으로 시선을 전환해야 한다. 특히 러브록이 잘 드러낸 것처럼 자연이 허용하는 범위 안에서 생물 종의 다양성을 유지하는 것이 매우 중요하고 그리고 최대한 지구 생리체계의 심장부에 해당하는 대륙붕과 열대림에 대해서 더욱 각별하게 보전하는 노력을 기울일 필요가 있다.

또 다른 시각에서 보면 러브록의 가이아 가설은 그것이 지닌 여신에 대한 이미지로 인해 많은 생태 여성주의자(ecofeminist)에게 적극 호응을 받았다는 점을 간과해서는 안 될 것이다.[18] '대지의 어머니' 또는 여신 가이아는 하늘에 있는 초월적 남성 신이란 가부장적 개념과 대조되는 것이어서 많은 여성주의자의 공감을 샀다. 그뿐만 아니라 지구가 살아 있다는 주장은 지구에 대한 강한 애정을 갖게 함으로써 환경보전에 효과적일 수 있다는 견해도 표출되었다. 가이아 가설은 적어도 지구상의 생물계와 무생물계의 상호작용과 공진화를 강력하게 환기시킴으로써 기존의 자연 이해에 중요한 시사점을 제공하였다. 그렇다면 가이아 가설을 적절하게 변형해서 지구상의 인간의 안위까지 고려하는 생태주의 이념으로 변모시키는 것은 불가능하지 않다. 그런데 이미 심층 생태주의나 생태 여성주의가 부분적으로 이와 유사한 길을 개척하였기 때문에, 향후 그런 입장을 살피는 것으로도 충분하리라고 보인다.

18) M. Kheel, "From Heroic to Holistic Ethics", G. Gaard(ed.), *Ecofeminism* (Philadelphia: Temple University Press, 1993), p.251.

제 11 장

생태 중심주의 윤리

1. 새만금 갯벌의 가치

우리 땅 삼천리 금수강산은 점차 옛말이 되어가고 있다. 물질적 가치만이 중시되는 현대 사회에서 국토를 확장하는 정책이 펼쳐지고 그래서 삼천리에 변화가 생기고 있다. 그런데 문제는 국토개발에 따라 그토록 아름답고 수려했던 금수강산의 모습이 점차 자취를 감추고 있다는 사실이다. 우리나라는 삼면이 바다로 둘러싸여 있다. 이미 남한 쪽 해안의 대부분이 개발로 원형을 잃어버렸다. 특히 갯벌은 서해와 남해에 집중되어 있는데, 상당 부분이 간척으로 본래의 생태적 가치를 상실했다. 그나마 큰 규모를 자랑하면서 마지막으로 남은 곳이 새만금 갯벌인데, 2006년 3월 16일 대법원은 간척지 사업계획 취소소송에서 환경단체가 제기한 상고를 기각함으로써 최종적으로 이곳 갯벌에 대한 사형선고를 확정했다.

새만금 갯벌은 참으로 우여곡절을 많이도 겪었다. 세월을 거슬러 올라가면 1987년 대통령 선거를 앞두고 당시 민정당 노태우 후보가 호남의 표를 얻고자 이곳 개발을 공약으로 내세웠다. 그래서 1989년에 개발에 따른 사업 기본계획이 확정되었고, 마침내 1991년에 기공식이 이뤄졌다. 전라북도 군산에서 시작해서 김제를 거쳐 부안군에 이르는 광활한 갯벌에 장장 33km에 이르는 방조제를 쌓고, 그 안에 2만 8,300ha의 농업용 토지와 1만 1,800ha의 담수호를 조성하는 대역사(?)가 시작된 것이다.

환경단체가 대규모 갯벌의 간척을 뒤늦게 알아챈 것은 큰 불찰이었다. 그러나 어찌하겠는가? 다소 늦었지만, 간척의 불필요성을 적극 주장하였고, 1998년 감사원이 특별감사를 한 결과 일부 절차상의 문제가 드러났다. 그래서 1999년부터 1년 2개월에 걸쳐 민관공동조사단이 사업의 경제성과 수질 보존성 및 생태계 영향에 관련한 세 분야에 조사연구를 수행했지만, 정부 측의 개발과 시민단체 측의 보전 시각차를 전혀 좁히지 못한 채 팽팽하게 대립되는 견해 차이를 드러내었다. 이에 2001년 5월 국무총리 국무조정실과 청와대의 결정으로 재차 사업 추진으로 방향이 설정되었다. 이때도 역시 막후에서는 정치적 역학관계가 적극 고려되었다. 개발에 따른 물질적 혜택을 염원하는 전라북도 도민의 표를 정부와 여야 모두 강하게 의식한 것이다.

결국 무한 성장론으로 다수의 표를 부추기는 개발 지향의 정부와 자연보전을 염원하는 시민 사이의 갈등은 당사자 간 해결을 보지 못한 채 법리공방에 운명을 맡기는 형세로 내몰렸다. 이때 이미 비극은 예고된 것이다. 환경단체가 새만금 갯벌의 공유수면매립면허처분과 사업시행인가처분 무효를 확인하는 청구 소송을 내었고, 이것에 실낱같은 기대를 한 것부터 아직은 때 이른 망상이었다. 이

본안에 대한 재판 결과가 확정되기에 앞서서 한국농촌공사(전 농업기반공사)가 물막이 방조제 공사를 완료하여 사태를 기정사실화하려는 반민주주의 시도를 행했고, 이에 대해 역시 시민단체가 방조제 공사중지 소송을 내게 되었다. 다행스럽게도 2003년 3월 네 분의 성직자가 시작한 새만금 살리기 삼보일배 운동이 사회적으로 큰 반향을 불러일으키는 가운데, 2003년 7월에 서울행정법원이 방조제 밀어붙이기 공사 중지를 결정함으로써 다소 희망의 싹을 발견했다. 그러나 2004년 1월 서울고법은 역시나 공사 중지 결정 취소를 판시했다. 그리고 마침내 본안 소송과 관련해서 최종 권한을 가진 대법원이 상고를 기각하는 판결을 내림으로써 유구한 세월에 걸쳐서 형성된 새만금 갯벌은 역사의 뒤안길에서 사라져야 하는 비극을 맞이하게 되었다.

새만금 갯벌은 전라북도를 흐르는 만경강과 동진강이 서해 바다와 만나면서 형성된 2만ha의 광활한 지역으로서 세계 5대 갯벌의 하나이자 생태계의 보고로 손꼽힌다. 가이아 가설을 주창한 러브록(J. E. Lovelock)이 지구의 심장부 가운데 하나로 지목하면서 이곳을 훼손하면 인간 자신에게도 치명적이 될 것이라고 지목한 바로 그런 곳이다.[1)] 특히 새만금 갯벌이 다른 지역의 갯벌과 다른 것은 하구형 갯벌이라는 점이다. 이미 한강 하구의 인천권역, 금강 하구의 군산권역, 영산강 하구의 목포권역, 섬진강 하구의 광양권역, 낙동강 하구의 부산권역에 존재하던 하구형 갯벌 대다수는 사라졌다. 인근에 산업공단이 들어서거나 간척이 이루어졌기 때문이다. 그나마 유일하게 남은 곳이 만경강 및 동진강과 만나면서 넓은 지역으로 확산되어 있는 새만금 갯벌이다. 이런 하구형 갯벌은 민물과 바

1) 제임스 러브록, 홍욱희 옮김, 『가이아: 생명체로서의 지구』(범양사, 1990), 181쪽.

닷물이 만나서 새로운 형태의 생태계를 조성하는데, 민물 생태계와 해양 생태계를 잇는 생명의 보고가 된다.

갯벌 생태계의 주된 생산자 역할을 저서 규조류와 염습지 염생 생물이 담당하고, 이것은 먹이사슬 체계를 거쳐 숱한 생명체를 부양한다. 화석 종인 말뚝 망둥어를 비롯하여 숭어, 농어, 전어, 황복 등 어류와 백합과 동죽 등 패류, 낙지 등 연체동물, 새우 등 갑각류, 갯지렁이 등 환형동물이 생태계 일차 및 이차 소비자로 존재한다. 그래서 시베리아에서 사는 각종 도요새 부류와 물떼새 부류 등 조류가 겨울을 나기 위해 멀리 오스트레일리아와 뉴질랜드, 대만 등지로 가는데, 그 중간 기착지로서 새만금 갯벌에서 얼마간을 머문다. 물론 멸종 위기종인 저어새와 같은 조류는 이곳이 주된 서식지이기도 하다. 온갖 먹잇감이 풍부하기 때문이다. 그리고 생명체가 죽으면 이런 유기물을 처리하여 다시 무기물로 되돌리는 분해자로서 박테리아가 존재한다. 이렇게 하구형 갯벌로서 새만금 지역은 안정적이면서 복합적인 먹이사슬 체계가 작동하는 생물 종 다양성의 보고이다.

바로 이런 곳 인근에 인간이 문화를 구축하고 자연에 기대어 생존하고 있다. 인간이 자연으로부터 어류와 패류 등을 취하여 혜택을 누리는데, 이제 욕심이 하늘을 치솟을 정도로 과도해지고 있다. 한국농촌공사와 농림부는 간척을 통해 농지를 조성하여 국토를 넓히겠다고 달려들었고, 뒷전의 전라북도는 도시와 산업공단을 조성하여 더욱 생산성 높은 지역으로 변모시키겠다고 호시탐탐 기회를 엿보고 있다. 상당수 도민은 원님 덕에 나팔 분다고 개발을 하는 과정에서 중앙정부의 돈이 쏟아져 들어오면 어쨌든 전북 경제가 활성화되어 경제적 혜택을 볼 수 있을 것이라는 막연한 기대감을 갖고 있다. 상대적으로 전북 경제가 다른 곳에 비해 열악한 실정임을 감안하면 도민들 다수의 심정을 이해하지 못하는 바는 아니다. 그러나 언제까지 일방적으로 자연의 가치를 희생시키는 개발과 물질적 이익 추구에만 매달릴 것인지는 생각해 볼 문제이다.

여기서는 몇 가지로 구분해서 새만금 간척 문제를 천착해 보도록 하자. 첫째, 인간의 경제성 논쟁을 검토해 보자. 개발주의자는 간척을 통해 농지 또는 산업시설을 구축하는 것이 갯벌 그대로 두는 것보다 경제적으로 더 낫다고 주장한다. 반면 환경주의자 또는 일부 생태주의자는 현대인이 그렇게 좋아하는 경제성에 의해 개발계획을 좌절시키겠다는 불타는 의도 속에 갯벌의 경제적 가치가 더 크다고 주장한다. 예컨대 갯벌의 탁월한 정화능력과 어류 및 패류의 주산지 새만금이 갖는 경제적 가치가 경작지 논의 가치보다 월등히 크다는 사실을 찾아서 또는 통계 수치로 구성하여 제시한 바 있다. 이 과정에서 세계적인 전문 과학지인 『네이처(*Nature*)』 등에 실린 일부 논문을 근거로 내세웠다. 필자도 다소 이런 입장을 지지하는 편이다. 그러나 이런 경제적 접근에는 원천적 한계가 있음을 염두에 두어야 한다. 통계 처리 과정에서 어떤 자료를 입력하느냐에 따라, 또는 생태적 가치를 무리하게 양적인 경제적 가치로 얼마만큼 쳐서 환산하느냐에 따라 결과는 들쑥날쑥 달라지게 마련이다. 가령 그곳에 매우 생산적인 산업시설이 들어선다면, 계산할 것도 없이 개발이 경제적으로 더 효율적이고 효용 가치도 높다. 중요한 것은 돈이 전부가 아님을 자각하는 것이다. 경제적 평가 자체가 자연을 인간의 목적 달성을 위한 도구적 가치(instrumental value)로 여기는 전형적 태도이다.

둘째, 법적 행위를 검토해 보자. 법원은 기본적으로 사회의 쟁점 사안에 대해 내용상의 결정권을 갖는 권위일 수 없다. 법조인이 갯벌 생태계나 수질 정화 등과 관련해서 전문적 식견을 갖고 있지 않고, 또 철학자도 아니어서 자연의 윤리적 가치에 대해 마음의 눈으로 평가할 수 있는 입장에 있지도 않기 때문이다. 법원은 다만 현행 법률에 비추어서, 또는 그 법을 아우르는 헌법에 따라 정책이 진행되는 절차상의 문제에 대해 판별할 뿐이다. 담수호 수질이 시화호처럼 악화될 것이라는 시민단체의 주장이나 생태계에 어떤 영향을 줄 것이냐와 관련해서, 먼저 개발 추진 주체가 서류상으로나마 수질을 전폭적으로 개선할 수 있는 방도와 해양 생태계에 미칠 영향을 최소화하는 내용으로 개발안을 짜고 그리고 그 다음으로 적법한 행정절차를 밟아나가기만 하면, 법원은 이를 근본적으로 제동을 걸 입장에 놓여 있지 않게 된다. 다만 헌법에 환경권을 명시하고 있으므로, 개발로 인해 소송을 제기하는 시민이나 시민단체가 재산권이나 건강상의 침해 등을 명료하게 입게 되는지는 분별하게 된다. 그런데 이 사안은 공유수면 매립이어서 사유재산권 침해는 없고 또 당장에 누군가가 환경적 피해를 직접 입는다고 볼 수도 없다. 다만 기존에 공유지 바다를 이용해 온 어민의 기득권을 법이 보장하는 선에서 인정하고자 할 것이다. 그런데 이에 대해서도 정부가 다소간의 보상금을 지급하는 행정절차를 거쳤기 때문에 문제로 드러나지 않게 된다. 이렇게 보면 대법원 판결은 이미 예고되어 있었던 것이다.

그렇다면 앞으로도 다양한 형태의 환경파괴형 국책사업이 진행될 때 이런 유형의 귀결을 계속 수용해야만 하는가? 그럴 수는 없다. 그렇다면 어떻게 해야 하는가? 이제부터 구조적 문제 해결을 준비하지 않으면 안 된다. 그러려면 가장 중요하게 두 가지 차원으로 진행해야 한다. 첫째는 자연을 바라보는 가치관과 태도를 근원적으로 바꾸어야 한다. 자연을 경제적으로 평가하는 시각은 자연의 도구적 가치만 승인하는 것이다. 이런 도구적 가치관을 넘어서지 않는 한은 개발과 보전의 논쟁에서 승리는 늘 전자에 있게 된다. 그래서 이를 넘어서야 한다. 이때 두 가지 새 지평이 조성된다. 하나는 자연에서 인간과 마찬가지로 목적으로 대우하는 내재적 가치를 식별하거나 아니면 자연과 인간이 상생하는 호혜적 가치(고유한 가치 또는 온가치)를 식별하거나 둘 가운데 하나이다. 앞의 입장은 생태 중심주의 가치관이고 뒤의 입장은 인도적 생태주의 가치관이다. 어느 것이든 자연의 비도구적 가치가 승인되기 때문에, 정책적으로 인간만을 위한 것은 배제된다. 그리고 두 번째 차원에서는 자연 그 자체를 위한 것이거나 또는 인간과 자연이 상생하는 생태적 문화의 지평을 여는 과정에서, 이런 유형의 가치관을 헌법과 법률, 정책 등에 반영하도록 하는 것이다. 이렇게 자연에 대한 가치관과 의식체계, 사회제도, 그리고 생활양식까지 전면적으로 변화시키는 노력을 하게 될 때, 새만금 사건을 교훈으로 삼아 생명위기를 극복하는 지혜로운 해법에 도달할 수 있을 것이다.

2. 생태 중심주의와 자연의 내재적 가치

전통 윤리학에 따르면, 가치는 사실과 달리 정신을 가진 인간의 산물이다. 이런 입장에 서게 되면, 인간 중심주의가 전형적으로 보인 바와 같이, 가치와 무관한 것으로 존재하던 자연에 인간의 손길이 미칠 때 비로소 가치가 설정된다. 즉, 가치는 인간이 자연에 부과한 선물인 셈이다. 그래서 금강산이나 알프스와 같은 생태계는 아름답다고 평가되고, 그랜드캐년과 같은 생태계는 장엄하다고 평가되며, 남아프리카공화국의 다이아몬드 광산은 경제적으로 수지맞는 곳으로 평가된다.

바로 이런 전통 윤리학의 가치 평가에 선명하게 도전한 학자가 있었다. 바로 롤스톤(Holmes Rolston, III)이다. 그는 자연의 가치가 인간에 의해 부여된 것이 아니라 자연에서 인간이 발견한 것일 뿐이라고 본다. 즉, 인간이 자연에서 가치를 발견할 수 있도록 자연이 오히려 가치를 투영(projection)한 것이라고 주장한다.[2] 이것은 일종의 코페르니쿠스적 전환이다. 이분법적 분리주의 사유체계는 주체와 대상을 구분한다. 평가하는 의식을 지닌 인간은 스스로 주체가 되어 대상인 자연을 도구로 간주한다. 그래서 자연은 도구적 가치로만 평가된다. 이때 인간은 평가하는 주체인 탓에 목적으로 간주되고, 그런 존재만 가치의 출처로서 본래부터 그 안에 구비되어 있는 내재적 가치(intrinsic value)의 존재로 우뚝 선다. 롤스톤은 이런 전통적 사유체계를 뒤집어서 자연이 내재적 가치를 갖는다고 주장한다.

자연에 존재하는 모든 존재는 각각 자신의 생존에 유리하도록 특성화된 능력을 구비하고 있다. 예컨대 독수리는 인간보다 멀리 선명하게 바라봄으로써 먹이를 찾고, 단숨에 달려가 날카로운 부리로 낚아챈다. 빠르기가 날렵한 치타는 물론이거니와 아프리카 양인 가젤도 다른 맹수류에게 쫓길 때 인간보다 빨리 달린다. 늑대도 인간의 추리에는 못 미칠지언정 소떼를 공격할 때 늙은 사향소를 분리시켜 사냥을 효율적으로 수행한다. 심지어 식물인 끈끈이주걱이나 습지명지초는 동물을 교묘하게 유인하여 잡아먹기도 한다. 모든 동식물이 나름대로 다른 것에 비해 우수성(superiority)을 갖고 있다.

자연의 유기체가 갖는 능력은 자신에게 알맞은 생태적 터전(niche)에서 진화한 것으로 자신에게 좋은 것이다. 그래서 모든 유

---

2) Holmes Rolston, III, *Environmental Ethics*(Philadelphia: Temple University Press, 1988), pp.113-114.

기체는 그 종의 좋음(good of its kind)을 갖는다. 그것들은 그것들 자신의 종을 좋은 것으로 유지한다. 이때 종의 좋음을 지닌 모든 유기체는 좋은 것이며 그럼으로써 가치를 갖는다.

아리스토텔레스(Aristoteles)는 자연적 존재의 변화를 네 가지 요인으로 설명한 바 있다. 질료와 형상, 작용, 목적 요인이 그것이다. 예컨대 도토리는 어떤 질료로 구성되어 있고, 적절한 생태적 여건이 조성되면 그것에 고유한 종의 형상(idea)을 목적으로 구현하는 작용을 함으로써 마침내 새가 찾아들 정도의 상수리나무로 성장한다. 마찬가지로 각 유기체는 형상을 이루는 종의 좋음을 목표로 구현하는 작용을 수행하여 자신의 생명을 유지하고 또 자신의 종을 전파하는 번식에 성공을 거둔다. 여기서 자연의 유기체가 갖는 내재적 가치는 본시 종에서 온 것이기 때문에 종이 내재적 가치를 갖는 것으로 분별된다. 그리고 더 나아가 생태계는 각 생물 종이 현재 상태를 유지하는 기반(matrix)이 된다. 그래서 생태계도 내재적 가치를 갖는 것으로 발견된다. 이것은 마치 그림 맞추기 퍼즐과 같다. 예컨대 산수화를 이루는 그림 퍼즐에서 한 조각은 개별 유기체이고, 그런 조각 여럿이 모여 무리를 이루는 것은 종이 되고, 또 더 많은 다양한 조각이 모여 단위 생태계를 구성하며, 그리고 그런 생태계가 복합적으로 중첩되면서 자연이 된다. 이렇게 보면 한 유기체의 내재적 가치는 종에서 온 것이고, 종의 것은 단위 생태계에서 나온 것이며, 단위 생태계는 전체로서의 자연이 갖는 내재적 가치에서 출현한 것이다. 자연이 생명과 가치의 샘(fountain)인 것이다.[3] 물론 별이나 행성, 달, 그리고 돌과 강, 협곡, 바다 등도 전체적인 투영적 체계의 한 조각으로 가치를 갖는다.

---

3) Ibid., p.197.

인간은 이렇게 우주와 자연에서 투영되는 것을 이름하여 가치라고 부른 것일 뿐이다. 따라서 인간만 목적으로 대우를 받을 내재적 가치를 갖는 것이 아니라 인간을 비롯하여 모든 자연적 존재를 탄생시킨 자연과 거기서 나온 온갖 동식물 종과 개별 유기체 역시 내재적 가치를 지닌다. 그런데 이런 자연의 가치는 폴 테일러가 낱낱의 생물에게서 찾아낸 생명 가치와 대비된다. 전자는 전체론적(holistic) 가치라면 후자는 개체론적(individualistic) 가치이기 때문이다. 따라서 롤스톤의 견해는 전체론적인 생태 중심주의 윤리(ethics of eco-centrism)로 우리를 인도한다.

3. 심층 생태주의와 인간의 책임

전체론적 환경윤리로서 생태 중심주의를 대표하는 입장이 심층 생태주의(deep ecology)이다. 근원적으로 자연의 미와 숭고함을 예술적인 언어로 승화시켜 표현한 소로(H. D. Thoreau)와 뮤어(J. Muir), 로렌스(D. H. Lawrence), 제퍼스(R. Jeffers), 그리고 헉슬리(A. Huxley) 등의 문인이 선창했다. 이념 및 세계관과 관련해서는 서양의 스피노자(B. Spinoza) 범신론과 동양의 노장사상, 선불교 등도 심대한 영향을 끼쳤다. 이런 흐름을 이론적으로 집약하고 또 창조적으로 개척한 사람은 스피노자를 전공한 노르웨이 철학자 네스(Arne Naess)였다. 그리고 이후 사회학자 드볼(B. Devall)과 철학자 세션스(G. Sessions)가 참여하여 정교하게 갈고 다듬는 작업을 수행했다.

심층 생태주의란 표현 자체는 네스가 1973년에 세계적인 철학지 『인콰이어리(*Inquiry*)』에 실은 논문에서 처음 사용했다. 거기서 네스는 공해성 오염과 자원고갈 문제에 맞서서 이를 해결하고자 선진국의 선구자들이 노력하는 운동을 표피 환경주의 운동(shallow ecology movement)이라고 불렀다. 왜냐하면 이런 운동은 선진국 시민의 물질적 풍요를 유지하면서 환경상의 건강을 안전하게 지키려는 시도에 불과했기 때문이다. 여기서 자연은 인간을 위한 환경 이미지에 불과할 뿐이었다. 반면 그는 환경 위에 존재하는 인간 이미지를 거부하고, 자연을 관계적인 전체적 장의 이미지(relational, total-field image)로 보는 것을 선호하면서, 원리상의 생물권 평등주의(biospherical egalitarianism)를 적극 주창하였다. 즉, 모든 자연적 존재는 "살고 그리고 활짝 피어날 수 있는 평등한 권리"를 갖고 있는데, 이것은 "직관적으로 뚜렷하고 명석한 가치 공리(value axiom)"인 것이다.4)

생물권 평등주의에서 유기체는 "생물권 망이나 내재적인 관계적 장의 매듭"으로 존재하는데, 인간도 그 가운데 평범한 하나일 뿐이다. 이런 표현은 동양사상에 매료된 문인의 것에서 착상을 얻은 것으로 보인다. 그리고 서로 이어주는 관계성 없이 개별 유기체가 존재할 수 없다는 생각은 생태학(ecology)에서 유래한 것이다. 다만 자연과학의 생태학은 전통 생물학의 기술과 달리 자연이 관계적이라는 사실을 전해 줄 뿐이다. 네스는 과학적 생태학을 넘어서서 가치에 대한 이해를 바탕으로 인간의 강력한 실천을 요구하는 규범과 철학으로 이행하여 최종적으로 생태주의(ecology)로 나아가야 한다고 보았다.5) 그런 점에서 생물권 평등주의는 다른 것에 가치를 부

---

4) Arne Naess, "The Shallow and the Deep, Long-Range Ecology Movement. A Summary", *Inquiry* 16(1973), pp.95-96.

5) Ibid., pp.98-99. 'ecology'는 여러 가지 의미를 지니므로 그 내용에 따라 적절하게 번역어를 채택해야 한다. 자연과학의 사실 기술에 그칠 때 생태학으로 번역된다. 반면 사회과학의 설명과 다소간의 의미 부여가 이루어지는 이론으로 다루어질 때 생태론으로 번역할 수 있다. 그리고 규범적 가치에 바

여하는 출처이면서, 그것은 다른 무엇에 의해 근거가 지워지는 것이 아닌 최초의 출발점인 가치 공리인 것이다. 유클리드 기하학에서 "두 점 간의 최단 거리는 직선이다"는 것이 최초 출발상의 공리 가운데 하나이고, 이런 공리로부터 각종의 정리와 명제, 공식, 정답이 도출되는데, 네스는 생물권 평등주의를 기하학의 공리와 같은 지위로 설정한 것이다.

네스는 이어 1976년에 노르웨이에서 『생태주의, 공동체, 생활양식(*Ecology, Community and Lifestyle*)』이란 저술을 출간하는데, 이것의 영어판은 1989년에 나온다. 여기서 자신의 고유한 생태철학(Ecosophy)을 개진하면서, 생물권 평등주의를 다소 뒤로 밀어내고 '자기실현(self realization)'을 궁극적인 최고 규범으로 제안했다.[6] 이것은 개체론의 분리 과정을 역으로 밟아가는 경로를 취함으로써 유기체 전일론에 이르는 길이다.

전통의 인간 중심주의는 전체인 자연에서 개인에 이르는 개체론적 분리를 수행했다. 지구 자연을 생명체와 무생명체로 구분한다. 생명체는 동물과 식물로, 동물은 인간 종이 속한 포유류와 그렇지 않은 것으로, 포유류는 인간 종과 인간 종이 아닌 것으로, 그리고 인간 종은 백인과 유색인종으로, 백인은 남성과 여성으로, 남성은 지배계급과 피지배계급으로, 그리고 선진국 남성 지배계급에서 마지막 분리가 수행되어 마침내 '자아(ego)'를 지닌 개체로서의 나에 이른다. 그래서 인간인 나를 피라미드의 정점에 두려는 사투가 무

탕을 둔 이념으로 해석되어 새로운 대안사회를 모색하는 것으로 간주될 때 생태주의로 확대 번역할 수 있다. 그래서 생태주의에 해당하는 것으로 아예 'ecologism'을 쓰는 경향도 늘어나고 있다.

6) Arne Naess, D. Rothenberg(tr. & rev.), *Ecology, Community and Lifestyle* (Cambridge: Cambridge University Press, 1989), p.84.

한 경쟁이라는 이름 아래 시도된다.

심층 생태주의는 오늘의 환경위기의 뿌리로 인간 중심주의 세계관과 가치관을 지목하여 이를 비판한다. 이에 네스는 개체론적 분리의 역순을 밟아 전일론적 통합으로 나간다. 그것은 동일화(identification) 과정을 거치면서 속 좁은 나와 자아를 넘어서는 것이다. 청년이 되면 연인을 맞이하게 되고, 이때 상대방을 호칭하는 표현이 자기(self)이다. 자기란 본래 내 몸을 가리킨다. 그런데 연인에 대한 사랑의 감정이 싹트면, 감정이입을 통해 타자였던 연인이 나와 하나로 간주된다. 그리고 결혼을 하여 자식을 낳고 내 가족이 된다. 네스는 이 좁은 나와 가족의 지평을 넘어서고자 한다. 그래서 내 친척, 내 이웃, 내 고향, 내 민족 그리고 더 나아가 우리 인류는 하나임을 확인한다. 전통적인 철학은 여기에서 머물렀다. 인류 전체를 포괄하는 자기실현의 실체를 '보편적 자기'나 '절대자', '절대정신', '우주아' 등으로 불렀다. 간혹 아프리카 일각에서 기아로 곤경에 처해 있다는 소식이 들릴 때면 세계적인 유명가수들이 함께 모여 '우리는 하나(we are the world)'라는 합창 소리로 인도주의를 외치는 것도 바로 이런 연유이다. 그런데 네스는 이 마지막 단계도 훌쩍 뛰어넘어 모든 자연적 존재, 즉 동식물은 물론 강과 산, 해양, 대기, 토양을 포괄하는 지구 전체로 확장을 시도한다. 이렇게 탄생한 것이 '큰자기(Self)'이고, 이것을 개체로서의 인간인 나를 존중하듯이 대하는 것이 큰자기실현이다.

심층 생태주의자 드볼과 세션스는 자연의 아름다움을 예찬한 문인에서 시작해서 네스에 이르기까지 큰 흐름을 세심하게 집약하는 작업을 수행했다. 그래서 1985년에 『심층 생태주의(*Deep Ecology*)』라는 저술을 출간하기에 이르렀다. 먼저 자연 위에 군림하면서 자연을 인간을 위한 자원으로만 보는 인간 중심주의 지배적 세계관을 비판했다. 그것은 자원이 풍부하다는 믿음 속에 첨단 과학기술을 통해 소비를 촉진하는 것이기 때문에 환경위기의 주범이라는 것이다. 반면 심층 생태주의는 자연이 평등한 내재적 가치를 갖고 있고, 지구가 제한된 산물을 공급하기 때문에 인간이 비재배적 과학과 적정 기술을 통해 충분히 일을 하고 재활용을 함으로써 자연과 조화를 이루어야 한다고 보았다.[7)]

드볼과 세션스는 네스를 좇아 심층 생태주의가 자기실현과 생명중심적 평등이라는 두 가지 궁극적 규범을 갖는다고 주장했다. 자기실현은 인간인 나와 자연이 하나라는 것을 일깨워주고, 그리고 생물 중심적 평등의 직관은 생물권의 모든 존재가 살고 활짝 피어날 수 있는 평등한 권리를 갖는 것으로 자각하게 해준다. 그래서 내가 살 권리를 갖고 있듯이 너도 살 권리를 가지며, 환경위기에 직면하여 "우리 모두가 구제되기 전에는 아무도 구제될 수 없다"고 선언한다.[8)]

심층 생태주의 의식이 지구촌 환경재난의 가속화와 더불어 심화되고 있을 시기인 1984년에 네스와 세션스는 캘리포니아 데스밸리(Death Valley)에서 야영하면서, 지난 15년 간의 운동 흐름을 압축하는 8개 항의 원칙(실천 강령)을 발표했다.[9)]

심층 생태주의 기본 원칙

(1) 인간과 인간 이외의 존재인 지구 생명의 생존과 번성은 본래적 가치(같은 말로, 내재적 가치, 고유한 가치)를 갖는다. 이런 본

---

7) B. Devall & G. Sessions, *Deep Ecology*(Salt Lake City: Peregrine Smith Books, 1985), p.69.

8) Ibid., pp.66-67.

9) Ibid., p.70.

래적 가치는 인간의 목적을 위하여 인간 이외의 세계를 사용하는 것에 독립해 있다.

(2) 생명 형태의 풍부함과 다양성은 이런 가치 실현에 기여하고 그리고 또한 그것이 본래적 가치를 지닌다.

(3) 인간은 자신들의 생기적 필요(vital needs)를 만족시킬 때를 제외하고 생명 형태의 풍부함과 다양성을 감소시킬 어떤 권리도 갖고 있지 않다.

(4) 인간의 생활과 문화의 번성은 인간 인구의 실질적 감소와 양립한다. 인간 이외 생명의 번성은 인간의 인구 감소를 필요로 한다.

(5) 현재의 인간이 인간 이외의 세계에 간섭하는 것이 지나치며 그리고 그 상황은 빠르게 악화되고 있다.

(6) 이에 정책의 변화가 요청된다. 이런 정책 변화는 기초적인 경제적, 기술적, 이데올로기적 구조에 영향을 끼친다. 그 결과 초래되는 상태는 현재와 근본적으로 다를 것이다.

(7) 이데올로기적 변화는 점증하는 더 높은 생활수준에 집착하는 것이 아니라, 주로 (고유한 가치 상황에 놓인) 삶의 질을 제대로 이해하여 변경하는 데 있다. 큰 것과 위대한 것 사이에는 심오한 의식의 차이가 놓여 있다.

(8) 앞 조항들을 승인하는 사람들은 필요한 변화를 이행할 직·간접의 의무를 갖는다.

폭스(W. Fox)는 심층 생태주의의 통찰을 비유로 설명하면서, 인간을 포함하여 지구 생명 공동체의 모든 존재가 생명나무에 매달려 있는 것으로 간주한다.[10] 생명나무는 커다란 줄기에 수많은 가지를

10) W. Fox, *Toward a Transpersonal Ecology*(Boston: Shambhala, 1990), p. 261.

뻗고 있고, 각 가지는 한 생물 종을 뜻한다. 여기서 인간 종도 생명나무의 한 가지에 불과하며, 나는 가지에 달린 무수한 잎 가운데 하나일 뿐이다. 나의 생명은 가지의 건강성에 의존하고, 인간 종의 생존도 나무 뿌리와 줄기의 생명력에 의존한다. 인간 종의 그릇된 행위로 인해 다른 가지가 병들어 죽어가고 있다면, 그것은 생명나무를 위태롭게 하는 것이고, 그것은 필경 내가 속한 가지와 나에게로 닥칠 것이다. 따라서 우리의 운명은 생명나무의 운명과 직결되어 있으므로, 인간은 이를 인지하여 자연과 자연적 존재에게 각별한 의무를 다해야 한다는 것이 기본적 요지라고 할 수 있다. 이렇게 조망하면, 한국서 전개되는 새만금 갯벌에 대한 간척은 인간과 갯벌 생태계, 그곳서 서식하는 온갖 생명체, 그리고 그곳을 찾는 숱한 철새 등이 우리 인간과 생명의 끈으로 하나로 이어져 있다는 자각을 갖지 못함으로써 초래되는 비극적 결말이라고 할 수 있다. 앞으로 새만금의 비극이 계속 이어지지 않도록 해야 한다. 그러려면 생태 중심성을 드러내는 심층 생태주의 의식을 받아들일 때 그만큼 자연보전에 실질적 성공을 거둘 수 있을 것이다.

4. 평가와 전망

역사적으로 전 지구적 차원에서 환경재난을 무겁게 인식하기 시작한 첫 번째 시기가 1960년대와 1970년대이다. 1962년에 레이첼 카슨(Rachel Carson)의 저서 『침묵의 봄』은 과학기술의 산물인 화학약품이 얼마나 유해한지를 밝힘으로써 미국과 세계를 충격 속에 몰아넣었고, 1968년에는 에를리히(P. Ehrlich)가 『인구 폭탄(*The Population Bomb*)』이란 저서에서 맬서스의 이론을 원용하여 식량은 산술급수적으로 느는 데 반해 인구는 기하급수적으로 증가하여 인구 폭발에 따른 대기근이 닥칠 수 있음을 경고했으며, 그리고 로마클럽(Rome Club)은 1972년에 『성장의 한계(*The Limits to Growth*)』라는 보고서를 통해 경제성장이 일정한 지점에서 멈출 수 밖에 없음을 드러냈다.

바로 이런 시대적 상황에서 심층 생태주의가 본격 태동하면서 세 가지 영역에서 인류가 한계에 직면할 것임을 분명히 했다. 인구 성장의 한계와 과학기술 발전의 한계 그리고 식욕/탐욕의 한계에 직면할 것이라고 예측했다. 이런 것은 모두 서구 문명이 추구하는 것에 대한 한계로서 세속적이면서 물질적인 철학으로 인해 초래된 것이다. 이에 심층 생태주의가 물질적 소박함(material simplicity)과 영성적 풍요(spiritual richness)에 근거를 둔 새로운 철학으로 떠오르기 시작한 것이다.[11)]

심층 생태주의는 기본적으로 환경위기의 뿌리를 인간 중심의 지배적 세계관에서 찾기 때문에, 위기 극복의 대안을 그 정반대 항인 생태 중심주의에서 찾는다. 인간 중심의 사회가 이성만을 지나치게 중시했기 때문에 생태 중심주의는 불가피하게 이성을 최소화하면서 이성 이외의 것, 특히 영성을 부각시키는 데 주력했다. 이와 같은 심층 생태주의의 접근은 지나치게 기울어진 인간과 자연의 부조화 관계를 바로잡는 데 많은 기여를 한 것으로 평가할 수 있다. 물론 앞으로도 커다란 역할을 수행해야 하고 또 그럴 것으로 기대한다.

다만 생태 중심성을 표방하여 실천하는 과정에서 자칫 예기치 못한 또 다른 문제가 수반됨을 세심하게 인식할 필요가 있다. 생태 중심주의의 경우, 은유와 비유의 표현이 많이 등장할 수밖에 없다.

---

11) D. Worster, “The Shaky Ground of Sustainability”, G. Sessions(ed.), *Deep Ecology for the 21st Century*(Boston: Shambhala, 1995), pp.417-418.

그런데 우리는 현실 속에서 실천을 행해야 한다. 여기서 은유 및 비유와 실천의 괴리가 발생함으로써 정책적 한계에 봉착하게 된다. 대표적으로 심층 생태주의를 운동 이념으로 표방한 '어스퍼스트(Earth First!)'가 디딘 행보는 결과적으로 혼란이었다.

전통적 환경단체는 합법의 선에서 문제를 풀고자 했고, 이것이 갖는 한계로 인해 1971년에 출범한 그린피스(Greenpeace)는 간디(M. Gandhi)의 노선을 좇아 비합법 시민불복종과 직접적 현장 대응으로 현안 환경문제에 맞섰다. 그린피스를 비롯하여 수많은 환경단체가 나섰지만, 그렇다고 해서 지구 환경문제가 구조적으로 풀릴 것으로 여겨지지 않자 어스퍼스트가 심층 생태주의를 이념으로 표방하면서 "어머니 지구를 구하는 데 어떤 타협도 있을 수 없다"고 외치며 1981년에 출범했다.[12)]

어스퍼스트는 이념 실현을 위해서 애비(E. Abbey)가 소설『몽키렌치 갱(*Monkey Wrench Gang*)』에서 정치적 방법에 호소해도 좌절될 경우 마지막 수단으로 생태적 과격행위(eco-sabotage)와 전복을 도모하지 않을 수 없다고 한 주장을 받아들여서, 이를 적극적 운동 전략으로 채택했다. 불가피할 경우 시민불복종의 단계를 넘어 불법도 불사하겠다고 선언한 것이다. 그래서 아름답고 수려하거나 생물 다양성이 실현되어 있는 야생지역에 대한 개발 행위에 맞서서, 측량한 말뚝을 다른 곳으로 옮겨놓기, 야밤에 불도저 등 중장비 엔진에 모래를 집어넣어 작동 불능 상태로 만들기, 대형 옥외광고 게시판을 절단하여 쓰러뜨리기, 그리고 벌목이 예정된 나무에 커다란 대못을 미리 박아두어 제재소의 자동 절단기계를 못 쓰게 만들기 등을 거침없이 행했다.

---

12) R. F. Nash, *The Rights of Nature*(Madison: The University of Wisconsin Press, 1989), pp.189-190.

그런데 이런 무모한 행위가 간혹 의도하지 않은 심각한 문제를 초래하기도 했다. 예컨대 1987년에 캘리포니아 클로버데일에 있는 목재소에서 나무에 미리 박아둔 대못과 절단기계의 톱니바퀴가 만나면서 작업하던 노동자에게 톱니바퀴 파편이 튀어 중상을 입히는 사건이 발생했다. 그리고 어스퍼스트의 창립자 데이브 포먼(Dave Foreman)은 1986년 오스트레일리아 한 잡지와의 인터뷰에서 기아로 허덕이는 에티오피아를 위해 우리가 할 수 있는 최악의 선택은 식량을 제공하는 것이고, 최선의 방도는 자연이 자체 평형을 회복할 수 있도록 그곳 사람들이 자연스럽게 죽어가도록 내버려두는 것이라는 발언을 함으로써 커다란 사회적 반향을 초래했다. 이것은 인간의 문화가 자연의 하위 영역에 속하기 때문에 냉엄한 생태계 법칙에 맡기도록 하자는 인식에서 비롯된 것이다. 그리고 그는 과도한 인구 증가가 자연에 엄청난 부담을 주고 있지만, 인간의 자발적 개선 노력이 현저히 미흡한 상태에서 불가피하게 에이즈가 조절 역할을 하는 것이 아니냐는 이야기를 꺼냄으로써 또 다른 분란을 조성하기도 했다. 바로 이런 일련의 행보로 인해 사회 생태주의자 머레이 북친(Murray Bookchin)은 심층 생태주의와 어스퍼스트가 반인도주의(anti-humanism)에 빠졌다고 따끔한 비판을 하기도 했다.

어스퍼스트의 행보에 따른 오류가 그대로 심층 생태주의의 문제를 드러내는 것이라고 단정할 필요는 없다. 심층 생태주의는 자연보전의 근본 이념을 선명하게 표방하고 있는 것일 뿐 이를 실현하기 위해 폭력도 불사할 수 있다고 천명한 적이 없기 때문이다. 다만 심층 생태주의가 생태 중심주의를 표방하는 한에서, 인간의 지위를 매우 곤혹스럽게 만들 수 있다는 것은 분명하다. 그것은 동양사상의 영향을 받고 있다는 측면에서 관계성을 중시하는 유기적 전체론의 특성을 부분적으로 띠지만, 또한 서구의 비주류 전통인 스피노자의 범신론 등에 지대한 영향을 받아서 가이아 가설과 유사하게 유기체 전일론의 특성도 강하게 드러내고 있다.[13] 이때 나와 지구가 통일된 하나라는 전일론의 인식 속에서 생태계 법칙이 적용되는 지구보전에 주안점을 두게 될 때, 불가피하게 문화적 인간의 지위를 부차적으로 전락시킴으로써 지구를 위해 인간이 당하는 희생을 당연시하는 그릇된 결과에 빠질 수 있다. 그래서 생태 중심주의는 자칫 에코파시즘(eco-fascism)에 노출됨으로써 지구라는 전체를 위해 그 부분을 이루고 있는 인간과 문화를 희생시킬 수 있다는 한계를 지니게 된다.

심층 생태주의를 강하게 해석하면, 생태 중심주의의 귀결로서 어스퍼스트가 그렇게 행보를 취한 것처럼, 지구를 위한 윤리(?)를 제시할 수는 있어도 문화적 인간에게 알맞은 윤리를 펼칠 수 없다. 그러나 심층 생태주의를 온건하게 해석하여 조율한다면, 그것이 생태적 감성과 자연 영성을 드러내는 데 탁월한 기여를 하여 실질적인 자연보전에 다가갈 수 있는 길을 개척한 것처럼, 현재의 인류가 미래를 기약하면서 자신에게도 적합한 생태윤리로 발전시키는 것이 가능할 것이다. 이것은 생태 중심성을 상당한 정도로 완화시킴으로써 다른 유형의 인도적 생태주의와 서로 교감을 나누어 조금은 더 새로운 길을 모색하는 데 달려 있다고 할 수 있다.

---

13) 개체론과 대비되는 것이 전체론인데, 필자는 이를 둘, 즉 유기적 전체론과 유기체 전일론으로 분별하고 있다. 자세한 것은 앞의 10장 4절을 볼 것.

제 12 장

대지의 윤리

1. 존 뮤어와 초기 자연보호 운동

영국의 청교도들이 메이플라워호를 타고 북아메리카 대륙에 도착한 것이 1620년이었고, 미합중국이 영국 식민지 상태에서 독립을 선언한 해는 1776년이다. 바로 이 시기를 전후로 미국인들은 주로 동부를 거점으로 생활하다가 활동 반경을 서부로 넓히면서 애팔래치아 산맥을 넘어 오하이오강 유역으로 일차 진출을 시도했다. 이어서 1848년 서부 캘리포니아에서 금이 발견되면서 금맥을 찾아 일확천금을 벌기 위한 골드러시가 시작되었다. 그리고 로키산맥 동쪽 미시시피강 언저리의 대평원으로 농민의 집단 이주가 본격화한 시기가 1870년대였다. 미국에서 서부개척은 유럽시장에서 인기를 끌던 모피를 확보하기 위해 인디언과 거래를 하기 시작한 것에서부터 출발하여 금맥의 발견과 농사지을 사유지 확보를 위한 영토 전쟁의 성격을 띠게 되었고, 이 과정에서 비로소 아메리카 대륙 중부와 서부에 대한 개발이 서막을 올리게 되었다.

질풍노도와 같은 서부개척이 끝날 즈음 과거 인디언에 의해 어머니 대지로 모셔지던 북아메리카 대륙의 수려한 자연은 자연 정복의 이념으로 무장한 유럽 이주민의 마구잡이 개발로 인해 극심한 몸살을 앓게 되었다. 이에 1870년 9월 와이오밍주 북서쪽 옐로스톤(Yellowstone) 지역에서 그곳 자연의 아름다움에 경이적 찬사를 보이던 일련의 사람들이 모여 국립공원(national park)의 이념에 대한 토론을 전개하기 시작했다. 다른 곳과 마찬가지로 이곳도 개인이 사적으로 이용하도록 내버려둘 것인지, 아니면 국가가 나서서 모든 사람을 위한 공원으로 지정하여 관리할 것인지에 대해 진지한 토론이 개최되었다. 후자로 의견이 모아졌고, 이들 집단의 1년 반의 노력에 힘입어 미국에서 처음이면서 또한 세계 최초로 옐로스톤 국립공원이 의회의 결정에 의해 1872년에 지정될 수 있었다.[1)]

세월이 흐르면서 자연에 대한 공적인 관리 관심이 자칫 일회성에 그칠 상황에서 혜성처럼 나타난 존재가 있었다. 다름 아닌 존 뮤어(John Muir)였다. 그가 자연보호에 앞장을 서게 된 동기는 기묘했다. 그는 1864년에 당시 링컨 대통령이 남북으로 갈린 미 대륙을 단일 연방으로 통일하기 위해 50만 명 이상의 군 입대 지원자를 모집하고 있을 때, 연방의 통일이나 흑인의 노예 해방을 위한 전쟁 동참에 아무 관심도 없었다. 그래서 고향인 위스콘신을 떠나 캐나다의 야생 자연환경(wilderness)으로 발걸음을 옮겼다. 그는 어느 날 너무 우거져서 인간의 발길이 전혀 닿지 않은 원시림의 습지를 따라 들어갔고, 거기서 장관을 이루고 있던 백색의 꽃을 피운

1) R. W. Sellars, *Preserving Nature in the National Parks*(New Haven: Yale University Press, 1997), pp.7-8.

난초(white orchids) 군락지를 만났다. 그는 후일 그 광경이 너무 아름다워서 "털썩 주저앉아 기쁨의 눈물을 흘렸다"고 술회한 바 있다. 이때 뮤어가 겪었던 결코 잊을 수 없는 경험이 그를 자연보전론자로 만들었다. 그는 신앙을 갖고 있었기에 자신의 발길이 닿지 않았다고 하더라도 야생의 희귀한 난초 군락지는 여전했을 것이라는 믿음을 갖게 되었고, 그래서 자연은 인간에 앞서 자기 자신을 위해 그리고 창조주를 위해 존재한다고 보았다. 자연의 모든 것은 본래적 가치를 지닌다고 본 것이다.2)

남북전쟁의 종료 이후 다시 고향으로 돌아온 뮤어는 잠시 머무르다가 1867년에 남부의 멕시코만으로 떠나는 여행길에 올랐다. 거기서 사람들이 가장 추하고 두렵기 때문에 적개심을 보이는 악어(alligators)를 보게 되었다. 이때 그는 악어도 "창조주 신의 눈에는 아름다운 존재"라고 여겼다. 이런 자세는 독을 지녔기 때문에 인간에게 공포의 대상이었던 방울뱀(rattlesnakes)도 본래적 좋음을 지닌 것으로서 인간인 우리가 그들의 삶의 영역에 간섭할 필요가 없다고 여긴 것과 같은 맥락에 있었다.3) 뮤어가 캘리포니아 시에라네바다 산맥에 위치한 요세미티(Yosemite) 지역을 찾은 때는 1868년이었다. 그는 단박에 자연의 매력에 흠뻑 빠져들었고, 이곳에서 살면서 그 아름다움을 잔잔하게 그려내는 글을 쓰기 시작했다. 그러다가 자신이 쓴 원고를 싣고 있던 『센추리 매거진(*Century Magazine*)』의 편집자와 함께 노력하여 1890년에 미 의회로 하여금 요세미티와 바로 그 아래 세쿼이아(Sequoia) 지역을 국립공원으로 지정하게 만들었다.

---

2) R. F. Nash, *The Rights of Nature*(Madison: The University of Wisconsin Press, 1989), pp.38-39.

3) Ibid., p.39.

뮤어는 요세미티 지역에만 관심을 가진 것은 아니었다. 1892년에 미국에서 가장 오래된 환경단체인 시에라클럽(Sierra Club)을 만들어 초대 의장을 수행하면서 자연에 대한 지속적 보호를 위해 애를 썼다. 1903년에는 당시 대통령인 루스벨트(Theodore Roosevelt)로 하여금 요세미티 국립공원을 찾아오게 만들었다. 그리고 이어서 일련의 국립공원을 계속 지정하도록 조성했다. 그래서 크레이터레이크(Crater Lake), 윈드케이브(Wind Cave), 글래시어(Glacier), 로키마운틴(Rocky Mountain) 등의 국립공원이 지정되었다. 그리고 이런 국립공원을 체계적이고 지속적으로 관리하기 위한 행정부서로 국립공원청(National Park Service)이 1916년에 들어섰다. 그래서 뮤어는 후일 미국 국립공원의 아버지로 불리게 되었다.

다만 일이 순조롭게 진행된 것만은 아니었다. 그것은 국립공원이나 공유지 자연을 보는 이념과 직결된 논쟁과 연루되어 전개되었다. 뮤어와 시에라클럽은 1908년부터 5년에 걸쳐서 요세미티 국립공원 안 헤츠헤치 계곡(Hetch Hetchy valley)에 댐을 세우는 일에 적극 반대하고 나섰다. 그때 샌프란시스코는 인구 증가가 지속되면서 더 많은 식수를 필요로 하게 되었고, 이에 따라 맑고 깨끗한 식수와 전력 공급을 위해 댐을 세우기로 계획을 세웠던 것이다. 그런데 뮤어와 더불어 자연보호의 쌍벽을 이룬 것으로 평가를 받던 기포드 핀쇼(Gifford Pinchot)가 친구인 루스벨트 대통령에게 미국의 자연이 최대 다수의 미국인에게 최대의 이익을 주는 형태로 삼림자원을 관리할 필요가 있음을 설득함으로써 공리주의(utilitarianism) 이념이 득세하고 있었고, 그런 선에서 1905년에 핀쇼가 초대 산림청장에 임명되었는데, 그가 댐 설치에 찬성하고 나선 터였다. 결국 샌프란시스코시와 핀쇼는 댐 설치에 찬성을 한 반면, 뮤어와 시에라클럽은 반대를 천명함으로써 치열하게 논쟁이 전개되었다.

이때 뮤어가 행한 연설과 기고한 글 자체만 보면 헤츠헤치 계곡은 요세미티 그 자체일 정도로 아름답고 수려한 경관을 지니고 있기 때문에, 인간의 휴식과 여가 활용, 자연적 건강 치유, 그리고 미적인 탐구의 대상, 더 나아가 인간에게 전해 주는 풍부한 영적 자양분(spiritual nourishment)을 제공하기 때문에 보호되어야 한다는 내용으로 일관되어 있다. 형식적 표현만으로는 공리주의 경제관에는 반대하지만, 여전히 인간 중심주의에 호소하는 내용으로 채워져 있다. 이로 인해 일각에서는 뮤어가 여전히 인간 중심적이었다는 평가가 나오기도 하지만, 그것은 당시 사람들의 의식 수준과 의회의 현실을 고려하여 정치적 접근을 취한 것으로 보는 것이 온당하다.[4] 논란의 와중에서 의회는 1913년에 댐 설치를 결정하고 만다.

이런 논쟁을 거치면서 핀쇼와 산림청처럼 자연을 보호할 때 어디까지나 인간을 위해 그렇게 한다는 입장을 보존(conservation)이라고 하는 반면, 뮤어와 시에라클럽처럼 어떤 경우에는 자연과 생물 종 그 자체를 위해서 보호하는 입장을 보전(preservation)이라고 분별하기 시작했다.[5] 양자의 갈림길에 따른 개발과 보전 논쟁이 이후에도 전개되었다. 1969년에 세쿼이아 국립공원 바로 아래 미네랄킹(Mineral King) 지역을 스키장으로 개발하는 공고가 났고, 개발 주체로 월트디즈니사가 결정되었다. 그런데 이곳에는 자이언트 세쿼이아 군락지가 광대한 규모로 조성되어 있었다. 그 가운데는 가장 오래된 것으로 3,200년이나 된 것도 있고, 키가 높은 것은 90m를 넘기도 했다. 스키장과 휴양지로 개발이 되면 리조트 시설과 호텔, 주유소, 편의점, 넓은 도로 등이 들어섬으로써 이들 군락지는

---

4) Ibid., p.41.

5) J. Passmore, *Man's Responsibility for Nature*(New York: Scribner's, 1974), p.73.

설 자리를 잃게 될지도 모르는 상황이었다. 이에 시에라클럽이 보전을 위해 개발을 중지시키는 소송을 제기했지만, 1970년 캘리포니아주 법정은 사유재산권과 환경상의 인간 피해를 초래하지 않는다는 이유로 원고 부적격에 따른 기각을 판시했다.

여러 요로를 통해 방안을 찾던 중 남캘리포니아대학 법철학자 스톤(C. D. Stone) 교수가 최종심인 대법원 판결에 영향을 미칠 의도로 새로운 발상을 전개하기 시작했다. 즉, 나무도 도덕적 지위(moral standing)를 갖고, 그에 따라 법적으로 보호받을 권리를 가질 수 있지 않느냐는 논거였다. 급히 제출한 논문이 나오기가 무섭게 대법원에 제출되었다. 마침 더글러스(W. O. Douglas) 대법관이 이 입장에 동조했다. 물론 소수 의견에 머물렀기 때문에 결과 역시 패소였다. 미국에서는 재판을 고유명사를 사용하여 쓰는데, 더글러스는 이 재판이 '시에라클럽 대 머튼(피고소인으로서 산림청의 상부 기관인 당시 내무부장관)'이 아니라 '미네랄킹 대 머튼'이라고 불렀다. 이것은 특정 생태계 미네랄킹의 법적 지위를 받아들일 필요가 있음을 강력하게 환기시킨 것이다. 그런데 이런 일련의 노력에 힘입어 미네랄킹과 자이언트 세쿼이아 군락지가 여론의 집중적 주목을 받게 되었고, 이 아름다운 경관은 그대로 보전할 필요가 있다는 여론이 비등함에 따라 의회가 1978년에 미네랄킹 지역을 세쿼이아 국립공원 안으로 편입시키는 법 개정을 수행함으로써 마침내 보전에 성공을 거둘 수 있었다.6)

나무에 도덕적 및 법적 지위를 부여하는 스톤의 새로운 발상은 이미 앞선 선각자의 영향 때문이라고 할 수 있다. 시에라클럽의 창시자 뮤어가 포함되어 있었고, 또 1960년대와 1970년대 환경운동

---

6) R. F. Nash, *The Rights of Nature*, pp.128-131.

에 지대한 영향을 끼친 인물의 영향도 있었을 것이다. 다름 아니라 알도 레오폴드(Aldo Leopold)이다. 그는 '대지의 윤리'를 담은 『모래 군의 열두 달』이란 저술을 내놓는데, 이 책은 현대 환경운동의 바이블로 불릴 정도였다.

2. 알도 레오폴드와 대지의 윤리

알도 레오폴드는 오늘날 환경윤리의 아버지로 불리기도 하는데, 그 이유는 그의 사망 다음해인 1949년에 출간된 『모래 군의 열두 달(*A Sand County Almanac*)』이란 저술에서 '대지의 윤리(land ethic)'를 제시한 데서 비롯된다. 레오폴드는 1887년 오하이오 태생으로서 사냥을 즐겨 했던 아버지를 좇아 어린 시절부터 야생 자연을 다니면서 사냥을 배웠고, 성년기에 접어들면서 1904년에 예일대학 삼림학과에 입학한다. 바로 이 시기는 루스벨트 대통령이 핀쇼의 제안에 의해 광활한 아메리카 대륙의 삼림을 공리주의 이상에 따라 관리하는 계획을 진행하고 있던 때였다. 그래서 레오폴드도 1909년 졸업과 동시에 산림청의 공무원으로서 애리조나 삼림 관리를 맡게 된다.

당시 산림청은 최대 다수의 미국인에게 최대의 이익이 되는 방식으로 삼림을 관리한다는 이념을 갖고 있었기 때문에 사슴과 들소를 인간을 위한 사냥감으로 보호해야 할 좋은 동물(good animals)로 여겼던 반면, 이들에게 위협이 되는 늑대와 회색곰 등은 나쁜 포식자(bad predators)로 간주하여 제거하는 캠페인을 전개하고 있었다. 레오폴드도 불가피하게 이런 정책에 일조를 한 측면이 있었고, 후일 「산 같은 사고」란 글을 통해 당시를 이렇게 회고하였다:

그때만 해도 늑대를 사살할 기회를 그냥 지나친다는 말을 들어본 적이 없었다. 우리는 즉각 무리에게 총알을 퍼부었다. … 늙은 늑대에게 다가간 우리는 때마침 그의 눈에서 꺼져가는 맹렬한 초록빛 불꽃을 볼 수 있었다. 나는 그때 그 눈 속에서, 아직까지 내가 모르는 오직 늑대와 산만이 알고 있는 무엇인가가 있다는 것을 깨달았다. 나는 그 뒤로 지금껏 이 일을 잊은 적이 없다. 당시 나는 젊었고 방아쇠 위의 손가락이 근질거려 참기 어려운 시절이었다. 나는 늑대가 적어진다는 것은 곧 사슴이 많아진다는 것을 의미하기 때문에 늑대가 없는 곳은 사냥꾼의 천국이 될 것이라고 믿었다. 그러나 초록빛 불꽃이 꺼져가는 것을 본 뒤, 나는 늑대도 산도 그런 생각에 찬동하지 않는다는 것을 깨달았다.[7)]

레오폴드는 늑대가 잡아먹는 사슴의 개체 수는 얼마 되지 않고 또 사슴의 개체 수가 적정하게 유지되는 반면, 늑대와 같은 포식자 대부분이 사라진 생태계에서 사슴의 수가 엄청나게 불어나고 사슴 떼가 훑고 지나간 산기슭 생태계는 수십 년이 되어도 쉽게 복원되기 어렵다는 것을 뒤늦게 깨닫기 시작한 것이다. 당시 수난을 당하기로는 곰도 마찬가지였다. 애리조나에는 '에스쿠딜라'라는 거대한 산이 있었고, 레오폴드는 이곳에 대한 추억도 갖고 있었다.

시간은 그 늙은 산 위에 세 가지, 곧 장엄한 모습과 작은 동식물들의 공동체 그리고 한 마리의 회색곰을 세웠다. 그 회색곰을 잡은 정부의 덫 사냥꾼은 자신이 에스쿠딜라를 소의 안전지대로 만들었다는 것을 알았다. 그러나 새벽 별들이 함께 노래하기 시작할 때부터 건설되어 온 거대한 건축물의 뾰족탑을 쓰러뜨렸다는 것은 몰랐다. 그 사냥꾼을 파견한 국장은 진화의 건축술에 조예가 깊은 생물학자였다. 그러나 그는 뾰족탑도 소만큼이나 중요하다는 것을 몰랐다.

---

7) 알도 레오폴드, 송명규 옮김, 『모래 군의 열두 달』(따님, 2003), 166쪽.

… 목장에서 곰을 쓸어내기 위한 예산을 승인한 의원들은 개척자들의 후손이었다. 그들은 개척자들의 높은 미덕을 찬양했지만, 실제로는 개척자들이 손대지 않은 자연을 깡그리 없애버리려고 온 힘을 쏟았다.[8)]

레오폴드는 산림청 공무원 재직 막바지인 1923년에 인간과 자연의 윤리적 관계에 대한 첫 번째 글을 썼는데, 이 글에 흐르는 전반적 기조는 자연 자원의 관리가 현세대 다수의 인간과 후손을 위한 것이라는 핀쇼 기풍의 것이었다. 그러나 이미 그 안에 주류 흐름과 다른 생각이 배어 있었다.[9)] 장차 대지의 윤리로 발전할 싹이 잉태되어 있었던 것이다. 그 싹이 점차 피어나면서 대지의 윤리로 확연해지기 시작한 시기는 1933년 위스콘신대학 교수로 초빙되어 1948년 사망할 때까지 15년 동안이라고 할 수 있다. 『모래 군의 열두 달』은 생애 마지막 10년에 걸쳐 쓴 것이다.

1866년에 생태학이란 용어가 처음 등장했고, 20세기 초 클레망(F. Clements)을 필두로 한 생태학자들이 자연을 세 가지 길드, 즉 생산자와 소비자, 분해자로 표상하기 시작했으며, 생태계(ecosystem)란 표현 자체는 1935년 탠슬리(A. Tansley)에 의해 주조되어 유포되기 시작했다. 레오폴드도 진화론과 더불어 생태학에 본격적으로 눈을 뜨기 시작한 것이 이 즈음이다. 그래서 거친 돌투성이 황무지이지만 강을 끼고 있는 야생 황무지 '가빌란의 노래'에서 자연의 순환성을 이렇게 전하고 있다.

물의 노래는 누구나 들을 수 있다. 그러나 이 구릉지대에는 결코

8) 위의 책, 173-174쪽.

9) R. F. Nash, *The Rights of Nature*, p.65.

아무에게나 들리지는 않는 색다른 음악이 있다. 몇 소절 듣고 싶다면 당신은 우선 이곳에 오랫동안 살면서 구릉들과 강들이 하는 얘기를 알아들어야만 한다. 그러고 나서 어느 고요한 밤, 야영장 모닥불이 잔잔해지고 황소자리의 별무리가 바위 벼랑 위로 솟았을 때, 조용히 앉아서 늑대 울부짖는 소리를 들으며 당신이 보았고 이해하려 했던 모든 것에 대해 깊은 명상에 잠겨보라. 그러면 그것, 고동치며 멀리 멀리 퍼져나가는 화음이 들릴 것이다. 그 악보는 1천 개의 구릉에, 그 음표는 동식물의 삶과 죽음에 새겨져 있다. 그리고 그 리듬은 순간과 영원에 걸쳐 있다. … 가빌란의 노래에서 먹이는 돌고 도는 것이다. 물론 거기에는 당신의 음식뿐만 아니라 참나무의 음식도 포함된다. 참나무는 사슴의 먹이가 되고, 사슴은 퓨마의 먹이가 되고, 퓨마는 참나무 밑에서 죽어 자신의 지난날 먹이들을 위해 도토리로 되돌아간다. 이것은 참나무에서 시작하여 참나무로 되돌아가는 많은 먹이사슬 가운데 하나일 뿐이다.[10)]

레오폴드는 어느덧 전통적인 인간의 눈이 아닌 생태학의 눈으로 자연을 보기 시작했다. 그런데 중요한 것은 다른 과학자들과 달리 생태학에 기초한 새로운 윤리의 확장을 처음으로 도모했다는 데 있다. 뮤어는 시에라클럽을 창립하고 일련의 국립공원을 지정함으로써 자연을 보전하는 데 탁월한 기여를 했다고 하지만, 자연을 포괄하는 방식으로 윤리적 영역을 개척했다고 말할 수 없다. 슈바이처 박사는 생명 외경 사상을 주창하고, 낱낱의 개체 생명체까지 존중하고자 무진 애를 썼지만 생태학의 통찰과 어울리는 견해를 내놓은 것으로 볼 수 없다. 영국의 워즈워스(W. Wordsworth)나 미국의 소로(H. D. Thoreau), 로렌스(D. H. Lawrence)도 시나 소설을 통해 문인의 감성과 상상력으로 자연의 아름다움을 예찬했다고 해도 윤

10) 알도 레오폴드, 『모래 군의 열두 달』, 188, 191쪽.

리적 지평을 새롭게 여는 데 실질적으로 기여했다고 볼 수 없다.

윤리학의 관점에서 볼 때 레오폴드는 기존의 사상가나 시인과 달랐다. '대지의 윤리' 시작은 트로이 전쟁의 영웅 오디세우스를 소재로 전개된다. 전쟁에서 돌아온 오디세우스는 자신이 집을 비운 동안 부정을 저질렀다고 의심되는 젊은 여성 노예 열두 명을 밧줄에 목을 매어 죽인다. 당시 이런 행위가 어떤 문제로 비화되지 않았던 연유는 노예가 그저 사유재산에 불과했기 때문이다. 당시 사회의 윤리가 부인까지 포괄하고 있었지만, 노예에게 확장되지 않았기 때문이다. 이후 윤리는 역사적 전개를 거치면서, 도덕 공동체 안에 노예와 흑인, 여성을 포함하는 확장을 거듭하게 된다.

레오폴드가 조망하기에 인간 "개인은 상호 의존적인 부분들로 이루어진 공동체의 한 구성원"이다. 이때 "개인의 본능은 그에게 그 공동체 내에서 자기 자리를 차지하기 위해 경쟁하라고 촉구한다. 그러나 그의 윤리는 그에게 협동도 하라고 촉구한다." 전통의 인도적 윤리는 이런 인간의 영역에서 멈춰 섰다. 그런데 레오폴드는 이 영역의 확장을 시도한다. 윤리의 확장을 인간에서 인간 이외의 자연까지 포괄하도록 한 것이다. 그래서 탄생한 레오폴드의 "대지의 윤리는 단순히 이 공동체의 범위에 토양과 물, 식물과 동물, 곧 포괄하여 대지를 포함하도록 확장하는 것이다." 이렇게 인간도 생명 공동체(biotic community)에 속하는데, "대지의 윤리는 인류의 역할을 대지 공동체의 정복자에서 그것의 평범한 구성원(plain member)이자 시민으로 변화시킨다."[11] 개척과 발전, 인간을 위한 자연 관리만이 주류를 이루었던 시절인 1940년대 당시로서는 대단히 놀라운 사상을 전개한 것이고, 그것도 윤리적 공동체의 지평에

---

11) 위의 책, 246-247쪽.

자연을 포함하도록 전체론적인(holistic) 생태주의 윤리를 개척한 것은 매우 특징적이라고 할 수 있다. 마침내 레오폴드는 윤리적 인간에게 가장 근본적인 규범을 제시한다: "생명 공동체의 순결과 안정성 그리고 아름다움의 보전에 이바지한다면, 그것은 옳다. 그렇지 않다면 그르다."[12)]

이때 인간 종이 토양과 물, 식물, 동물을 포함하는 생명 공동체의 평범한 구성원이라는 표현은 대지의 윤리를 생태 중심적인(eco-centric) 것으로 보게 한다. 실제로 그렇게 볼 수 있다. 인간을 포함하여 개별 유기체는 전체인 생명 공동체의 건강한 유지를 위해 그 안에 속하는 역할만 허용되기 때문이다. 다만 레오폴드의 견해가 전적으로 생태 중심적인 것은 아니라는 점을 이해할 필요가 있다. 그는 자신의 저서 『모래 군의 열두 달』에 대해 이렇게 말하고 있다. "대지가 공동체라는 것은 생태학의 기초 개념이지만, 대지가 사랑과 존중을 받아야 한다는 것은 윤리적 문제이다. 대지가 문화적 수확을 가져다준다는 것은 오랫동안 알려진 사실이지만, 최근에는 종종 망각되고 있다. 여기의 수필들은 이 세 가지 개념을 융합하려는 것이다."[13)]

레오폴드는 대지에 다가가는 인간의 접근을 세 가지 유형으로 분별하고 있다. 첫째, 문화의 눈으로 보고 있다. 인간이 자연에서 필요한 것을 인간의 고유한 생존 방식인 문화적 산물의 형태로 취해야 함을 승인하고 있다. 그것은 농사를 짓는 형태일 수도 있고, 때에 따라 사냥의 형태일 수도 있으며, 더 나아가 도시를 구축하는 것일 수도 있다. 이것은 자연을 문화적으로 개척하고, 이에 따라

12) 위의 책, 267쪽.

13) 위의 책, 18쪽.

필요한 산물을 자연에서 취할 수 있다. 둘째, 생태학의 눈으로 보고 있다. 육식동물인 늑대와 초식동물인 사슴, 식물인 참나무, 그리고 인간마저도 자연의 일부로서 먹이사슬의 순환 속에 놓여 있음을 파악하여, 그 균형이 깨어지지 않도록 분별할 필요가 있음을 주지시키고 있다. 여기서 자연에 대한 생태학적 인식은 불가피하게 인간을 윤리의 영역으로 인도하게 된다. 셋째, 윤리의 눈으로 자연에 다가가야 함을 주문하고 있다. 그것이 대지의 윤리이다. 즉, 생명공동체의 순결과 안정성, 아름다움을 보전하는 방식으로 인간이 행위를 해야 한다. 이때 자연의 균형에 이상이 발생하여 일부 동물종, 예컨대 사슴의 개체 수가 너무 많이 불어나서 생태계 자생식물을 멸종에 이를 정도로 해치고, 그에 따라 토양 침식이 야기될 정도로 우려가 되면, 그런 사슴의 개체 수를 줄이기 위해 인간이 사라진 늑대와 같은 포식자 역할을 대행하여 사냥을 할 수 있다고 본다. 물론 사냥감인 피식자의 개체 수 조절은 알맞은 정도로만 진행되어야 한다. 레오폴드가 승인하는 사냥꾼은 생태학적 인식과 윤리적 의식을 함께 구비하고 있어야 한다. 그는 인간의 식량 취득이나 사냥, 심지어 자연에 대한 일정한 변형과 관리, 사용이 자연의 균형을 깨뜨리지 않는 선에서 일어나면, 그것을 승인하고 있는 셈이다.[14)]

레오폴드는 넓은 의미의 문화적 가치(cultural values)를 적극적으로 언급하고 있다.[15)] 첫째, 인간이 수행하는 개척정신의 가치를 승인한다. 둘째, 토양과 식물, 동물, 인간이 먹이사슬 관계에 놓여 있음을 인식하는 생태적 경험의 가치를 일깨운다. 셋째, 자연에 다가

14) R. F. Nash, *The Rights of Nature*, p.71.

15) 알도 레오폴드, 『모래 군의 열두 달』, 219-223쪽.

갈 때 윤리적 절제를 배우는 윤리적 경험의 가치를 소중하게 여긴다. 전반적으로 조망할 때 레오폴드의 윤리를 그저 생태 중심적으로 편향되어 있다고만 할 수 없다. 그는 인간이 자연의 순결과 안정성, 아름다움을 깨뜨리지 않는 선에서 문화를 구축하여 살아가는 것을 허용하고 있기 때문이다. 기본적으로 대지의 윤리는 생태 중심적이다. 그러나 레오폴드의 대지의 윤리에서 문화와 자연의 상생을 도모하는 싹을 보는 것이 가능하기 때문에, 인도적 생태주의의 요소도 다소 지니고 있다고 보인다.

3. 캘리콧과 자연의 고유한 가치

대지의 윤리는 핵심적인 윤리학적 규범을 던져주고 있지만, 왜 그것을 승인해야 하는지 또는 그런 규범에 의해 자연이 갖는 가치가 무엇인지에 대해 명료하게 분별하고 있지 못하다. 바로 이런 윤리적 정당화 작업을 전개한 학자가 있는데, 그는 캘리콧(J. B. Callicott)으로서 대지의 윤리를 대변하면서 동시에 환경윤리를 한 차원 격상시키는 데 기여를 한 것으로 평가받고 있다.

캘리콧은 전통에 의거한 응용적 환경윤리와 개체론적인 환경윤리를 비판적으로 검토하고, 이를 바탕으로 새로운 생태윤리가 만족시켜야 할 몇 가지 기준을 제시한다.[16] 이것은 레오폴드의 기조를 좇는 것인데, 한편으로 자연의 비도구적 가치(non-instrumental value)를 승인하면서 또 다른 한편으로 전체론적인 특성을 지녀야 함을 말한다. 첫째, 종이나 개체군, 생태계, 생물권 등 전체로서의 자연과 그 구성원인 개별 유기체 모두에게 비도구적 가치를 제공해

---

16) J. B. Callicott, "Non-anthropocentric Value Theory and Environmental Ethics", *American Philosophical Quarterly* 21(1984), p.304.

야 한다. 둘째, 야생 유기체 및 종과 가축으로 기르는 유기체 및 종에 대해 차별적인 비도구적 가치를 제공해야 한다. 셋째, 현대의 진화론적 생물학 및 생태학과 개념적으로 일치해야 한다. 넷째, 우리가 사는 현재의 생태계와 그 구성 부분들 및 종 전체에 대해 비도구적 가치를 제공해야 하지만, 가능적으로 또는 불의의 치명적 단절기를 거친 이후 발생할 수 있는 새로운 모든 생태계의 여건에 대해서도 현재의 그것과 동등한 가치를 제공해서는 안 된다.

캘리콧은 자신이 제안한 네 가지 기준을 만족시킬 수 있는 전통적인 후보로 흄(D. Hume)을 선정하여 다윈(C. Darwin) 그리고 레오폴드로 이어지는 생태윤리의 발전을 도모한다. 흄에 따르면 모든 행동은 열정이나 정서, 느낌, 또는 감정에 의해 동기 지워지는데, 윤리와 관련해서 열정(passion)은 크게 두 집합으로, 즉 동물적 식욕이나 두려움과 같은 자기-경도적인(self-oriented) 것과 사랑이나 동정심, 자비와 같은 타자-경도적인(other-oriented) 것으로 나뉜다. 그러나 이때 후자의 감정은 전자의 그것으로부터 도출되거나 환원되지 않는 것은 물론 전자만큼 원초적이고 토착적이다. 여기서 다윈은 인간에게 더 특징적으로 나타나는 동정심이나 연민, 애정과 같은 타자-경도적 감정이 자연에서 종족 보전을 위해 어미가 새끼에게 보인 동물적 감정에서 유래한 것임을, 다시 말해 진화과정에서 인류에게 사회화가 된 것으로 본다. 윤리도 진화의 산물이기 때문에, 레오폴드는 다윈을 염두에 두면서, “인간이 진화의 오디세이에서 다른 생물들의 동료 항해자일 뿐”임을 드러내고 있다.[17)]

캘리콧은 주관적 가치관을 거부하면서 객관적 가치관과도 일정한 거리를 두고자 한다. 우선 인간만이 가치의 출처이므로 인간 이

---

17) 알도 레오폴드, 『모래 군의 열두 달』, 143쪽.

외의 자연적 존재는 도구적 가치(instrumental value)만 갖는다는 주관주의를 거부한다. 그리고 생태 중심주의에서 확연히 드러나듯이 인간과 무관하게 자연이 목적으로 대우를 받을 내재적 가치(intrinsic value)가 있음도 선뜻 받아들이지 않으려고 한다. 그러면서 흄과 다윈, 레오폴드의 착상을 이어받아 새로운 가치관을 제안한다. 자녀에게 향하는 어머니의 사랑은 지향적이다. 대상으로 여겨지는 자녀가 없다면 주체인 어머니의 사랑은 갈 곳이 없다. 어머니가 없어도 사랑이 분출될 수 없다. 사랑의 눈으로 본 자녀의 가치는 바로 이런 것이다. 이때 어머니에게 나타난 자녀의 가치는 자동차가 그 주인에게 갖는 도구적 가치와 다르다. 마찬가지로 캘리콧은 생명애호심(biophilia)을 갖는 인간에게 나타난 자연의 가치가 고유한 가치(inherent value)라고 한다. 그런데 여기서 어머니가 빠질 경우 사랑을 받을 자녀의 가치가 실종되듯이, 의식적 존재로서 인간이 빠진 자연의 가치도 무의미해질 것이다.

캘리콧은 자연의 비도구적 가치를 둘로 분별한다.

> 한편으로 어떤 것의 가치가 객관적이고 그리고 모든 평가하는 의식에 독립적이라면, 그것은 내재적 가치를 소유한다. 다른 한편 어떤 것이 욕구나 이해관심 또는 때때로 평가자가 선호하는 경험을 만족시키는 수단으로 기능하기 때문에 가치가 있을 뿐 아니라 그 자체를 위해서 가치가 있다면 (따라서 평가하는 모든 의식에 독립적인 것은 아니라면) 그것은 고유한 가치를 갖는다.[18)]

캘리콧이 분별한 자연의 고유한 "가치는 확실히 인간에 의해 부

18) J. B. Callicott, *In Defense of the Land Ethic*(Albany: State University of New York, 1989), pp.161-162.

여되지만, 필연적으로 인간 중심적인 것은 아니다."[19] 물론 초월자 신을 상정할 경우, 의식을 지닌 인간 종이 없다고 해도 자연은 내재적 가치를 갖는다고 할 수 있다. 다만 윤리학은 신의 존재를 자명한 것으로 상정하지 않기 때문에 그런 방식으로 논의를 전개할 수 없다. 따라서 자연의 고유한 가치는 인간과 자연의 상호작용 속에서 나타나는 상관적 성질의 것이다. 이것은 인간 이외에도 고등의 의식을 가진 존재가 출현하여 지구의 자연을 바라본다면 마찬가지로 자연에서 식별할 유형의 가치라고 할 수 있다.

캘리콧은 이후 양자역학(quantum mechanics)에 호소하여 자연의 가치를 드러내는 작업도 수행한다. 뉴턴의 물리학이 이분법에 근거하여 자연의 절대성과 객관성을 주장한 것이라면, 현대 물리학의 상대성 이론과 양자역학은 상대성과 상호관계성을 밝힌 것이다. 양자역학에 의하면, 자연으로부터 얻는 지식은 자연의 순수한 사실이 아니라 사실에 대한 인간적 인식일 뿐이다. 왜냐하면 관찰자와 관찰대상, 그리고 실험조건 사이에서 조성된 상호작용의 산물이기 때문이다. 따라서 양자역학에 의거하더라도 인간과 자연, 자연적 대상(멸종에 처한 종과 종 다양성이 구현된 생태계 등)의 상호관계성에 따른 고유한 가치 식별이 가능하다.[20] 이것이 의미하는 바는, 고유한 가치를 어떻게 채색하느냐에 따라, 인간 중심의 도구적 자연관을 피하면서 동시에 자연을 목적으로 대우하는 생태 중심주의에서도 벗어날 수 있는 길이 열릴 수 있다는 점이다. 왜냐하면 인간 문화의 눈으로 다가가는 것이 가능하기 때문이다. 따라서 레오폴드와 캘리콧이 개척한 생태주의 윤리는 여전히 생태 중심성이 강

---

19) Ibid., p.151.
20) Ibid., p.170.

하다고 해도 인간의 문화적 접근을 허용한다는 강점을 갖고 있다고 할 수 있다. 즉, 문화와 자연의 상생적 가치로 발전시킬 수 있다.

4. 평 가

19세기 말과 20세기 초에 존 뮤어는 자연에 대한 보전주의 안목을 가짐으로써 수려한 국립공원을 지정하고 지키는 데 탁월한 기여를 했다. 20세기 초중반에 나타난 알도 레오폴드는 대지의 윤리를 주장함으로써 1960년대와 1970년대에 촉발된 지구촌 환경운동사에서 기념비적인 윤리적 이정표 역할을 수행했다. 그리고 현대의 캘리콧은 레오폴드의 대지 윤리의 주석가로서 뿐만 아니라 새로운 자연의 가치를 제기함으로써 생태윤리를 한 단계 심화시킨 탁월한 학자로 평가를 받고 있다. 이들 모두에게 공통적인 것은 전통의 인간중심적인 도구적 자연관을 일소하면서, 전체로서의 자연을 보호하는 데 필요한 전체론적 생태주의와 윤리를 개척했다는 점이다. 따라서 생태 중심주의를 드러낸 것으로 볼 수 있다. 레오폴드에게서 그런 요소가 많이 보일 뿐 아니라 캘리콧에게서도 나타난다고 할 수 있다. 예컨대 캘리콧도 여전히 "가령 양자론과 생태학 양자가 자연의 물리적 영역과 유기적 영역 양자에서 구조적으로 유사한 방식으로 자아와 자연의 연속성을 함축한다면 그리고 자아가 내재적으로 가치가 있다면, 자연은 내재적으로 가치가 있다"[21]고 표현함으로써, 생태 중심성이 확연한 심층 생태주의의 네스와 유사한 모습을 보이고 있기 때문이다.

바로 이런 전체론의 특성 때문에 레간(T. Regan)과 같이 개체론

21) Ibid., p.173.

적 환경윤리를 전개한 학자는 대지의 윤리가 환경 파시즘(environmental fascism)에 빠진다고 비판하였다. 다시 말해 생명 공동체의 순결과 안정성, 아름다움을 구현한다는 미명 아래 개체를 희생시킬 수 있다고 본 것이다.[22] 우선 필자는 인간 종이 상위에 있는 현재의 지구 생명 공동체를 순결하고 안정적이며 아름답게 유지하기 위해서 그리고 인간이 생태적 존재로서 생존을 위해 다른 개체 생명체를 먹이로 하는 것이 자연스럽기 때문에 다른 개체 동식물을 제어하는 것이 가능하다고 본다. 다만 문제는 "전체인 자연을 위해 인간 이외의 자연적 존재를 희생시키듯이 인간도 희생시킬 수 있느냐?"는 데 있다. 만일 이 질문에 대해 '그렇다'고 답변하는 순간 파시즘의 악령과 반인도주의의 굴레에 떨어질 것이다. 따라서 필자는 수려한 생태계와 종 다양성이 구현된 자연경관, 멸종에 처한 동식물 종 등의 보전을 위해 전체론의 기조를 유지하면서도 인간을 희생시키지 않고, 더 나아가 인간의 자율성을 존중하려면 불가피하게 제 3의 길로서 인도적 생태주의(humanitarian ecologism)의 길을 모색해야 한다고 본다. 이 길은 향후 동아시아 자연관에 바탕을 둔 기-생태주의를 통해 드러낼 것이다. 그런데 이런 동아시아 인도적 생태주의와 손을 잡을 수 있는 서양의 생태주의로 레오폴드의 대지윤리와 캘리콧의 고유한 가치 개념이 비교적 잘 어울린다는 데 있다. 실제로 레오폴드와 캘리콧에게서 그런 문화와 자연의 상생을 도모할 싹을 강하게 엿볼 수 있었다. 향후 동서 협력적인 생태주의 이념과 대안 문명의 사회 모형이 출현할 수 있기를 희망한다.

---

22) Tom Regan, *The Case for Animal Rights*(London: Routledge, 1983), pp. 361-362.

제 13 장

사회 생태주의 윤리

1. 환경위기와 사회적 원인

국제사회에서 처음으로 환경문제를 깊이 고민하게 된 때가 1960년대 후반에서 1970년대 초반 무렵이다. 1968년에 폭발한 프랑스 학생운동은 뉴에이지(New Age) 운동으로서 전 세계로 확산되는 계기를 조성했다. 동서 간의 냉전이 지속되는 가운데 여전히 계급 갈등에 따른 노동계의 불만이 분출하고 있었고, 월남전에 미군이 개입함으로써 전쟁 반대와 평화를 외치는 소리가 증폭되고 있었으며, 그리고 20세기 초중반 여성의 참정권 운동이 전개된 이후 잠복기에 들어선 페미니즘 운동 역시 이 시기에 들어서서 다시 부활하면서 두 번째 페미니즘의 물결이 요동을 치기 시작했다. 과거 부르주아와 프롤레타리아, 자유주의 진영과 사회주의 블록의 단순한 계급적 대립 구도가 다변화하면서 복잡한 양상으로 전개되기 시작한 것이다. 바로 이 시기에 환경문제도 계급문제만큼이나 중요한 화두로 부상하기 시작했다. 특히 농약과 같은 화학약품의 과다 사용과 대폭적인 인구 증가, 산업화 공해로 인한 극심한 피해, 경제성장의 한계 등이 주된 화제로 부상했다.

환경문제에 대한 인식이 깊어가는 가운데 1972년 처음으로 UN 차원의 환경 관련 국제회의가 스웨덴의 스톡홀름에서 UN 인간환경회의란 이름으로 개최되었는데, 주로 선진국과 선진국 시민단체의 참여 속에 이루어졌다. 위기에 대한 첫 번째 자각이었기 때문에 문제에 대한 인식 강도가 센 편이었다. 아무래도 인간의 자연에 대한 개입이 지나침으로써 수탈로 이어지고 있고 그리고 이것이 환경재난을 자초하고 있다는 반성이었기 때문에, 해결책을 준비하는 일부 급진적 집단에서는 인간과 자연의 대립 구도에 초점을 맞추었다. 이렇게 해서 자연스럽게 자연을 지배하는 인간 중심주의 가치관이 핵심 원인으로 지목되면서 그 대안으로 생태 중심주의(eco-centrism)가 모색되었다.

바로 이 시기에 환경문제를 보는 또 다른 시각이 태동하고 있었는데, 다름 아닌 사회 생태주의(social ecology)였다. 이 사상을 창시한 인물은 머레이 북친(Murray Bookchin)이다. 그가 자신의 사상에 구태여 '사회적(social)'이란 표현을 붙인 데에는 그만큼 그것을 강조할 필요가 절실했기 때문이다.[1] 이것을 이해하기 위해서는 1970년대에 미국 뉴욕시 맨해튼에 있는 자연사박물관에서 벌어진 사건을 살펴볼 필요가 있다. 이곳에서는 환경 전시회가 열리고 있었고 많은 시민들이 관람을 위해 찾아오고 있었다. 특히 교육의 일

---

1) Murray Bookchin, "What is Social Ecology", M. E. Zimmerman et al. (eds.), *Environmental Philosophy*(Englewood Cliffs, N.J.: Prentice Hall, 1993), p.354.

환으로 많은 학생들이 관람하고자 찾아왔다. 행사 내용은 인간의 도시 확장과 무모한 개발, 환경오염으로 인해 초래된 자연의 황폐화 등으로서 거기에는 이미 멸종된 동식물 종과 멸종 위기에 내몰린 종, 장차 멸종이 우려되는 종 등이 화석으로 또는 사진으로 전시되어 있었고, 그리고 끝으로 '지구상에서 가장 두려운 동물'이란 제목을 붙인 대형 거울 앞에서 자신의 모습을 비추어보면서 자신이 속한 인간 종이 저지른 짓을 반추하는 기획된 성격의 것이었다. 당시 북친도 행사장을 찾았다. 마침 백인 여교사가 학생들에게 환경문제에 관해 진지하게 설명을 하고 있었다. 그런데 그곳을 찾은 맨해튼 할렘가의 흑인 소년이 있었는데, 그 역시 거울 앞에서 자신의 모습을 물끄러미 바라보고 있는 모습이 북친의 눈에 포착되었다. 북친은 환경 전시회 개최가 바람직하지만, 그것이 잘못된 기획으로 내용이 채워진 것에 대해 못마땅하게 생각하고 있던 차였다. 이때 초라하고 남루한 옷차림의 흑인 소년이 거울 앞에 서서 자신도 인간 종의 한 구성원으로서 자연을 황폐화시키고 숱한 동식물 종을 멸종시킨 데 대해 응분의 책임이 있다고 말할 수 있는가? 북친은 당연히 아니라고 여겼다. 어떻게 석유 메이저인 엑손사의 회장과 뉴욕 할렘가 흑인 소년이 자연의 황폐화와 동식물 종의 멸종에 대해 인간 종의 같은 구성원으로서 함께 책임이 있다고 말할 수 있겠는가? 북친은 인간 일반에게 책임이 있다는 진단은 잘못된 설정이라고 보았다.[2] 책임이 있다면, 산업 선진국과 백인종, 남성, 지배집단과 이들이 조성한 억압적 형태의 사회제도를 들어야 할 것이다. 바로 이런 연유로 이전부터 북친은 생태위기의 원인이 사회적 요인에서 비롯된 것임을 설파하면서 관련된 글을 쓰고 있었는데, 이것

2) M. Bookchin, *Defending the Earth*(Boston: South End Press, 1991), p.31; 북친, 박홍규 옮김, 『사회 생태주의란 무엇인가』(민음사, 1998), 30쪽.

과 연관된 생생한 현장을 목격하게 된 것이다.

북친은 일찍이 1962년에는 『우리의 종합적 환경(*Our Synthetic Environment*)』을 출간했고, 1965년에 『우리 도시의 위기(*Crisis in Our Cities*)』, 1971년에 『탈빈곤의 아나키즘(*Post-Scarcity Anarchism*)』, 1982년에 『자유의 생태주의(*The Ecology of Freedom*)』, 1990년에 『사회 생태주의란 무엇인가(*Remaking Society*)』와 『사회 생태주의의 철학(*The Philosophy of Social Ecology*)』 등의 저술을 계속 펴내다가 2006년 작고하였다. 북친이 여기서 말하는 논조는 분명하다. 그것은 환경위기의 뿌리가 사회적 요인에서 비롯되었다는 것이다. 좀 더 정확하게 말하면 사회의 서열화(hierarchy) 요인이 인간 사회에서 계급 및 인종, 여성 등에 대한 차별문제를 불러일으키고, 그것이 인간 사회와 자연의 관계 영역으로도 확장되어 환경문제까지 초래하고 있다는 것이다. 그는 생태 중심주의가 그렇게 하고 있는 것처럼 인간 중심주의에 따른 자연 지배적 세계관과 가치관을 문제의 근원적 뿌리로 진단하여 인간과 자연의 대립 구도로 단순 설정하게 되면, 더 근원적인 뿌리에 이르지 못함으로써 원인 진단을 잘못 내리게 될 뿐만 아니라 해법도 빗나가게 될 것이라고 보았다.

북친이 사회적 요인에서 문제의 단서를 발견하게 된 연유는 그의 삶의 과정과 그가 염두에 둔 사상의 영향 때문이라고 해도 무방할 것이다. 그는 러시아에서 미국 뉴욕으로 이민을 온 가정에서 1921년에 태어나서, 정규 교육도 제대로 받지 못한 채 뉴욕 부둣가 노동자로 살았고, 이 과정에서 한때 사회주의에 심취하다가, 이후 마르크스적 사회주의와 경쟁 관계로 들어서는 아나키즘(anarchism) 사상에 매료된 탓도 적지 않다고 할 수 있다. 그는 기본적으로 인간 사회에서 어떤 형태의 강제적 억압도 사라진 상태에서 개개인이 자유를 구가하는 가운데 서로 협력하며 더불어 살아가는 사회가 자연에 대한 생태적 이해를 하게 될 때 그런 사회가 자연과 공존하는 것이 가능할 것이라고 믿었다. 따라서 북친은 아나키즘의 전통에 생태주의 이념을 접목시켰다고 할 수 있다. 그래서 사회 생태주의를 간혹 에코 아나키즘(eco-anarchism)이라고도 부른다.

2. 아나키즘의 이념

아나키즘은 그리스어 '정부의 부재' 또는 '통치자 없음'을 뜻하는 '아나키(anarchy)'를 현실화하기 위한 이념이다. 그래서 아나키즘은 종종 무정부주의로 불린다. 그러나 이 표현은 자칫 정부가 없거나 통치가 이루어지지 않도록 혼란을 부추기거나 혼돈 상태를 도모하는 것으로 오해될 소지가 다분하기 때문에 적절한 번역어라고 볼 수 없다. 왜냐하면 아나키즘의 본령은 사회 구성원인 인간 개인의 자유가 권위를 자임한 국가에 의해 결코 유린당해서는 안 되고, 더 나아가 자유가 만개하는 상태를 희구하기 때문이다. 이렇게 보면 아나키즘은 소극적으로 표현할 때 강제적 권력이 없는 상태를 뜻하는 무강권주의라고 할 수 있고, 적극적으로 표현하면 절대적 자유를 희구하기 때문에 자유 지상주의(libertarianism)라고 할 수 있다. 다만 후자의 경우에도 국가의 보호를 요청하는 존 로크(John Locke)가 주창한 자유주의(liberalism)와 혼동될 소지가 있으므로 아나키즘은 자유 지상적 무강권주의로 말하는 것이 더 온당할 수 있다.

역사적으로 아나키즘은 그리스 시대에 나타났지만, 그때는 그야말로 일체의 법을 거부하고 혼란을 부추기는 부정적 의미로 사용되었다. 그러다가 오늘날의 사조로 탄생하게 되는 실질적 계기는 아나키즘의 창시자에 해당하는 윌리엄 고드윈(William Godwin)에서 비롯된다. 그는 프랑스 대혁명을 바다 건너 지켜본 영국인으로서 합리주의자였다. 대혁명 직전의 유럽은 봉건제와 전제군주제로 인한 폐해가 극에 달한 때였다. "짐은 곧 국가이다"라는 말을 남긴 프랑스 루이 14세의 후예 군주들은 국가의 통치자로서 절대적 권력을 행사하면서 극에 달한 사치로 국고를 탕진하고 있었고, 귀족은 귀족대로 권력의 한 축을 담당하면서 갖은 명목의 세금으로 국민의 고혈을 짜는 데 기여하고 있었다. 이에 전제정치의 상징인 바스티유 감옥을 습격한 시민이 대혁명을 통해 새 흐름을 조성했지만, 권력을 장악하는 데 성공한 자코뱅 정파가 공포의 독재를 행하다가 또다시 나폴레옹에게 빌미를 줌으로써 혼란을 거듭하고 있었다. 이를 지켜본 고드윈은 온순하고 평범한 시민을 옭죄는 국가와 국가를 유지하는 틀로 마련된 법 제도에 대해 비판적 견해를 밝히기 시작했다. 그는 인간이 이성적이기 때문에 자유로울 수 있다고 보았다. 그래서 합리적인 법은 본래 이성적인 인간에게 불필요하고 비합리적인 법은 이성에 반하므로 역시 불필요하기 때문에, 어떤 형태든 법에 근거한 국가는 독재적일 수밖에 없다고 여겼다. 그는 대신 이성의 산물이면서 중요한 도덕적 덕목에 속하는 진실성(sincerity)에 의해 대화를 나누는 자유 공동체가 요청된다고 주장했다.3)

나폴레옹의 통치 시기에 태어난 프랑스인 프루동(P. J. Proudhon)은 고드윈과 마찬가지로 민중의 자유를 억압하는 국가의 강압적 통치에 선명하게 반기를 들었다. 그의 다음 글은 아나키즘이 왜 강제적 권력기구인 국가를 거부하는지에 대한 답을 제시해 준다.

---

3) A. Ritter, *Anarchism*(London: Cambridge University Press, 1980), pp.43-44.

통치를 받는다는 것은 활동할 때마다, 그리고 거래할 때마다 기록되고, 등록되고, 과세되고, 날인되고, 측정되고, 숫자가 매겨지고, 평가되고, 허가되고, 인가되고, 경고를 받고, 금지되고, 선도되고, 교정되고, 처벌받는 것이다. 그것은 공익이라는 구실 아래, 그리고 일반의 이익이라는 이름 아래 기부금 납부를 강요받고, 훈련을 받고, 배상금을 물고, 착취당하고, 독점의 희생자가 되고, 탈취당하고, 쥐어짬을 당하고, 현혹되고, 강탈당하는 것이다. 사소한 저항을 하기만 해도, 불만의 '불' 자만 꺼내도 억압당하고, 벌금이 부과되고, 멸시당하고, 괴롭힘을 당하고, 추적되고, 학대를 받고, 구타를 당하고, 무장해제되고, 질식당하고, 투옥되고, 재판을 받고, 유죄판결을 받고, 사형을 당하고, 추방되고, 희생되고, 팔려가고, 배반당하는 것이다. 그리고 결국은 조롱을 당하고, 비웃음을 받고, 모욕을 당하고, 명예를 손상당하게 된다. 이런 것이 정부이고, 정의이며, 도덕이다.[4]

프루동은 당시 "소유가 도둑질이다"라고 외쳤다. 봉건제도 속에서 개인의 땅 소유는 귀족에게나 가능했고, 대혁명 이후 본격적으로 도입되기 시작한 자본주의 제도의 소유는 부르주아 계급에게 넘어감으로써 농민들 대다수는 농사에 종사하면서도 농지의 주인이 아니었다. 그렇다고 해서 마르크스주의가 주장하는 것처럼 국가의 공동 소유로 귀결될 경우에도, 그에 따른 억압적 폐해는 마찬가지일 것으로 보았다. 프루동은 권력의 국가 집중화를 차단하면서, 노동 중심이 아닌 실제 생활에 기반이 되는 경제 중심으로 이행하면서 구성원의 자율적 운영이 가능한 소유의 형태, 즉 농민과 노동자가 생산 현장에서 자율적으로 결합하여 조성할 수 있는 조합의 소유가 바람직하다고 보았다.

그는 기본적으로 이타주의와 공감이 인간의 본성이기 때문에 인

---

4) 숀 쉬한, 조준상 옮김, 『우리 시대의 아나키즘』(필맥, 2003), 46-47쪽에서 재인용.

간의 사회성은 자연스럽고 그리고 개인이 도덕적 덕목인 존중(respect)으로 타인에게 다가갈 때 상호부조주의(mutualism) 정신에 의해 사회적 연대를 유지하는 것이 가능하다고 보았다. 그는 무엇보다도 중세 때인 12세기부터 시작된 것으로서 프랑스 일부 지역의 농민들이 군주 및 영주의 지배에서 벗어나거나 또는 견제의 일환으로 조성한 코뮌(commune)이 자치기구로 운영되고 있는 것에 착안하여, 강제적으로 간섭과 수탈을 자행하는 국가가 없어도 순박한 개인이 서로 협력하여 공동체를 자유롭게 꾸려나갈 수 있다고 생각했다. 즉, 지역자치주의(municipalism)를 선호한 것이다. 그리고 자율적인 생산자 중심의 지역 소공동체에 해당하는 코뮌이 서로 협력을 통해 상향식으로 구성하는 연합기구가 국가를 대신하는 방식을 제안함으로써 연합주의(confederalism)를 함께 주창했다.

러시아 귀족 가문에서 태어나 아나키즘의 이념 구현에 몰두한 바쿠닌(M. A. Bakunin)은 혁명가였다. 그는 19세기에 프랑스를 필두로 유럽 전역에 혁명의 불씨가 지펴지면 예외 없이 현장에 나타나서 상황을 주도하는 역할을 수행함으로써 체포와 구금, 석방, 탈출을 반복하는 생애를 살게 된다. 그는 초기에 당대의 풍운아 마르크스와 원만한 사이를 유지한다. 마르크스 주도로 1864년에 런던에서 결성된 제1인터내셔널에도 참여한다. 자본주의와 대비되는 것으로서 넓은 의미의 사회주의 이념에 공감을 하고 있었기 때문이었다. 특히 그는 자유와 사회생활을 분리할 수 없는 성질의 것으로 여겼다. 그래서 연대(solidarity)를 사회에서 가장 중심적인 역할을 하는 것으로 설정했다.[5)]

그러나 바쿠닌은 얼마 못 가서 마르크스주의자가 주도하는 인터

5) 장 프레포지에, 이소희 외 옮김, 『아나키즘의 역사』(이룸, 2003), 247쪽.

내셔널에서 축출을 당하게 된다. 왜냐하면 혁명의 방해자로 인식되었기 때문이다. 그것도 그럴 만했다. 왜냐하면 두 세력 간에는 자본주의 철폐에 관한 한 의견을 공유하면서도 그 대안 사회에 대해서는 서로 선명하게 입장이 엇갈렸기 때문이다. 마르크스는 혁명을 이끌 소수 지도자와 혁명 이후 프롤레타리아 정당, 즉 공산당에 절대적 권위를 인정하며, 일정한 기간 동안에는 국가에 의한 중앙 집권주의를 채택하고 있었던 반면, 아나키즘은 일관되게 그 기본 정신인 반권위주의를 유지하고 있었고, 그에 따라 공산당의 서열화된 조직체계가 필요하지 않았으며, 더 나아가 중앙 집권적 국가의 존재에 대해 거부하고 있었다. 바쿠닌은 집산주의(collectivism)를 천명했는데, 국가를 거부하고 정치적 투쟁 방법을 채택하지 않는다는 점에서 마르크스와 달랐고 프루동의 상호 부조주의를 계승한 것이다. 다만 사회적으로 협력하는 자유 지상적 사회를 구축하기 위해서 조합의 경제투쟁을 통한 혁명적 수단을 필요로 했다는 점에서 프루동과 다소 달랐다. 즉, 상호 부조주의에서는 개인 노동자와 농민이 기본 단위가 되는 반면, 집산주의에서는 노동자 집단이 그 역할을 수행하게 되기 때문이다.

제정 러시아의 사회적 모순이 극에 달하면서 바쿠닌의 뒤를 이은 또 하나의 걸출한 아나키스트가 등장한다. 아나키즘의 왕세자로 불리는 크로포트킨(P. A. Kropotkin)의 출현이다. 그는 헤겔(G. W. F. Hegel)의 영향을 받은 프루동과 마찬가지로 역사에 대한 낙관론을 견지하고 있었다. 그래서 인간 사회가 역사를 통해 자유를 더욱 진전시키는 단계로 이행할 것이라고 확신했다. 그는 인간의 욕구가 필요로 나타나고, 이어서 필요에 부응하는 생산이 이루어져야 한다고 여겼다. 이에 풍부한 물자는 누구나 필요에 따라 자유롭게 꺼내다 쓸 수 있는 열린 창고를 기획했고, 부족한 물자는 알맞게 배급하는 제도가 요청된다고 봄으로써 아나키즘적 공산주의(anarchist communism)를 주창했다.[6] 다만 의사결정이 기초적인 코뮌의 자율성에 의거해야 한다고 봄으로써 마르크스적 권위주의와 견해를 달리했다. 그리고 앞 세대의 아나키즘 흐름 선상에서 자립적인 최소 공동체를 조직하고, 그에 따른 수평적 연합 조직이 국가를 대체하는 방식을 선호했다. 특히 크로포트킨은 청년 시기에 러시아 군 장교 생활을 시베리아에서 보내면서 설경으로 뒤덮인 아름다운 자연에 대한 향수가 담긴 지역 공동체를 희구했기 때문에, 후일 북친에게 생태적 아나키즘 사회로 나갈 수 있을 길을 제시해 주었다.

3. 사회 생태주의와 윤리

북친은 아나키즘의 전통 속에서 환경문제를 인식했다. 그래서 오늘의 인류가 직면한 환경위기의 뿌리는 사회적 요인에서 발생한 것이라고 본다. 즉 인간과 인간 사이의 지배 및 억압 관계가 사회와 자연의 관계로도 확장되어 나타난 결과가 환경재난이라는 것이다. 북친은 먼저 자본주의가 자연에 대해 가장 수탈적이라고 본다. 사회 속에서 계급적 억압이 자행되는 상태에서 자연에 대한 수탈은 더욱 극심해질 것이기 때문이다. 그렇다면 마르크스 사회주의의 경우에는 어떤가? 마르크스 사회주의로 이행한다고 해도 크게 달라질 것이 없다고 여긴다. 왜냐하면 경제적 지배계급이 사라졌다고 해도 여전히 국가나 권위적 실체인 공산당에 의한 민중 억압, 더 나아가 자연에 대한 수탈이 종식되지 않을 것이라고 보기 때문이다. 이와 같이 반권위주의를 유지한다는 점에서 북친은 아나키스트이다.

6) 위의 책, 288-290쪽.

다만 사회적 아나키즘과도 다소 차이를 드러내고 있다. 그는 근대의 국민국가와 더불어 관료계급이 사라졌다고 해도 여전히 지배가 남아 있을 수 있다고 본다. 북친은 정말로 일체의 지배가 사라진 자유로운 사회를 추구한다. 그는 위에서 아래로 단계적으로 이루어진 서열화를 사회구조에서는 물론 의식의 영역에서도 추방하고자 한다. 그는 서열화를 이렇게 폭넓게 정의하고 있다:

> 내가 보는 서열화는 단순히 계급과 국가라는 용어가 가장 적합하게 가리키는 경제 및 정치 제도뿐 아니라 복종과 명령이라는 문화적, 전통적, 심리적 체계도 의미한다. 따라서 서열화와 지배는 '계급이 없는' 또는 '국가가 없는' 사회에서도 계속 손쉽게 존재할 수 있다. 나는 연장자에 의한 젊은이의 지배, 남성에 의한 여성의 지배, 한 민족에 의한 다른 민족의 지배, '상류층의 사회적 이해관심'을 변호하는 직업을 가진 관료에 의한 '민중'의 지배, 도시에 의한 시골의 지배, 그리고 더욱 미묘한 심리학적 의미로 정신에 의한 신체의 지배, 천박한 도구적 합리성에 의한 영혼의 지배, 그리고 사회 및 기술에 의한 자연의 지배를 가리킨다.7)

여기서 북친은 경제적 계급에 의한 지배는 물론 사회 계층적 지배, 심지어 의식의 영역에까지 이르는 정신적 지배 그리고 인간 사회의 자연 지배까지 포괄하는 서열화 일반에 대한 도전으로 다가가고 있다. 따라서 북친에 의하면 자연에 대한 지배로 나타난 생태위기는 사회 속의 경제적 계급화나 제도적 서열화 그리고 심지어 심리적 서열화와도 직결되는 셈이다.

생태위기가 위계질서로 이루어진 사회제도에서 비롯된 것이라면,

---

7) M. Bookchin(revised ed.), *The Ecology of Freedom*(New York: Black Rose Books, 1991), p.4.

그 해법은 사회를 재구축하되 자연과 새로운 관계를 설정하는 것이다. 북친은 이것을 변증법적 자연주의(dialectical naturalism)를 통해 찾고자 한다. 변증법은 고대 그리스의 헤라클레이토스(Heraclitus)에서 시작하여 헤겔과 마르크스를 거쳐 이어져온 것이다. 이것은 아리스토텔레스 이후 조성된 형식논리와 대비된다. 형식적 관습에 따른 도구적 이성은 "A는 A이다"라고 하거나 "A는 A 아닌 것이 아니다"라고 선명하게 분리해서 표현하며, 실재가 불변적인 경계를 지닌 것으로 본다. 반면 변증법적 이성은 "A는 A이면서 동시에 A가 아니다"라는 방식으로 표현함으로써 실재가 어떤 때는 이런 형세로 또 다른 때는 저런 형세로 존재함을 드러내는데, 이것은 실재의 발전적 본성을 드러내기 위함이다. 이렇게 보면 존재(Being)는 '지속적으로 전개되는 되어감(Becoming)'의 과정에 있다. 특히 헤겔 이후 변증법은 실재가 정(Thesis)과 반(Anti-thesis), 합(Synthesis)의 과정을 지속적으로 거치는 과정으로 파악한다. 다만 북친의 변증법은 전통의 그것과 다소 다르다. 헤겔의 변증법은 전적으로 관념론적이고, 마르크스의 그것은 전적으로 유물론적이다. 북친은 다윈의 진화론을 결합하는 형태를 취함으로써 양자를 넘어선다. 즉 모든 실재를 자연적인 것으로 본다. 그래서 그의 입장이 자연주의이다.[8)]

북친은 변증법적 자연주의의 눈으로 볼 때 인간과 자연의 유기적 관계가 잘 드러난다고 여긴다. 원시 자연은 제1자연(first nature)이다. 이것은 우주와 지구의 긴 진화 과정에서 의식적 존재인 인간 종이 출현하기 전 상태를 나타낸다. 이제 제1자연에서 마침내 포유류가 출현했고, 이어서 인간 종이 탄생했다. 자의식을 갖게 된 인

---

8) 북친, 문순홍 옮김, 『사회 생태론의 철학』(솔, 1997), 34-37, 59쪽.

간은 제1자연을 인간의 생존에 유리하도록 변형을 주기 시작했고, 그래서 문화가 탄생했다. 마침내 제2자연(second nature)이 출현한 것이다. 이것은 제1자연에 인간의 문화가 꽃을 피운 형태로 진화한 것이다. 이때 유념할 점은 자의식을 가진 인간 종이 물질과 생명, 의식을 가진 자연적 존재의 진화 과정에서 생겨난 것이므로, 인간도 자연적이라는 것이다. 변증법적 자연주의로 바라보면, 인간은 단지 물질만도 아니며 순수 의식도 아니다. 물질의 단계에서 의식의 단계로 변증법적 과정을 거친 산물이기 때문에 양자를 함께 띤 연속적 존재일 뿐이다. 마찬가지로 그런 인간 종을 탄생시킨 자연도 순수 물질만도 아니고 순수 의식도 아닌 연속적 존재이다. 우리는 자기-의식적인 인류일 뿐 아니라 자기-의식적 자연의 일부를 이룬다.9) 이렇게 인간을 잉태한 자기-의식적 자연(nature rendered self-conscious)은 앞으로도 계속 진화한다.

제2자연이 자기-의식을 갖게 되었다고 해서 어떤 절대자, 예컨대 아리스토텔레스의 신이나 헤겔의 절대정신과 같은 존재가 특별하게 설정한 목적을 향해 자연이 나아가고 있다고 볼 필요는 없다. 다만 북친은 자연이 아무것도 모른 채 마구잡이로 발전을 하는 것이 아니라 변증법적으로 다양성과 복합성, 상보성, 그리고 자발성이라는 생태적 원리에 따라 진행하고 있다고 보았다. 이에 변증법적 자연주의는 목적론적이라고 보지 않을 수 없다.

우주 탄생과 더불어 조성된 원시 형태의 자연은 제1자연이었고, 뒤이어 제2자연이 탄생했다. 그러나 제2자연은 미완성 상태일 뿐이다. 오히려 제2자연 속의 인간 문화는 물질문명으로 확장되었고, 이것은 오늘날 구조적인 환경재난을 촉발시키고 있다. 그대로 방치

9) M. Bookchin, *The Ecology of Freedom*, pp.315-316.

한다면 인간 자신의 운명이 위태로울 수 있다. 바로 이런 점에 비추어 자연적 존재이면서 자의식적인 인간이 스스로에게 부과된 윤리적 책임을 자각할 필요가 있다. 목적론적 성향의 자연이 다양성과 복합성을 실현하면서 서로 상보적 관계에 돌입할 수 있도록 인간의 책임 있는 참여가 요청되는 것이다. 인간의 참여가 자연으로 하여금 제 길로 들어서게 하는 것을 가능하게 할 수 있다. 그래서 도달해야 할 새 지평이 바로 자유 자연(free nature)이다. 이런 의미의 자유 자연은 의식적이고 윤리적이므로, 생태적 사회를 뜻하게 될 것이다.10)

제1자연에서 제2자연을 거쳐 제3자연을 뜻하는 자유 자연으로의 이행은 변증법적인 정반합의 경로이다. 그런데 자연 앞에 '자유'란 수식어가 붙어 있음은 의아스럽기도 하고 놀랍기도 하다. 그 이유는 자연적 존재 모두 생명을 유지하고 자신의 종을 보호하려는 방향성(directiveness)을 띠고 있다는 것과 자연에서 탄생한 인간이 가장 첨예하게 이성의 산물로서 자유를 구가하는 존재라는 것에서 찾을 수 있다. 바로 이 대목에서 자유 지상주의를 희구하는 아나키즘의 영향을 다시 엿볼 수 있다. 이제 인간이 제 역할을 다하게 될 때, 자연은 생명과 의식, 자기-의식이 만개하는, 더 큰 펼침의 장을 찾아가게 될 것이다. 북친 역시 미래에 대해서 헤겔이나 마르크스에게 나타나듯이 낙관적이다.

제3자연을 잉태한 생태사회는 억압적 특성의 국가를 필요로 하지 않는다. 사회의 기본적 단위는 지역 자치주의를 실현한 코뮌처럼 자율적인 소공동체이다. 이 공동체 속에서 구성원 개인은 누구나 자신에게 주어진 절대적 자유를 만끽하며 살아가되, 서로 협력

10) 북친, 『사회 생태론의 철학』, 67, 186쪽.

하여 함께 의지하며 살아간다. 공동체의 의사결정은 직접 민주주의를 원칙으로 한다. 어느 누구도 자유롭게 의견을 개진할 수 있고, 의사결정에 참여하며, 그리고 결정된 사안을 집행한다. 이때 소규모 공동체 간에 협력할 연대의 문제가 있을 것이다. 그 경우 소공동체의 의사를 전달할 피위임자가 파견되어, 기본 단위의 의사를 존중하는 선에서 연대의 문제를 풀어간다. 그리고 더 큰 단위의 문제에 대해서도 같은 형태를 취한다. 다만 피위임자가 하위 단위의 의사에 반하는 방식으로 권한을 남용하게 될 경우 언제든 기초 단위로 소환되거나 재소환됨으로써 의사소통의 통로를 민주화한다. 이렇게 함으로써 자치에 바탕을 둔 연합주의가 국가주의를 대체한다.

지역 공동체의 구성원은 모두 생산적인 일에 참여하지만, 자본주의 방식의 능력이나 기여에 따른 분배를 받지 않는다. 농업과 공업 등 생산영역에서 이루어지는 구체적 결정은 얼굴을 마주보고 토론하는 민중회의에서 시민 스스로에 의해 이루어진다. 이때 생산을 통해 얻게 되는 이익이 특정인이나 특정 집단에게 귀결되기보다 공동체 모두나 인류 일반에게 귀결되도록 한다. 구성원 누구나 자율적인 자신의 능력을 최고로 발휘하여 사회 전체에 공헌하고, 필요한 것은 공동 생산물의 기금으로부터 갖다 씀으로써 재산의 사적 소유를 초월한 물질적 연대를 공고하게 유지한다.

소공동체는 자신들의 문화적 생활을 유지하기 위해 생산물을 얻을 때 주로 그 지역의 생태계로부터 취한다. 그러나 만일 생산물을 과다하게 조성함으로써 생태계의 재생산 여력을 초과하게 된다면, 그 후유증이 곧바로 자신들에게 돌아올 것이기 때문에 생태계 여건을 감안하는 범위에서 자기 유지적 생산체계를 유지할 것이다. 인간적 규모의 기술을 적용하기 때문에 태양력이나 풍력을 이용하는 재생 가능한 에너지 공업체계를 구축하고, 공동체 각각이 처한 여건에 따라 유기농업의 방식으로 작물을 재배하여 자연의 흐름 체계에 순응한다.11)

다만 북친은 인간이 자연을 배려하고 존중하는 방식으로 다가갈 때, 즉 생태윤리로 접근할 때 특별히 중요한 것을 환기할 필요가 있다고 여긴다. 생태 중심성 또는 생명 중심성을 표방하는 급진주의는 자의식을 지닌 인간의 합리적 이성을 격하하게 되고 또한 반인도주의(anti-humanism)로 치닫게 한다고 비판한다. 그는, 만일 자연이 내재적 가치(intrinsic worth)를 갖는다면, 그것은 미적이면서 도덕적 의지를 가진 인간에 의해 구성되는 것일 뿐이라고 보고, 이런 경우에도 인간의 내재적 가치는 인간 이외의 자연적 존재가 갖는 것과 달리 "예외적이고 독특한 것"이라고 본다.12) 인간이 자연의 변증법적 진화 과정에서 탄생한 자의식의 존재라고 하더라도, 인간과 자연이 평등한 내재적 가치를 갖는다는 것에 대해 거부하고 있는 것이다. 따라서 원리적으로 생명 또는 생태 중심주의를 표방하는 가이아 생명론이나 심층 생태주의, 또는 일부 생태 여성주의가 전체로서의 지구를 구하기 위해 인간을 희생시키는 것을 허용하는 쪽으로 미끄럼을 타게 되는 반면, 북친은 자연이나 멸종에 처한 자연적 존재를 구하기 위해 어떤 인간 개체도 희생시킬 수 없음을 분명히 하고 있다고 볼 수 있다.

종합하면 북친이 꿈꾸는 생태사회에서는 개개인이 자유를 구가하는 가운데 서로 협력하여 지역을 자치적으로 운영하고, 호혜적 연대를 통해 연합기구가 국가를 대신하도록 함으로써 인간 사회의

---

11) 북친, 『사회 생태주의란 무엇인가』, 251-256쪽.

12) 북친, 『사회 생태론의 철학』, 66, 121-122쪽.

지배 및 서열화 구조를 청산하며 그리고 인간이 자연으로부터 필요한 산물을 획득하여 사용하는 문화적 생활을 할 때 생태계의 여건을 감안하는 범위에서 이루어지도록 함으로써 인간이 제3자연으로 향하는 진화 과정에 동참해야 한다는 것이다. 이때 더 특별하게 중요한 것은 자연의 진화 과정에서 탄생한 인간이 자의식을 갖고 이런 일을 책임 있게 수행할 수 있다는 점이다.

4. 평가와 전망

북친이라는 뛰어난 사상가에 의해 주창된 사회 생태주의는 오늘의 생태위기를 근원적으로 해결하는 데 탁월한 통찰과 이념을 제공하고 있다. 아나키즘의 전통 위에서 인간 각자가 외부의 강제적 구속을 받지 않고 스스로의 자유를 적극 펼칠 수 있는, 그러면서 서로 연대를 통해 협력하는 사회를 희구한다는 점에서 휴머니즘의 정신을 잇고 있다. 그리고 변증법적 자연주의로 조망하기 때문에, 인간이 자연의 진화 과정에서 탄생하고 또 자유 자연을 완성할 도덕적 책임을 자각하도록 함으로써 사회가 자연과 더불어 공진화할 수 있는 가능성을 적극 조성하고 있다.

북친이 사태를 바라보는 시각은 매우 진지하면서 세부적이기도 하다. 그는 먼저 자본주의가 인간 사회 내 계급 억압은 물론 자연에 대한 수탈까지 함께 저지름으로써 위기를 가속화하고 있다고 비판한다. 마르크스 사회주의에 대해서도 비록 무계급 사회를 희구하고 있다 하더라도 내부에 권위주의 체계를 견지함으로써 언제든 민중과 자연 양자에 대한 억압으로 이행할 수 있다고 본다. 또한 산업문명의 인간 중심적 세계관을 비판하면서 생태 중심성 또는 생명중심성을 표방한 일부 급진적 생태주의, 예컨대 심층 생태주의와 가이아 생명론, 문화적 생태 여성주의 등이 부분적으로 자연보호에 기여할 수 있지만 자연을 위기로부터 구제한다는 미명 아래 인간을 희생시키는 반인도주의에 빠짐을 역시 비판하면서 견제하고 있다.

북친은 과거 서양의 권위주의 체계가 도구적 이성만을 부각시킨 것도 잘못이지만, 그렇다고 해서 이성 일반을 배제하거나 격하시킨 채 일방적으로 생태적 감성과 영성에 치우쳐서 생명 중심주의로 빠져드는 것도 또 다른 치명적 문제를 잉태할 것이라고 보았다. 이것은 마치 마르크스주의자가 자본주의를 대체하기 위해 무계급에 의한 마르크스 사회주의를 주창했지만 공산당과 권위주의 국가를 존속시킴으로써 민중에 대한 또 다른 억압을 초래한 것과 비슷한 형세로 이행할 것이라고 본 것과 같다. 그는 인간 누구나 목적으로 대우받을 내재적 가치를 갖고 있고, 인간 자체가 자연으로부터 탄생했기 때문에 자연 역시 내재적 가치를 갖고 있는 것으로 의식적 인간이 평가할 수 있음을 용인하지만, 그렇다고 해서 양자가 평등한 가치를 갖는다고 볼 수 없음을 분명히 했다. 이런 북친의 접근이 매우 현실적일 수 있음은 분명하다.

그러나 북친의 사회 생태주의에도 다소간의 문제가 발견된다. 가장 핵심적인 것은 서양의 전통에서 문제 해결의 해법을 찾기 때문에 일정한 한계를 지니는 것으로 보인다. 즉, 변증법과 아나키즘의 전통에서 해법을 찾는 것과 연관된다. 몇 가지로 구분해서 살펴보자. 첫째, 북친의 자유 자연 개념은 지극히 모호하다는 점이다. 자연의 진화 과정에서 자유롭거나 자유를 추구하는 생물과 인간 종이 탄생했다고 해서, 그것을 낳은 자연도 자유롭다고 말하는 것이 그가 중시하는 합리성에 부합하지 않는다는 것이다. 예컨대 수소와 산소 분자가 합세하여 물을 이루고 있다고 해서 물의 무색, 무취, 무미의 성질을 수소와 산소에게 이행시키는 것이 합리적이지 않기 때문이다. 그리고 제2자연에 있는 오늘의 인류가 단기적인 물질적 욕망에 빠져 자연과 스스로의 생명을 위태롭게 할 소지가 큰데, 그는 제2자연에서 제3자연으로 필연적으로 이행할 것이라는 여지를 풍김으로써 변증법적 낙관주의에 매몰되어 있는 것으로 보인다. 이것과 관련해서 대립과 투쟁 일변도의 변증법의 논리보다 조화와 균형에 초점을 맞추는 동아시아 음양론이 더 적절하다고 본다. 그런데 문제는 동아시아 자연관에 무지한 북친이 동양사상에 경도될 때 신비주의에 빠지는 것으로 비판하고 있다는 점이다.

둘째, 북친의 생태윤리의 내용이 애매하다는 점이다. 자연에 도구적 가치를 설정하는 것이 부담스러워서 내재적 가치를 용인하고 있는 것으로 보이는데, 그러면서도 인간의 그것과 차별을 설정하고 있다. 그렇다면 자연에 대해 다른 유형의 가치, 즉 제 3의 가치를 설정하고 그에 따른 인간의 의무와 책임을 분별해야 하는데, 그것에 미치고 있지 못하다.

셋째, 생태위기 해결을 위해 인간 사회의 서열화 문제를 구조적으로 해결하는 것에서 출발해야 한다고 주장하고 있기 때문에, 자연과 관련된 직접적 문제 해결에 소홀하게 될 소지가 적지 않다는 점이다.

넷째, 아나키즘은 인류가 실현해야 할 이상이지만, 그것이 실현되려면 인간의 사악한 욕망이 청산되면서 도덕성만이 부상되어야 한다. 그러나 냉정하게 평가하면 인간은 양심 이외에도 적지 않은 사심을 갖고 있다. 20세기 말 현존 사회주의의 몰락에서 본 것처럼 인간의 사심을 효과적으로 제어할 방도가 모색되지 않는 한에서 이상은 공염불에 그칠 소지가 크다. 특히 국가 없는 공동체가 다른 이기적 집단에 의해 침탈당하지 않도록 하는 구체적이면서 실질적인 방도가 모색되지 않는 한, 무고한 공동체 구성원을 도탄에 빠뜨릴 수 있다. 따라서 사회 생태주의가 그리는 사회가 실현될 가능성은 지극히 희박해 보인다는 점이 문제다.

사회 생태주의에 다소 문제가 발견되지만, 전반적으로 평가할 때 생태주의가 지향해야 할 바람직한 내용을 가장 많이 함축하고 있다고 볼 수 있다. 어쨌든 개인의 자유가 최대로 향유되면서 공동체 구성원 간에 서로 협력하는 문화가 조성되어야 하고, 그런 문화가 자연과 공진화할 수 있어야 한다. 물론 사회적 의사결정이나 자연과 연관된 생활양식의 문제를 의논하고 결정할 때 풀뿌리 민주주의를 최대로 반영하도록 해야 할 것이다. 모두가 북친이 주창한 핵심 내용들로서 인도적 생태주의가 가야할 한 전형을 제시하고 있다고 보인다. 다만 북친 역시 이성에 너무 경도된 나머지 생태적 감성과 자연 영성에 대한 주의를 소홀히 하고 있다는 것은 극복해야 할 대목이라고 보인다. 따라서 사회 생태주의는 심층 생태주의나 생태 여성주의의 일부 통찰을 수용하면서 동아시아 자연관까지 존중하는 방향으로 진화할 때 생태위기를 극복할 새로운 대안으로 부상할 수 있을 것이다.

제 14 장

생태 여성주의 윤리

1. 급진적 생태주의의 대두

국제사회에서 환경문제에 대한 인식이 고조되면서 이를 해결하기 위한 방도가 모색되기 시작했다. 아무래도 현재의 가치관과 사회제도를 유지하면서 문제를 풀고자 하는 보수적 시도가 우선할 수밖에 없다. 이에 따라서 일각에서는 자본주의 체제를 지속시키면서 문제 해결 방안을 모색하는 시도가 적극적으로 나타났고 또 다른 일각에서는 환경문제 발생을 자본주의와 연결시키면서 그 대안으로 마르크스 사회주의를 생태적으로 단장하여 문제 해법을 제시하려는 경향도 엿보였다. 어느 경우든 산업문명의 생활양식을 존속시키면서 사태 해결을 도모하는 것으로 볼 수 있다.

생명 존중의 시각으로 조망할 때, 산업주의를 유지하는 보수적 접근으로는 환경위기를 근원적으로 해소할 수 없다는 급진적 해법의 목소리도 나오기 시작했다. 대표적으로 북친(M. Bookchin)은 이제 인류 사회의 진보적 물결이 좌와 우를 대변하는 이념으로는 해결이 안 되며, 초록(green)의 이념으로 나아가지 않으면 안 된다고 역설했다.[1] 또 달리 지구상의 인구가 과도하게 증가하고 있다는 데 주목하면서 인구수를 대폭 줄이면서 생활양식을 전면적으로 개선하지 않으면 안 된다는 목소리도 나왔다. 이렇게 해서 1970년대 초반 이후 급진적 생태주의(radical ecology)가 새로운 흐름으로 등장하기 시작했다. 이런 흐름은 심층 생태주의(deep ecology)와 사회 생태주의(social ecology), 그리고 생태 여성주의(ecofeminism)의 트로이카가 출범하면서 주도하고 있는데, 이를 급진적이라고 부르는 데는 그만한 이유가 있다. 왜냐하면 다음 두 가지를 분명한 논조로 내세우고 있기 때문이다. 첫째, 생태위기의 원인을 추적한 결과 그것이 인간의 개념 체계나 가치관 또는 사회적 기원과 같은 근원적 요인에서 비롯되고 있다고 지적한다. 둘째, 문화 패러다임의 교체나 혁명만이 환경위기를 극복할 수 있는 방안이라고 주장한다.[2]

급진적 생태주의 철학은 개량적 환경주의가 원천적 한계를 지니고 있다는 데 의견을 같이하고 있다. 그러나 위기의 뿌리에 대한 진단을 서로 달리하고 있고, 그에 따라 해법도 다르게 제시하고 있다. 대표적으로 심층 생태주의는 위기의 핵심 뿌리로 인간 중심주의(anthropocentrism)의 자연 지배적 세계관을 지목하며, 그 대안으로 생태 중심주의를 내세운다. 이와 다르게 사회 생태주의는 위기의 주요한 뿌리가 사회적 요인, 즉 서열화(hierarchy)라는 사회제도

---

1) M. Bookchin, *Defending the Earth*(Boston: South End Press, 1991), p.58.
2) M. E. Zimmerman, "General Introduction", M. E. Zimmerman et al.(eds.), *Environmental Philosophy*(Englewood Cliffs, N.J.: Prentice Hall, 1993), vi-vii.

에서 비롯되었다고 주장한다. 생태 여성주의는 이미 오래 전부터 전개되고 있었던 페미니즘의 흐름 선상에서 앞서 언급한 두 생태주의의 사조에 영향을 받아서 출현했는데, 사회 생태주의와 마찬가지로 위기의 뿌리가 사회적 요인, 더 구체적으로 가부장제(patriarchy)에서 비롯되었다고 진단한다. 해법도 다소 상이해서 사회 생태주의는 자유를 중시하는 아나키즘의 전통에서 생태주의를 반영하는 길을 개척하고 있는 반면, 생태 여성주의는 가부장제를 철폐하면서 생태주의를 추구하는 형세라고 볼 수 있다. 다만 생태 여성주의는 기본적으로 전통의 페미니즘 흐름 속에서 문제를 인식하고 또 해법도 새롭게 모색하고 있는데, 전통의 페미니즘 역시 여러 갈래로 진행되었기 때문에, 여기서는 이를 분별하는 형태로 그 흐름을 진단하면서 그 윤리적 접근을 파악하고자 한다.

2. 페미니즘의 흐름

역사적으로 페미니즘은 일정한 흐름 속에서 전개되었다. 다양한 갈래가 존재하지만, 특징적인 네 가지 흐름으로 조망을 하도록 하겠다. 첫 번째 여성운동의 물결을 조성한 것은 자유주의 페미니즘(liberal feminism)인데, 여성도 남성만큼 이성적이므로 남녀의 차이가 있을 수 없다고 주장하면서 사회의 공적인 영역에 드리워져 있던 형식적 차별을 불식하는 데 주력하였다.

자유주의는 개인의 자유를 가장 우선적인 가치를 지닌 것으로 설정하는데, 자유로운 행위는 이성의 소산이다. 인간은 이성을 갖고 있기 때문에, 무수한 선택적 상황에 직면하여 어떤 것을 선택하여 행동하는 것이 스스로 설정한 목적을 구현하는 데 효과적 수단인지를 분별할 줄 안다. 이렇게 인간은 분별적 이성을 가지고 있다.

그뿐만 아니라 인간은 타인과 함께 사회를 이루어 살고 있으며 필요할 때 도덕적으로 행위하기도 한다. 인간은 도덕적 이성도 지니고 있는 것이다. 그런데 이런 능력은 동물과 다른 것으로서 남성만이 아니라 여성도 갖고 있다는 점이다. 따라서 자유주의 페미니즘은 여성이 남성에 비해 차별을 받아야 할 하등의 이유가 없기 때문에, 제도적 차별을 불식시키고자 노력함으로써 여성의 권리를 대폭 신장시키는 데 기여했다.

역사적으로 18세기의 울스턴크래프트(M. Wollstonecraft)는 남성이 여성에 비해 능력상 우월하다는 편견에 도전했고, 그럼으로써 남성에게만 제대로 적용되던 자연권을 여성에게도 이전시키고자 노력했다. 19세기의 해리엇 테일러(Harriet Taylor)는 여성이 도덕적 합리성은 물론 분별적 합리성도 함께 구비하고 있기 때문에 자신이 설정한 개인적 또는 사회적 목적을 실현할 적절한 수단을 강구할 수 있으므로 여성의 사회적 역할 수행이 전체 사회의 효용성을 높이는 데 기여할 수 있다고 주장했다. 특히 그녀는 여성이 하인을 거느려서라도 가사 부담을 줄이고, 그에 따라 사회의 공적인 일에 적극 참여해야 한다고 역설했다. 비록 테일러의 주장에서 계급 차별주의가 노출되었지만, 그런 활약 덕분에 여성의 사회 참여가 늘어나기 시작한 것은 분명했다. 특히 선진국 여성의 참정권 운동으로 인해 20세기 초반부터 여성에게도 선거권이 주어지기 시작한 것은 자유주의 페미니즘 운동의 성과라고 할 수 있다.

마르크스(K. Marx)와 엥겔스(F. Engels)가 활약하던 시절에 또 다른 페미니즘의 울림이 조성되기 시작했는데, 바로 마르크스주의 페미니즘(Marxist feminism)이다. 자유주의는 사회 속 인간 개인을 타인과 경쟁해야 할 고립적인 합리적 행위자로 본 반면, 마르크스주의는 인간을 생물학적이면서 사회적인 존재로 묘사했다. 인간은 생물학적 욕구를 지니고 있고, 욕구 충족을 위해 자연을 가공하는 형태로 자연과 교섭해야 하기 때문에 생물학적 존재이다. 또한 인간은 다른 동물과 달리 의식을 지닌 존재로서 목적을 설정하고, 합목적적 방식으로 일을 하지만 동료 사회 구성원들과 협력 속에서 '실천(praxis)'을 행하는 까닭에 사회적 존재이다. 이때 인간의 실천은 합리적 사고와 연결되고 합리적 사고는 사회가 구성하고 있는 생산양식에 의해 결정되기 때문에, 인간의 본성은 자유주의가 얘기하듯이 본래부터 결정되어 있는 것이 아니라 역사의 산물일 뿐이라고 여긴다.

마르크스주의는 사회 속에서 더불어 행하는 협력적 실천이 인간의 본성을 구성하는 데 핵심이고, 여성도 남성과 마찬가지로 생물학적이면서 사회적인 존재이기 때문에 사회적 실천에 동참하는 것이 당연하다고 여겼다. 그래서 엥겔스는 여성 해방의 첫 번째 조건은 모든 여성이 사회의 공적인 산업에 투입되는 것이고, 두 번째 조건은 전통 가정에서 여성에게 일방적으로 전가되던 육아와 가사를 사회가 떠맡는 방식을 취함으로써 사회화하는 것이라고 보았다.3)

그런데 마르크스주의는 자본주의 사회에서 여성이 남성에 의해 억눌려 있는 것이 불가피하다고 보았다. 왜냐하면 프롤레타리아 남성의 경우에 부르주아에 의해 계급적 착취를 당하고 있다고 하더라도 임금을 받는 노동을 하고 있는 반면, 여성은 돈으로 환산이 안 되는 가사 및 육아 노동에 종사하고 있기 때문이었다. 물질 중심의 사회에서 돈의 가치로 평가되지 못하는 노동에 종사하는 여성이 돈의 가치를 갖는 노동에 종사하는 남성에 종속되는 것은 당연하다.

---

3) F. Engels, *The Origin of the Family, Private Property and the State*(New York: International Publishers, 1972), pp.137-139.

이에 여성도 물질적 생산에 동참하는 사회적 역할 참여가 불가피하다. 다만 자본주의 사회에서 여성이 사회적 일에 참여했다고 해도, 여전히 노동 소외를 당하는 것은 필연적이다. 따라서 마르크스주의 페미니즘은 여성 해방 운동이 최종적으로 계급 해방 운동에 동참할 때 완성될 수 있다고 역설했다.

20세기 중반을 전후로 한 시기는 페미니즘 운동의 정체기였다. 이 시기가 끝나는 시점인 1960년대 후반부터 페미니즘의 두 번째 파고가 조성되기 시작했다. 이 새로운 흐름은 급진적 페미니즘(radical feminism)으로 불리게 된다. 이 입장은 여성 억압의 뿌리를 추적하고 해법을 제시할 때 재생산 생물학(reproductive biology)과 생물학적 성-사회적 성별 체계(sex-gender system)의 새로운 구도로 접근하기 시작했다. 그래서 선명하게 부각된 원인이 가부장제(patriarchy)였다.

가부장제는 여성을 임신 및 출산과 양육의 기능을 맡고 있으면서 가사를 돌보고, 남성의 성적 욕구를 충족시키는 대상으로 규정함으로써 남성에 의한 여성 통제와 억압을 구조적으로 지속시키는 유무형의 제도와 가치관이다. 이것은 남녀의 생물학적 성이 다르다는 것을 기화로 사회적으로 성별에 따른 차별을 심화시켰다. 이에 급진주의는 가부장제를 타파하는 데 주안점을 두게 된다. 다만 남성과 여성의 속성이 생물학적 차이에 따라 사회적으로 본래 다르다는 본질주의(essentialism)에 대해 어떤 입장을 갖느냐에 따라 급진주의도 두 가지로 분별되었다. 하나는 본질주의를 거부한 급진 자유 지상적(radical-libertarian) 페미니즘이고, 다른 하나는 가부장적 본질주의를 역전시킨 급진 문화적(radical-cultural) 페미니즘이다.[4)]

---

4) 로즈마리 퍼트남 통, 이소영 옮김, 『페미니즘 사상』(한신문화사, 2000), 86쪽.

급진 자유 지상주의는 본질주의를 거부하면서 남녀가 유사한 본성적 잠재력을 갖고 있기 때문에 가부장제를 조성하면 여성 억압이 나타나고, 사회적 조건을 평등하게 조성하면 남녀가 평등할 수 있다고 보았다. 그래서 인간 개인이 자신에게 맞는 사랑, 이성애와 동성애를 자유롭게 취할 수 있는 양성애를 선호했고, 남성 위주의 포르노 문화에 대항하여 여성 위주의 포르노 문화로 맞설 필요가 있다고 생각했다. 그리고 프롤레타리아가 자본의 계급 착취에 맞서서 생산수단의 통제권을 공유화하는 형태로 맞섰듯이, 여성이 가부장적인 통제 수단으로 쓰였던 재생산수단의 지배권을 확보해야 한다고 여겼다. 그래서 자연출산 이외에도 다른 방도, 예컨대 인공출산이나 돌리양을 복제하는 데 쓰인 기법에 따른 체세포 핵 이전에 의한 후손복제 등에도 찬성하는 등 양성문화를 조성하는 데 적극적이다.

이에 반해 급진 문화론자는 가부장적 본질주의를 역전시켜서 여성적 가치가 남성적 가치보다 더 우월하다는 여성성의 우위를 부각시켰다. 대표적으로 메리 댈리(Mary Daly)는 동성애를 적극 권장하고 찬양하면서, 심지어 게이 문화와 레즈비언 문화를 동등시하는 것에도 거부감을 보였다. 그녀는 허위의 여성성을 비판하면서 가부장제 아래에서 지탄을 받던 것들, 예컨대 추한 노파나 마녀의 특성을 예찬했다. 가치관의 전도를 노린 것이다. 급진 문화론자는 포르노 문화를 가부장제의 산물로 간주하여 일소할 것을 주장했고, 자연출산을 권장함으로써 생물학적 어머니 역할을 찬양하는 형태로 여성성을 고무시키고자 했다.

끝으로 사회주의 페미니즘(socialist feminism)은 마르크스의 사적 유물론을 기반으로 급진적 페미니즘이 다룬 화제를 함께 묶어 해결하고자 한다. 마르크스주의가 인간의 본성을 역사적으로 이해하고자 한 시도는 옳았지만 가부장제를 꿰뚫어보지 못했고, 급진적 페미니즘은 가부장제를 들추어낸 것은 옳았지만 사회적 계급차별을 보지 못했다고 여겼다. 따라서 사회주의 페미니즘은 마르크스주의와 급진주의 가운데 좋은 점을 취합하여 종합함으로써 자본가와 노동자로 구분되고 남성과 여성이 구분되는 사회관계를 철폐하는 데 역량을 집중했다.[5] 즉, 자본주의와 인종차별, 제국주의, 그리고 가부장제에 따른 남성의 여성 억압이 별개의 문제가 아니라 서로 맞물린 것이라고 여김으로써 이 모든 차별을 함께 없애는 데 노력하고 있다. 따라서 노동 소외는 물론 여성만이 겪는 성적 소외(sexual alienation)도 함께 해소하고자 시도한다. 사회주의 페미니즘은 앞 세대 운동의 장점을 취합하고 있기 때문에 상대적으로 문제의 소지가 덜한 편이다. 다만 한 가지 결정적 한계를 노출하고 있다. 그것은 인간에 의한 자연 수탈로 인해 발생하는 환경문제를 간과하고 있다는 점이다. 그런데 이것은 모든 전통의 페미니즘에 공통된 것이다. 따라서 페미니즘이 생태주의와 만남으로써 그 영역을 확장하는 한 차원 격상된 에코 페미니즘, 즉 생태 여성주의로 나아가지 않을 수 없을 것이다.

3. 생태 여성주의와 윤리

생태 여성주의는 다소 앞선 심층 생태주의와 사회 생태주의에 강한 영향을 받는 가운데 전통적 페미니즘의 확장으로 출현했다. 그 시기는 대체로 1970년대 중반 이후로 산정할 수 있다. 로즈마리 류터(Rosemary R. Ruether)는 1975년에 출간한 『새 여성과 새 지

5) 앨리슨 재거, 공미혜 · 이한옥 옮김, 『여성 해방론과 인간 본성』(이론과실천, 1992), 141, 154쪽.

구』라는 저술에서 사회의 기본 관계가 우열에 따른 지배 모형으로 설정되어 있는 한, 여성 해방이 있을 수 없고 환경문제에 대한 바른 해결책도 나올 수 없다고 주장함으로써 양자의 문제가 함께 결속되어 있다는 점을 분명히 했다.6)

생태 여성주의는 남성이 여성을 억압적으로 대하는 가부장제가 확장되면서 남성적 인간에 의한 자연 착취가 나타난 것으로 보는 시각에서 출발했다. 이때 가부장적인 가치 서열화가 핵심으로 부각된다. 남성과 관련된 가치는 우월한 것으로 평가되고, 여성과 연관된 것은 열등한 것으로 격하된다. 그래서 남성과 문화, 정신, 이성은 위에 그리고 여성과 자연, 신체, 감성은 아래에 배치되어 상하 관계에 따른 지배와 종속 현상이 나타난다. 이때 대부분의 전통적 페미니즘, 특히 자유주의는 여성도 남성만큼 이성적임을 강조함으로써 자연과의 연결고리를 차단하고 남성이 서 있는 사회와 문화의 위치로 여성을 끌어올리는 데 주안점을 두었다. 이에 반해 일부 급진적 페미니즘, 대표적으로 급진 문화적 페미니즘은 여성과 자연의 연결고리를 더욱 견고하게 묶는 가운데 여성적 가치가 더 아름답고 훌륭하다는 가치관의 전도를 도모했다.

초기의 생태 여성주의는 숱한 생명체를 부양하는 지구를 어머니 여신으로 상정하면서 이를 보전하는 데 목표를 두었기 때문에 오히려 여성과 자연의 결속을 선명하게 천명하는 형세로 나타났다. 그래서 자연적 생태 여성주의로 부르기도 하는 이 입장을 주로 문화적 생태 여성주의(cultural ecofeminism)로 부른다.7) 급진 문화적 페미니즘을 선도하다가 생태주의 진영에 합류한 메리 댈리는 분리

6) Rosemary R. Ruether, *New Woman/New Earth*(New York: The Seabury Press, 1975), p.204.

7) 로즈마리 퍼트남 통, 『페미니즘 사상』, 486-487쪽.

와 경쟁을 획책하는 남성문화를 악으로 간주하고 관계와 협동을 반영하는 여성문화를 선으로 규정하면서, 여성 스스로 새로운 인식체계를 구축할 필요가 있다고 주장했다. 이런 통찰에 힘입어 일부에서는 여성의 영적 관계성의 상징으로 거미를 부각시키면서 집과 화장실 등에서 보이는 거미줄을 끊지 말자는 운동을 전개하기도 했다. 수잔 그리핀(Susan Griffin)은 여성을 빈번하게 가축에 비유하곤 했는데, 가정의 여성이 축사에서 사육을 당하는 가축과 같은 신세라는 인식에 이르렀기 때문이다. 자연에서 인간이 문화를 구축하고, 그 문화가 자연을 수탈하는 지경에 이른 것이 오늘의 현실이다. 그런데 남성은 문화적 존재로서 자연과 동떨어져 있고 여성은 자연에 가까운 존재이다. 이에 그리핀은 환경위기 시대에 문제를 푸는 해법으로서 여성이 문화에서 최대한 벗어나 자연으로 돌아갈 필요가 있음을 역설하기 시작했다.

문화적 생태 여성주의는 문제를 인식하고 해결하고자 할 때 여성 고유의 방식으로 경험하고 이해할 것을 촉구한다. 즉 여성성을 우수한 것으로서 적극 강조한다. 그래서 이 입장에서는 자연을 구하는 데 여성이 남성보다 더 적합하다고 주장하면서, 남성에게 우리 여성을 따르라고 권고한다. 그것은 때에 따라 남성성에 수반된 이성의 격하 운동으로 나타나기도 하고 또 가부장적 남성성에 결여되어 있다고 여기는 감성을 적극 예찬하는 것으로 드러나기도 한다. 때로는 영성(spirituality)을 고무하고 찬양하는 형태로 진행하기도 한다. 본래 영성은 이성이나 감성에 의해 알려지지 않고 오히려 그것을 초월해서 존재하는 종교적 의미의 특성으로 알려져 있다. 그런데 생태 여성주의 일각에서는 그것이 여성적인 것으로서 일종의 신비스런 생명력을 나타내는 것으로 재탄생했다.

영성은 심층 생태주의에서 자연에 깃든 것으로 중요하게 다루어졌는데, 오히려 그것이 생태 여성주의 지평에서 더욱 화려하게 부활했다. 인류학자 알렌(P. A. Allen)은 아메리카 인디언들에게 대지는 다른 생명체들과 마찬가지로 살아 숨쉬는 존재이자 영이 깃들어 있는 것으로 여겨졌음을 강조하면서 우리도 가까이는 부모로부터 출생했지만 멀리는 지구로부터 탄생한 것임을 확인하고 있다. 마찬가지로 우리가 자연에서 영성을 느낄 때 지구상의 모든 것이 밝게 노래하고 춤추며 사랑받기를 원하는 것으로 느낄 수 있다고 생각했다. 스프레트낙(C. Spretnak)은 생태 여성주의를 확산시키는 한 방법으로서 자연에 기초한 종교, 즉 여신 종교를 연구할 필요가 있다고 제안했다. 그러면서 자연을 초월한 신이 아니라 자연 그 자체 속에 있는, 그래서 우리 주위 곳곳에 퍼져 있는 내재하는 여신을 온전하면서 생산과 풍요를 가져다주는 것으로 발견할 수 있다고 주장한다. 예컨대 여신 옷자락의 토템적인 동식물과 신령한 숲, 자궁처럼 생긴 동굴, 달의 주기와 거의 같은 여성의 생리, 관능적인 춤 등이 가이아(Gaia) 여신을 찾아가는 경험, 즉 그녀의 풍만한 몸의 곡선과 비옥한 평야, 생명을 주는 흐르는 물, 스승으로서 동물을 알아가는 경험과 신비스러운 연관관계에 있다고 한다. 스타호크(Starhawk)는 생태 여성주의를 아예 영성 운동으로 규정했다. 그녀는 남성 과학이 마녀나 무당, 가이아 가설에 대해 비판적이고 회의적인데, 현실은 과학이 받아들이고 있는 것과 다르다고 하면서, 지구와 우주가 살아 있다는 소리를 여성에게 정말로 중요한 것을 하도록 부르는 영혼의 외침으로 듣는다. 그녀는 더 구체적으로 영성이 내재성과 상호 연관성, 공동체라는 세 가지 개념에 뿌리를 두고 있다고 본다. 즉, 영이나 신성, 여신, 그리고 신이 세계 바깥에 존재하는 것이 아니라 우주 안에 내재하고 있고, 지구 안의 모든 자연적 존재는 상호 연관을 맺고 있어서 어느 한쪽에서 발생한 사건이 다른 곳에 미치게 되며, 그리고 이런 연관성을 깨닫게 될 때 우리 인류는 살아 있는 지구 공동체의 일부일 뿐임을 자각하게 된다고 본다.8)

문화적 생태 여성주의는 가부장제에서 잃어버린 소중한 가치를 새롭게 부활시켰고, 자연에서 분리되던 문화를 다시 자연에 가까이 다가가게 했다는 점에서 환경문제와 페미니즘의 문제를 함께 푸는 데 결정적 기여를 하고 있다고 보인다. 다만 그것이 갖는 한계도 분명히 존재하는데, 주로 본질주의에 빠졌다고 비판을 받는 것과 연루된다. 그것은 여성이 자연과 긴밀하게 연결되어 있어서 위기에 처한 지구를 구하는 데 남성보다 더 낫기 때문에 여성이 자연의 보호자 역할을 자임한다는 데 있다. 그런데 이렇게 뒤집은 형태일지언정 본질주의를 취하는 것은 가부장제의 공세에 휘말리는 것일 뿐 아니라 이분법적 우열 지배관계를 역전시킨 양상일 뿐이라는 비판을 받게 된다. 환경문제를 해결하기 위해 노력하는 과정에서 남성을 구제받을 수 없는 존재로 제쳐놓고 여성만이 보호 역할을 자처하는 것은 잘못된 것이라는 비판도 제기되었다. 이런 비판적 시각이 처음에 외부에서 조성되었고, 이내 생태 여성주의 내부에서 발생했는데, 이런 흐름은 사회적 생태 여성주의(social ecofeminism)의 탄생으로 이어졌다.

사회적 생태 여성주의의 탄생을 주도한 발 플럼우드(Val Plumwood)는 문화적 접근과의 차이를 이렇게 진단했다. 문화적 생태 여성주의가 자연과의 영성적 결속을 중시하는 반면, 사회적 생태 여성주의는 개인적이면서 영성적인 측면보다는 사회적이고 정치적인 점을 강조하는 경향이 있다.9) 사회적 생태 여성주의는 여성

8) 아이린 다이아몬드 외 편저, 정현경 외 옮김, 『다시 꾸며보는 세상』(이대 출판부, 1996), 31, 113-114, 123-124쪽 참조.

이든 남성이든 인간은 한편으로 자연적 존재이면서 또 다른 한편으로 사회문화적 존재라는 인식 속에서 문제를 풀고자 한다. 대표적으로 그리스콤(J. Griscom)은 여성은 물론 남성도 자연의 일부이기 때문에 도대체 여성이 자연에 더 가깝다는 것 자체가 아무 의미도 없다고 선언했다.10) 이렇게 사회적 생태 여성주의는 여성이 남성보다 자연에 더 가깝기 때문에 지구를 구하는 데 여성이 더 낫다는 역전된 여성 우월주의를 비판하면서, 남녀차별주의와 계급차별주의, 인종차별주의, 그리고 자연차별주의를 함께 불식시켜야 하는 것으로서 출현했다.

이네스트라 킹(Ynestra King)은 자연-문화 이분법과 여성-자연 결속에 대한 도전 논조를 분명히 하는 것으로 급진적 페미니즘이나 문화적 생태 여성주의와 다른 길을 제안했고, 결과적으로 사회적 생태 여성주의의 길을 개척했다. 그녀는 자연-문화의 이분법 자체에 도전하는 것이 문제를 바르게 푸는 수순이라고 보았다. 왜냐하면 그런 이분법에서 우열에 따른 제반 폐해가 발생했다고 여기기 때문이다. 이렇게 보면, 급진 문화적 페미니즘은 남녀 차이를 거부하기보다 오히려 수용하되 그 가치를 반전시키는 형태를 취하였고, 문화적 생태 여성주의도 여성을 자연에 연결시킴으로써 결국 같은 유형의 가부장제의 덫에 빠졌다고 본다. 물론 급진적 성향의 페미니즘이 심장이 없는 세상에 영성이라는 심장을 가져다준 것을 다행이라고 여기지만, 그것만으로 생태 여성주의를 충족시킬 수 없다고 여겼다. 거기에 구체적인 역사가 누락되어 있었기 때문이다. 킹은

---

9) Val Plumwood, "Feminism and Ecofeminism: Beyond the Dualistic Assumptions of Women, Men and Nature", *The Ecologist* 22(1992), p.10

10) J. L. Griscom, "On Healing the Nature/History Split in Feminist Thought", *Heresies #13: Feminism and Ecology* 4(1981), p.9.

북친을 좇아서 서열화(hierarchy)가 인간 사회에서는 있지만 자연에는 존재하지 않으며, 인간은 자연 없이 존재할 수 없다는 것을 받아들였다. 물론 인간이 자연과 상호작용을 하는 수단이 기술인 탓에 인간 해방과 자연 해방을 도모하는 생태 여성주의가 기술 윤리(technological ethics)를 발전시킬 방안을 도모하면서, 자연에서 보이는 다양성 속의 통일도 정치적으로 구현해야 한다고 보았다. 그리고 지구상의 모든 생명을 자연의 여러 가지 표현으로 축복하는 영성적 메시지를 수용하는 가운데 다양하면서 조화를 이루고 탈 집중화된 유토피아적 사회 공동체를 세움으로써 자연을 지속적으로 책임 있게 관리해야 하며, 이를 위해서 필요에 따라 비폭력적 시민 불복종으로 기존 체제에 도전해야 한다고 주장했다.11)

카렌 워렌(Karen Waren)도 킹과 마찬가지로 급진적 페미니즘이나 그것에 기초한 문화적 생태 여성주의가 여성 억압의 역사적 배경에 주의를 기울이지 않음으로써 계급과 인종 문제를 소홀히 여기게 될 뿐 아니라 자연과 문화의 이원론에서 어느 한쪽으로 미끄러져 들어감으로써 적대적인 이분법적 사유를 영속화하는 우를 자초하는 것으로 비판한다. 그녀는 좀 더 구체적으로 새로운 생태 여성주의의 윤리가 다음과 같은 내용을 구비해야 한다고 보았다.12)

첫째, 자연차별주의 반대(anti-naturism) 입장을 취하면서 그것을 계급 및 인종, 성 차별주의에 대한 도전과 연결시켜야 한다. 왜냐하면 이 모든 것은 사회적 지배로부터 탄생한 것으로서 서로 연결

11) Ynestra King, "Toward an Ecological Feminism and a Feminist Ecology", P. C. List(ed.), *Radical Environmentalism: Philosophy and Tactics*(Belmont, CA: Wadsworth Publishing Co., 1993), pp.75-77.

12) Karen Warren, "The Power and the Promise of Ecological Feminism", *Environmental Ethics* 12(1990), pp.139-143.

된 성질의 것이기 때문이다.

둘째, 맥락적 윤리(contextualist ethics)를 취함으로써 고립된 권리나 규칙에 의거하기보다 관계 속에서 해법에 도달할 수 있어야 한다. 이것은 생태 여성주의가 관계성을 중시하는 전체론적 성격을 띠어야 함을 말한다. 그래서 먼저 구체적 역사 속의 여성의 목소리를 청취할 필요가 있다. 그리고 인간 이외의 자연적 존재(동식물이나 생물 종, 바람, 돌 등)에게 윤리적으로 다가갈 때 인간이 지닌 속성과 같은 합리성이나 이해관심, 권리, 감각과 같은 요소에 의해 평가하기보다 자연적 존재가 인간과 맺는 관계에 의해 평가해야 한다.

셋째, 구조적으로 다원적(pluralistic)이어서 인간 공동체 안에서는 물론이고 인간과 자연적 존재 간의 차이(difference)에 따른 다름을 승인해야 한다. 즉, 자연과 문화의 이분법적 분리를 거부한다 하더라도 어떤 측면에서 인간은 생태 공동체의 구성원이면서 동시에 인간 이외의 자연적 존재와 다른데, 그것은 차이를 소멸시키는 것이 아니라 차이를 존중하는 것이다.

넷째, 윤리적 이론을 늘 과정(process) 속에 있는 것으로서 인식한다. 역사적이면서 물질적인 여성의 생활이 바뀜에 따라서 윤리의 내용도 바뀔 수 있으므로, 경험에 바탕을 둔 이론을 종결된 것으로 여기지 않고 과정 중에 있는 것으로 간주한다.

다섯째, 생태 여성주의는 포괄적(inclusivist)이어야 한다. 윤리의 기본 정신에 따라 먼저 사회적 및 자연적 약자의 소리를 듣고 이를 존중할 필요가 있다. 즉 선진국 백인 여성의 목소리만이 아니라 자연의 소리를 듣는 전통적 인디언 문화의 이야기와 인도 칩코 여성의 목소리 등을 담아낼 수 있어야 한다.

여섯째, 객관적 관점(objective point of view)을 제공하려고 하지 말아야 한다. 객관적 태도는 자칫 강자의 입장을 대변하는 것으로 귀결된다. 엄격히 말하면 가치 중립적인(value-neutral) 것은 있을 수 없다. 따라서 자연적이면서 역사적인 존재인 우리는 선택을 해야 한다면, 억압받는 존재의 소리에 귀를 기울이는 것이 더 낫다.

일곱째, 인간 본성은 다른 존재와의 관계 속에서 형성된 것이기 때문에, 돌봄(care)과 사랑, 우정, 신뢰, 그리고 적절한 호혜 등과 같은 가치에 중심적 지위를 부여해야 한다. 캐롤 길리건(Carol Gilligan)이나 넬 노딩스(Nel Noddings) 등이 페미니즘의 윤리로 적합하다고 제시한 것처럼, 경쟁을 촉발하는 것보다 관계 속에서 보듬어야 할 성질의 것이 생태 여성주의의 윤리로 적합하다.

여덟째, 인간에 대한 새로운 이해, 즉 인간성에 대한 재개념화(reconception)를 담아야 한다. 왜냐하면 인간과 자연과의 관계는 부분적으로 인간에 대한 바른 이해에 의존하기 때문이다. 특히 인간의 본성은 사회의 역사적 맥락 속에서 형성된다는 것에 주목해야 하고, 이에 따라 고립적인 추상적 개인주의(abstract individualism)는 거부되어야 한다.

종합하자면, 사회적 생태 여성주의는 가부장제를 포함하는 사회적 지배 구조가 남성에 의한 여성 억압을 가능하게 조성했고 또 그것이 확장되어 자연에 대한 수탈로 이어져서 오늘의 환경위기를 초래하고 있다고 인식한다. 그러나 문제를 풀기 위한 해법으로 여성이 남성보다 자연에 더 가깝기 때문에 지구를 구하는 데 여성이 더 적합하다는, 그래서 남성은 뒷전으로 물러서야 한다는 문화적 생태 여성주의 접근을 전도된 본질주의를 취함으로써 여전히 가부장제의 덫에 빠져 있다고 비판한다. 이에 실질적 대안으로 여성과 남성의 구분이 사라지는, 그래서 인간만 남는 사회를 도모하면서 갈등과 경쟁보다 협력과 존중을 내세운다. 그리고 인간 역시 자연적 존재이기 때문에 자연에 대해 돌봄과 배려, 존중의 윤리로 다가가야 한다고 여긴다.

4. 평가와 전망

페미니즘은 역사의 전개 과정에서 시대적 상황에 맞추어 특징적 흐름으로 구체화되었고, 그런 가운데 문제에 대한 깊이 있는 고민을 담는 내용으로 발전했다. 자유주의 페미니즘은 여성도 남성과 마찬가지로 이성적임을 적극 드러냄으로써 법적으로 남녀가 다를 수 없음을 일깨우면서 형식적 평등이 실현될 수 있는 여건을 조성했다. 마르크스주의 페미니즘은 인간이 협력을 통해 합목적적으로 사회적 실천을 행하는 존재임을 부각시킴으로써 여성도 사회의 공적인 산업에 참여해야 하고, 또한 계급 차별적 노동 소외를 함께 극복할 때 진정한 여성 해방이 이루어질 수 있음을 자각하도록 했다. 급진적 페미니즘은 구조적으로 여성이 남성에 의해 억압을 받는 요인인 가부장제를 적극 들추어내고, 이를 철폐하여 새로운 대안 문화를 만드는 과정에서 생물학적 재생산 기능을 다변화하거나 또는 과거 폄하되었던 여성적 가치를 남성적인 것보다 더 우월한 것으로 찬양하기 시작했다. 그리고 사회주의 페미니즘은 마르크스의 사적 유물론을 기반으로 급진주의의 통찰을 적극 수용함으로써 가부장제가 노동 소외와 연결되어 있음을 드러내었고, 그 일환으로 성적 소외 일반을 해소하는 시도를 전개하고 있다.

그러나 전통적인 페미니즘 흐름에 한 가지 결정적인 요소가 빠져 있었다. 다름 아니라 인간에 의한 자연 착취로 인해 야기되는 환경문제를 간과하고 있었던 것이다. 그래서 페미니즘과 생태주의의 만남의 장이 펼쳐지면서 최근에 생태 여성주의가 출현했다. 급진적 페미니즘의 연장선상에서 문화적 생태 여성주의가 출현하여 인류가 잃어버렸거나 소홀히 했던 자연 영성을 부각시켰다. 이것은 지구 자연을 구하는 데 중요한 기여를 하고 있다. 다만 전통적으로 이성적 남성이 덜 이성적이면서 감성적인 여성보다 우월하다는 가부장적 본질주의를 역전시켜서 문화적 남성보다 자연에 가까운 영성적 여성이 더 우월하다는 전도된 본질주의를 주장하는 것은 빗나간 것으로써 오히려 남성이 드리워놓은 가부장제의 덫에 빠지게 된다는 자각이 일부에서 조성되었다. 그래서 사회적 생태 여성주의가 출현했다.

사회적 생태 여성주의는 자연과 문화를 이분법적으로 구분하는 시도 자체에 도전적이다. 그것이 가부장적 본질주의든 아니면 역전된 본질주의든 바른 길이 아니라고 본다. 대안적 해법으로 생태주의 철학의 전반적 기조인 관계성과 맥락을 중시하는 전체론(holism)을 채택하고 그리고 페미니즘 윤리의 특성으로 부상한 배려와 돌봄 등에 의지하여 사회 구성원과 자연까지 존중하는 접근을 취하고자 한다. 필자는 바로 이런 성격의 사회적 생태 여성주의에 동조적이다.

다만 페미니즘의 흐름 속에서 몇 가지 세심하게 분별하지 않으면 자칫 또 다른 문제를 잉태할 소지가 있다고 여겨지는 대목이 있다. 이를 구체화해서 살펴볼 필요가 있다. 첫째, 어떤 색깔의 페미니즘이든 자연의 이치에서 벗어나는 행태에 대해 더욱 신중한 판단과 행보를 할 필요가 있다. 예컨대 1997년 수컷 없이 암컷 세 마리만 등장하는 돌리양 복제에 성공을 거두었다는 과학적 연구에 대해 일부 페미니즘 단체가 환영 논평을 낸 적이 있었다. 이렇게 여성이 생물학적 재생산의 주도권을 자유롭게 확보하는 과정에서 체세포 핵이전 기법에 의해 남성 없이 여성만으로 후손을 얻을 수 있다는 접근을 취하는 것은 또 다른 위험한 생명공학을 이끌어 들이는 과오를 범할 수 있다. 마찬가지로 동성애가 자연스럽게 받아들여지는 사람들의 문화를 존중할 필요는 있다. 그러나 본래 동성애가 자연의 이치에 부합하는 것은 아니다. 따라서 남성을 기피할 목적으로 동성애를 권장하거나 예찬하는 것은 옳지 않다. 사실로 일어나는 사태를 존중하는 것과 그런 사태를 바람직한 것으로 권장하는 것은 다른 것이기 때문이다.

둘째, 급진적 페미니즘과 문화적 생태 여성주의에 의해 드러났듯이 가부장적인 남성적 가치는 폐기되어야 하지만 남성적 가치 일반에 대한 매도는 목욕물이 더럽다고 목욕시키는 아이까지 버리는 결과를 초래할 수 있다. 도구적 이성은 약화되어야 한다. 그러나 사랑에 기반한 사회 관계적 이성이나 생태적 이성은 필수적으로 요청된다. 이런 것에 따른 도덕성이나 도덕적 분별심이 없다면 배려나 돌봄과 같은 윤리적 행위는 불가능하기 때문이다. 이성이 결여된 상태에서 감성이 일방적으로 두드러지면, 예컨대 성적 문란과 같은 그릇된 감성문화의 사회로 이행하게 될 것이다. 마찬가지로 이성이 결여되고 자연에 대한 영성만이 두드러지면 또다시 온갖 자연신을 섬기는 샤머니즘의 사회로 이행하게 될 것이다. 따라서 윤리적으로 건전한 관계적 이성이 사회적으로나 자연적으로 감성 및 영성과 조화를 이룰 수 있어야 할 것이다.

셋째, 사회주의 성향의 페미니즘에서 발견할 수 있는 것인데, 변증법에 의한 접근은 모순과 갈등을 첨예하게 부추기는 것이기 때문에 여성에게 남성 일반에 대한 적개심과 타도를 주문하게 된다. 현실 속에서 잘못된 것은 폐기되어야 한다. 그러나 미래를 바르게 조망하려면 여성은 남성과 조화를 추구해야 한다. 이때 이런 유형의 조화는 동아시아 세계관에서 핵심으로 드러난다. 노장사상이나 주역에 근거한 동아시아 자연관은 음양론을 조화의 축으로 삼고 있다. 도(道)에서 기(氣)가 출현하고, 기는 음기(陰氣)와 양기(陽氣)로 분화되며, 서로 조화를 이루어 만물이 탄생했다. 다만 전통의 유교가 음양론을 가부장적으로 이용한 것은 불행이었다. 이때 잘못은 가부장제에게 물어야지 도매금으로 음양론에까지 물어서는 안된다. 양전기가 없는 음전기는 전기의 역할을 할 수 없듯이 남성 없는 여성은 자연적 인간 종으로 제 고유한 구실을 할 수 없다. 주역에 따른 사회적 분류 체계상 남성을 양으로 여성을 음으로 분별했을 뿐이다. 그런데 어떤 여성은 양이 기운이 강하고, 어떤 남성은 음이 기운이 강하다. 이때 양의 기운이 승하면 음의 기운을 보완하고, 음의 기운이 강하면 양의 기운을 강화하여 서로 조화를 이루도록 할 때 비로소 건강한 삶을 유지할 수 있다. 따라서 서양의 생태 여성주의는 동아시아 자연관에서 더 많은 통찰을 얻음으로써 인간 사회를 건강하게 유지하고 그리고 그런 사회가 자연과 상행할 수 있도록 도모해야 한다.

제 15 장

환경정의와 정책

1. 왜 환경정의의 눈이 필요한가?

2005년 여름이 끝날 무렵 미국 루이지애나주 뉴올리언스에 허리케인 카트리나가 들이닥쳤다. 여름철에 종종 허리케인이 닥쳐서 많은 피해를 입혔지만, 이번에는 사정이 달랐다. 피해 규모가 상상을 초월하는 정도였다. 우선 강력한 태풍의 위력에 제방이 무너지면서 시 남쪽 가옥 대부분이 파괴되거나 물에 잠겼다. 사상자와 재산피해도 역대 최고를 기록했다.

통상 허리케인은 자연현상의 일종이기 때문에 이번 사건을 자연재난으로 보기 쉽다. 그러나 이 사건은 인재의 성격이 강하고, 그것도 환경재난이라고 보아야 한다. 과거에 비해 허리케인의 발생횟수가 늘어가고 있고 또한 위력도 가공할 정도로 증폭되고 있다. 왜 횟수가 늘고 위력도 증폭된 것일까? 기상학자와 환경주의자는 지구 온난화 현상 때문임을 부정하지 않는다. 현재 산업문명의 경제는 이산화탄소와 같은 화석연료를 과다하게 사용하는 체계로 짜여져 있고, 이에 따라 배출된 온실가스가 지구 온난화로 이어지며, 이것은 기상이변으로 나타난다. 마침내 이변의 일환으로 허리케인의 위력이 증폭된 것이다. 그래서 이번 사건은 자연재난이라기보다 환경재난이다.

일반적으로 환경주의자는 뉴올리언스의 카트리나 사건이 환경재난인 것으로 분명하게 평가한다. 그런데 그곳에는 이런 진단을 넘어서는 또 다른 무엇인가가 있다. 그것이 무엇인가? 피해자 대다수가 흑인이라는 사실이다. 일반적 환경주의 또는 생태 중심주의의 눈으로 조망하면 인간이 환경재난의 피해를 입은 것으로만 비춰질 뿐 왜 사회적 약자인 흑인이 피해 대부분을 입게 되었는지 포착이 되지 않는다.

이것을 바르게 평가하려면 환경주의 또는 생태주의의 잣대 이외에 또 다른 규범적 기준이 필요하다. 그것이 무엇인가? 정의(justice)다. 다만 기존의 사회정의는 자연으로부터 인간이 누리는 혜택을 어떻게 분배하는 것이 공정한지에 초점을 맞추는 경향이 강했다. 그래서 환경재난에 따른 불이익과 피해가 부당하게 사회적 약자에게 발생하는 것을 감안하지 못했고, 그에 따라 대처 방안과 사전 예방적 정책 기조도 갖고 있지 않았다. 그런데 최근 들어 환경재난이 사회적 약자에게 부당하게 전가되는 사례가 잇따랐다. 이로 인해 정의의 눈으로 사회는 물론 자연의 영역까지 포괄해서 조망하는 환경정의(environmental justice)가 태동했다. 이렇게 보면 환경정의는 환경주의 또는 생태주의와 사회의 핵심 규범인 정의 양자의 결합의 산물이다.

환경정의는 자연을 이용해서 얻는 경제적 혜택의 상당 부분이 사회적 강자 집단인 지배계층 백인에게 쏠리고, 그로 인해 발생한 환경적 불이익이 주로 사회적 약자인 흑인을 비롯한 유색인종에게 전가되는 사태를 부정의 발생으로 인지한다. 이제 환경정의의 눈으로 평가하면, 뉴올리언스 카트리나 사건은 한편으로 환경재난의 문제이면서 또 다른 한편으로 사회 부정의의 문제 양자가 결합된 성격의 것이다.

그렇다면 왜 피해자 대다수가 흑인이었던가? 뉴올리언스는 미국 남부 멕시코만 바다에 인접한 지역이다. 도시가 커지면서 침범해서는 안 될 저지대 땅까지 확장하고 침수를 우려하여 견고한 제방을 쌓았다. 그러나 저지대 지역은 범람의 위험이 있기 때문에 사회적으로 가난한 흑인들이 몰려들 수밖에 없었다. 그리고 위력이 증폭된 카트리나는 견고한 제방마저 무너뜨렸고, 그 결과 대다수 흑인은 목숨을 빼앗기거나 전 재산을 잃는 피해를 입게 된 것이다. 이때 중요한 것 하나가 더 있다. 바로 정책(policy)이다. 국가의 정책이 사회적 강자는 혜택을 많이 누리고 사회적 약자는 불이익을 보더라도 어쩔 수 없다는 기조를 유지하는 한 카트리나 사건은 유형을 달리하면서 지구촌 곳곳에 계속 이어질 것이다. 반면 국가의 정책이 정의의 기조를 분명하게 취하게 된다면, 그런 유형의 사건은 훨씬 덜 발생할 것이다. 그리고 불가피하게 발생한 사건도 원만하게 수습이 될 것이다.

기본적으로 여러 형태의 이념이 정의라는 규범을 채택하고 있다. 그러나 기존의 사회정의는 환경문제까지 고려하면서 마련한 틀이 아니기 때문에 명확한 한계를 보일 수밖에 없다. 보수적 의미의 환경주의는 전통의 사회정의, 주로 자유주의 정의 개념에 의해 접근하기 때문에 같은 한계에 봉착하게 된다. 또 다른 한편으로 생태주의 이념도 정의 개념을 한 부분으로 담고는 있다. 급진적 생태주의의 트로이카도 마찬가지다. 예컨대 심층 생태주의나 생태 여성주의도 정의를 간혹 언급하고 있다. 다만 다른 핵심 규범에 밀려서 후순위로 처져 있고, 그나마 미약해서 선언적 의미를 지닐 정도에 불과하다. 사회 생태주의의 경우 강력한 정의 개념을 내포하고 있지만, 이상적으로 자유 지상적 무강권주의를 지향하면서 국가를 부정하기 때문에 실효성 있는 국가 정책을 내놓는 것에 무관심하다는 것이 문제다.

위기가 심화될수록 이상을 꿈꾸며 이를 도모할 필요가 있다. 그래서 자연의 법칙에 최대로 부응하자는 생태 중심주의나 아나키즘 사회를 희구하는 사회 생태주의 모두 소중하다. 그러나 현실을 구제할 수 없는 이상은 자칫 공허할 수 있다. 그래서 필요하면 여러 단계를 설정하면서 현실을 구제할 구체적 정책 지침을 내놓을 수 있어야 한다. 이렇게 보면, 환경정의는 국가의 유무에 관계없이, 아니 국가와 국제연합의 존재를 승인하더라도 소규모든 대규모든, 거대 규모든 인간이 자연에 의지하여 살아가는 공동체에서 필요한 정도로 자연의 혜택을 누리면서 그에 수반되는 필수적 부담도 수용 가능한 범위에서 알맞게 짊어지는 정의로운 사회를 추구하는 규범이라고 할 수 있다. 이때 분배적(distributive) 측면에서만이 아니라 참여적(participatory) 측면에서도 접근한다. 환경정의는 다른 어떤 환경주의 또는 생태주의 이념에 비해서도 실천 가능하면서 규범적으로 정당한 것이기 때문에 지구촌 환경위기가 심화되면 될수록 절실하게 필요한 것이라고 할 수 있다.

2. 정의란?

환경정의를 바르게 이해하기 위해서는 먼저 정의의 특성과 조건에 대한 이해에서부터 출발할 필요가 있다. 개인에게 요구되는 윤리적 덕목에는 타인과 직접 관계되는 것과 그렇지 않은 것이 있다. 용기는 윤리적 덕목이지만 다른 구성원과 직접 연결되지는 않는다. 예컨대 어떤 상황에서 한 개인이 만용을 부릴 수 있고, 비겁할 수도 있으며 또는 알맞은 용기를 낼 수 있다. 이때 개인은 만용과 비겁 사이에서 스스로 중용을 취함으로써 용기라는 덕목을 실현하면 된다. 이에 반해 정의는 윤리적 덕목이지만 사회의 다른 구성원과 직접 관계된다는 특성을 지닌다. 예컨대 열 사람이 함께 일을 하여 일정한 재화를 창출했는데, 어느 한 사람이 전체 몫의 절반을 차지하고, 나머지 아홉 사람이 남은 절반을 분배하게 되는 부당한 사태가 전개되었다면, 한 사람의 부정의(injustice)를 행함은 나머지 모두에게 부정의한 피해를 주게 된다. 이때 정의는 이런 부당한 관계 속에서의 중용인 셈이다. 결국 정의는 개인의 성품을 강조하는 다른 윤리적 덕목과 구분된다. 왜냐하면 정의는 다른 사회 구성원과 직접적으로 연루되는 사회성을 띠기 때문이다. 따라서 정의는 사회 구성원 개개인에게 요구되는 것이지만 사회제도에 의해 규율되는 성격의 것이다. 이렇게 볼 때 존 롤즈(John Rawls)가 사상체계의 첫째 덕목이 진리라면 사회제도의 첫째 덕목은 정의라고 밝힌 것[1]을 충분히 이해할 수 있게 된다.

철학자 데이비드 흄(David Hume)은 정의를 논의하기 위한 필수적 전제조건을 두 가지로 상정한다. 즉, 정의는 첫째, 사회적 인간 각자가 제한적으로 관용(confined generosity)을 베풀 정도로 어느 정도 이기적이고 둘째, 자연으로부터 부족한 재화를 공급(scanty provision)받는 현실에서 문제로 등장한다. 이 개념을 확장해서 표

---

1) 존 롤즈, 황경식 옮김, 『사회정의론』(서광사, 1985), 25쪽.

현하면, 사회 구성원 모두가 필요하거나 요구하는 것을 충족시킬 수 없을 정도로 자연과 사회로부터 나오는 재화가 부족한 상태에서 구성원 각자의 선의가 제한적이기 때문에 자신들은 더 많이, 더 좋은 것을 원하는 불가피한 현실에 직면했을 때, 어떤 절차를 거쳐서 또는 어떤 내용으로 분배를 하는 것이 구성원 모두가 동의할 정도로 합리적이라고 할 수 있는지를 찾아내는 규범적(normative) 작업이 정의의 출발이라는 것이다.

물론 이때 사회 전체의 필요나 요구가 어떤 연유로든 감소하여 무슨 재화가 되었든 차고 넘칠 정도로 충분한 이상적 상황이 조성되면, 정의가 요청될 이유가 소멸될 것이다. 그런데 이런 경우는 불교에서 얘기하듯이 인간의 죄와 번뇌의 근원인 욕망이 사회 구성원 모두에게서 일제히 사라지거나 한계치 이하로 떨어질 때나 발생할 것이다. 반면 실존주의자 사르트르(J. P. Sartre)가 진단한 바와 같이 인간은 누구나 결코 멈출 수 없는 무한한 욕망 속에서 자신을 끊임없이 추동하는 존재임이 분명하다면, 정의는 요청될 수밖에 없다. 왜냐하면 재화가 갈수록 증대된다고 해도 무한한 욕망을 지닌 인간은 더욱 많은 것을 요구할 것이기 때문이다. 이렇게 보면 흄이 파악한 정의의 두 조건은 우리 인간이 어떤 현실 속에 놓여 있는지를 냉정하게 돌아보게 하고, 그에 따라서 정의가 현실 사회에서 필수적 규범으로 작동할 수밖에 없음을 승인하게 된다.

그렇다면 정의는 무엇인가? 우선 아리스토텔레스(Aristoteles)는 정의를 일러 같은 것은 같게, 다른 것은 다르게 대우하는 것이라고 진술했다. 이것은 정의가 사회에서 공정함(fairness)을 뜻하는 것이어야 함을 요구한다. 사회 구성원 누구나 공정하게 대우한다는 것은 일단 형식적으로 평등하게 대우함으로 나타난다. 그래서 아리스토텔레스의 정의관은 형식적 정의의 원리로 받아들일 수 있다. 그렇다면 형식적 정의의 원리가 필요하지만 그것으로 사회는 충분히 정의롭다고 말할 수 있는가?

형식적 정의의 원리로 충분하지 않음을 살펴보기 위해 보거스(J. Borges)가 제기한 바빌론의 제비뽑기 사회를 상정해 보자.[2] 이 사회의 구성원은 모두 형식적으로 공정하게 대우를 받는다. 그래서 사회를 운영하는 데 필요한 직위와 역할을 설정하는 거국적 제비뽑기 행사를 시행한다. 행사가 끝난 뒤 각자는 자신이 통치자와 성직자, 기사, 농장 소유주, 상인, 사형 집행인, 노예, 죄수 등으로 결정이 났음을 알게 된다. 이렇게 조성된 사회, 즉 모두를 형식적으로만 평등하게 대우한 사회를 일러 정의롭다고 할 수 있는가? 그렇게 평가할 수 없음은 분명하다. 따라서 형식적으로 평등하게 대우하는 사회를 넘어설 필요가 있다. 이것은 실질적 정의의 원리가 필요함을 말해 준다. 그래서 사회 구성원 각자에게 그의 알맞은 몫을 주자는 것으로 나타난다. 이때 정의는 사회 구성원 모두가 응분(desert)의 대우를 받아야 함을 뜻한다.

각자에게 정의의 실질적 원리에 따라 대우를 해야 할 때, 그 기준이 다양하게 제시되었다. 주요 후보 목록을 제시하면 다음과 같다. (1) 각자에게 평등한 몫을 주자. (2) 각자에게 그의 필요에 따른 것을 주자. (3) 각자에게 그의 권리에 따른 것을 주자. (4) 각자에게 그가 행한 노력에 따라 주자. (5) 각자에게 그가 사회적으로 기여한 바에 따라 주자. (6) 각자에게 그가 지닌 공과에 따라 주자. 이런 다양한 기준이 개별적으로 통용될 수 있고 또 복합적으로 작동하는 사회가 가능하다. 역사적으로 자유주의와 마르크스주의 그리고 존 롤즈로 대표되는 계약주의 사회정의가 대표적 유형으로 제

---

2) T. L. Beauchamp, *Philosophical Ethics*(New York: McGraw Hill, 1982), pp.228-229.

시되었기 때문에, 사회정의의 초록화(greening) 측면에서 각각의 입장이 환경정의에 얼마나 잘 부합할지를 평가하는 것이 우선이다.

3. 사회정의의 초록화, 환경정의

사회가 역사 속에서 민주화로 나가면서 더 많은 사람들의 의견을 존중하는 형태로 발전했다. 특히 대의 민주주의는 권한 피위임자가 선거권을 가진 더 많은 다수의 표심을 사도록 하는 데 주안점을 두게 했다. 이때 정책의 철학으로 채택하기 쉬운 것이 공리주의(utilitarianism)다. 특히 경제의 경우 더욱 그렇다. 공리주의는 한 행위나 정책이 영향을 받는 최대 다수에게 최대의 즐거움과 행복, 이익을 가져다줄 때 그것을 도덕적으로 옳다고 평가하거나 사회적으로 승인한다.

구성원 모두를 만족시키는 것이 거의 불가능하기 때문에 다수의 지지를 받는 것을 채택하는 것은 옳은 조치다. 그러나 그것으로 충분한가? 고전적 공리주의는 그렇다고 보기 때문에 다소간의 한계에 봉착하게 된다. 다수를 만족시키는 과정에서 소수자 또는 약자를 희생시키는 것을 허용함으로써 부정의 발생을 용인하기 때문이다.[3] 정의는 사회 구성원 각자가 알맞은 응분의 대우를 받아야 함을 요청하므로 전체 또는 다수를 위한다는 명분 아래 소수자나 약자의 권리와 이익의 침해를 허용하지 않는다. 이렇게 보면 공리주의는 대의 민주주의 국가에서 유용한 것이지만 부정의를 허용할 수 있다는 점에서 환경정의에 부합하지 않는다고 볼 수 있다.

환경정의를 구현하기 위해서 먼저 전통의 사회정의(social jus-

3) 폴 테일러, 김영진 옮김, 『윤리학의 기본 원리』(서광사, 1985), 109쪽.

tice)를 초록화(greening)하는 시도를 할 수 있다. 기존의 사회정의관은 분배에 초점이 맞추어져 있는데, 이런 이론들을 환경문제에 적용하여 정책적 함의를 평가함으로써 그것이 얼마나 포괄적인지 철저하게 시험할 필요가 있다.[4] 유력한 후보로 자유주의와 마르크스주의, 그리고 존 롤즈의 계약주의를 꼽을 수 있다.

자유주의(liberalism)의 정의관은 존 로크(John Locke)에서 출발한다. 그에 따르면 자유와 생명, 사유재산에 대한 권리는 인간이면 누구나 태어날 때부터 갖는 자연적인 성격의 것이다. 이에 정의의 원리는 지천으로 널린 무소유의 황무지에 누구나 다가갈 수 있는 열린 조건에서, 인간 각자가 자유롭게 자신의 몸과 머리를 사용하여 개척하면, 그렇게 간척된 땅에 대한 정당한 소유권을 가질 수 있다는 것으로 나타난다. 이런 로크의 정신은 현대 철학자 노직(R. Nozick)에게 이어진다. 그는 로크와 마찬가지로 사유재산을 형성하는 과정을 중시하는 소유권 이론을 전개한다. "첫째, 취득할 때의 정의의 원리에 맞도록 어떤 재화를 취득한 사람은 그 재화에 대한 소유권을 갖는다. 둘째, 이전할 때의 정의의 원리에 맞도록 어떤 재화에 대한 소유권을 다른 사람으로부터 취득한 사람은 그것에 대한 소유권을 갖는다. 셋째, 어느 누구도 앞의 두 원리의 (반복된) 적용을 통해 취득한 경우를 제외하고 그 재화에 대한 소유권을 갖지 못한다."[5]

자연을 이용하여 재산을 취득할 때 타인의 자유를 침해하지 않으면서 자유롭게 활동하여 얻게 된 것에 대한 소유권을 갖고, 이것

4) Peter S. Wenz, *Environmental Justice*(Albany, N.Y.: State University of New York Press, 1988), xii.

5) Robert Nozick, *Anarchy, State, and Utopia*(New York: Basic Books, 1974), p.151.

은 역시 자유롭게 이전될 수 있다. 이런 정당한 절차를 어겼을 때 시정이 필요하다. 자유주의는 이렇게 과정을 중시할 뿐 그로 인해 조성된 결과에 관여하지 않는다. 이때 국가는 개인의 소극적 권리, 즉 자유와 생명, 사유재산에 대한 침해를 막는 경찰 기능과 외적의 침입 봉쇄를 주된 역할로 하고, 나머지 경제활동은 시장에 맡기도록 한다. 그래서 순수한 자유주의는 최소국가를 요청한다. 사회적 약자를 위해 복지를 실현하겠다고 사회 보장 정책을 시행하는 것은 개인의 자유 침해로 나타난다고 여겨서 거부한다. 이런 기조에서 형성될 자유주의 환경정의는 자연에 대한 자유로운 이용을 허용하면서 환경상의 피해가 개인의 생명과 건강, 사유재산에 치명적으로 전가되는 것을 차단하고자 한다. 이런 점에서 자유주의는 공리주의처럼 사회적 약자가 환경상의 불이익을 부당하게 떠안게 되는 것을 차단하고자 할 것이다.

그러나 자유주의 환경정의는 몇 가지 한계를 갖게 된다. 첫째, 산업공단의 굴뚝 연기에 따른 피해가 그렇듯이 환경적 피해가 우회적이고 간접적이며 광범위하기 때문에 가해와 피해 간의 인과관계가 선명하게 드러나지 않게 되고, 이에 따라 사회적 약자의 피해가 입증되지 않는 한 사태를 방치하게 된다. 둘째, 환경적 피해가 초래되고 인과관계가 드러나더라도 가해자로 하여금 배상을 하거나 그렇지 못할 경우 법적 처벌을 할 뿐 국가가 나서서 피해자를 구제하는 적극적 정책을 펼치지 못한다는 데 있다. 왜냐하면 치안과 관련된 최소국가의 역할 유지는 피해자의 처지를 적극 개선하는 등의 조치에 나설 수 없도록 하기 때문이다.

1970년대 말에 발생한 미국의 러브커넬(Love Canal) 사건은 서로 다른 환경정의 이론의 포괄성을 시험할 수 있는 좋은 무대가 될 것이다. 19세기 말 한 사업가가 호수를 잇는 운하를 파다가 사업을 중단하였고, 파헤쳐진 땅은 한 화학회사에 매각되어 1940년부터 12년에 걸쳐서 다이옥신이 함유된 유해 화학물질이 집중 매립되었으며, 이후 나이아가라 시교육위원회에 기증되었다. 그리고 이곳에 학교와 주택이 들어섰는데, 수십 년을 경과하면서 부식된 드럼통에서 유해가스가 지표면으로 올라오기 시작했고, 먼저 환경에 민감한 아동부터 치명적 영향을 받기 시작했다. 주민의 자연유산과 아동의 암 발병, 선천적 신체장애를 갖고 태어난 아이들, 그리고 이사 온 지 얼마 안 되어서 간질환 등 각종 질환이 나타나기 시작했다. 1978년 조사 결과 사건 전모가 드러남으로써 미국 사회가 충격에 휩싸였다.

자유주의 환경정의는 피해가 입증되었기 때문에 가해자를 찾아 배상하거나, 그렇지 못할 경우 법적 조치를 취하게 된다. 그런데 가해와 직접 연루된 사람들은 이미 세상에 존재하지 않았다. 책임도 물을 수 없게 된 상황이다. 다만 추후 발생할 이런 사태에 대비하여 기업으로 하여금 환경 보험을 가입하도록 조치할 수 있을 뿐이다. 그런데 주민과 아동 상당수는 치료가 시급한 질병을 앓고 있었고, 주민 거주자도 모두 이주를 해야 할 상황이었다. 그러나 자유시장에서 그런 주거지는 가격 폭락으로 거래도 되지 않을 것이다. 어찌해야 하는가? 그나마 민주당의 지미 카터 행정부가 인도주의적 정책을 펼치고 있었고, 또 미국에 다원주의 정신이 깃들어 있었기 때문에 자유주의 이념을 초월한 슈퍼펀드(Super-fund) 법을 제정하여 사태를 원만하게 해결할 수 있었다.

마르크스(K. Marx)의 정의관은 과정을 중시하는 자유주의와 달리 결과로 평가를 한다. 우선 그는 자본주의 사회는 부정의하다고 여긴다.[6] 일단 생산수단의 사적 소유가 철폐된 새로운 사회가 도래할 때 비로소 정의를 말하는 것이 가능하다고 보기 때문이다. 새

사회는 사회주의를 거쳐 공산주의로 이행하기 때문에 두 단계의 정의의 원리가 적용되는 단계를 거치게 된다. 기본적으로 생산수단은 모두 공적인 소유, 우선 국가 소유에서 출발한다. 사회주의 단계에서 각자는 능력에 따라 일하고, 선 기금공제를 한 연후에 나머지를 노동기여에 따라 분배한다. 이 단계에서 생산재가 아닌 것은 개인 소유가 가능하고, 그것이나마 능력에 따라 분배하게 된다. 착취 계급이 사라진 상태에서 능력에 따른 분배가 이루어지기 때문에 생산성이 날로 증진되어 마침내 사회적 생산물이 전반적으로 차고 넘치는 단계에 이를 것이다. 그러나 능력을 중시하는 것은 여전히 자본주의의 유산이자 폐습일 뿐이다. 인간이면 누구나 자신이 필요로 하는 것을 채워 쓸 때 인간답게 살 수 있다. 바로 이 시점에 사회주의 깃발을 내리고 공산주의를 출범시키게 되는데, 여기서부터 "각자는 그의 능력에 따라서, 각자에게는 그의 필요에 따라서" 분배하는 정의의 원리가 작동하게 된다.[7)]

마르크스주의 환경정의는 필요(needs)에 따른 분배 원리이기 때문에 결과적 정의관의 형태이고, 각자의 필요에 부응하는 방식이라 짙은 인도주의가 숨쉬고 있다고 할 수 있다. 원리적으로 누구나 자연으로부터 필요한 혜택을 누리거나 또는 사회 구성원 일부가 환경상의 폐해에 노출되었을 때 그에 필요한 조치를 취하는 데 사회가 적극적일 수 있다. 예컨대 미국서 발생한 러브커넬 사건에도 자유주의와 달리 적극적 부응이 가능하다. 따라서 환경정의 실현에 적합한 것으로 보인다.

그러나 마르크스주의에는 몇 가지 환경적 한계가 있다. 첫째, 필

6) 황경식, 『개방사회의 사회윤리』(철학과현실사, 1995), 333쪽.

7) K. Marx, *Critique of the Gotha Program*, R. C. Tucker(ed.), *The Marx-Engels Reader*(New York: W. W. Norton & Co., 1978), p.531

요에 따른 분배가 가능하기 위해서는 선행 조건으로 사회적 생산물이 차고 넘쳐야 하는데, 이것은 마르크스의 생산력주의에 비추어볼 때 자연에 대한 억압 강도를 높이는 것으로 귀결될 것이다. 왜냐하면 경제성장을 추구하면서 인간의 모든 필요를 충족시킬 정도가 되면, 그것은 자연의 생명부양 체계에 대한 과부하로 이어질 것이기 때문이다. 둘째, 한 개인이 자신에게 좋은 지적 양식을 얻기 위해 책을 많이 읽는 과정에서 신체의 한 부분인 눈에 피로가 누적되는 것을 감내하듯이, 마찬가지로 공산당이 배타적 의사결정권을 지닌 전체주의 사회에서 전체에 이익이 되는 것을 추구하는 과정에서 구성 부분인 일부 민중이 환경적 부담을 받더라도 이것을 당연시할 가능성이 높기 때문에 오히려 환경 부정의가 발생할 수 있다.

존 롤즈는 누구나 이성적으로 납득하여 동의할 수 있는 새로운 사회를 추구한다. 그는 자유주의처럼 공정한 절차를 추구하면서도 그것이 정의로운 결과에도 이를 수 있는 방도를 모색하는데, 그것은 원초적 입장에서 사회적 및 개인적 우연성으로 인해 아무도 불리해지지 않는 무지의 베일(veil of ignorance)을 쓰고 계약에 임하는 가설적 상황으로 구체화된다. 이렇게 함으로써 조성되는 정의의 원리는 다음의 두 가지로 나타난다. 첫째, "모든 사람은 다른 사람들의 유사한 자유와 양립할 수 있는 가장 광범위한 기본적 자유에 대하여 동등한 권리를 가져야 한다." 둘째, "사회적, 경제적 불평등은 다음과 같은 두 조건을 만족시키도록 편성되어야 한다. (1) 최소 수혜자에게 최대의 이익이 되고, (2) 공정한 기회 균등의 원칙 아래 모든 이에게 개방된 직책과 직위에 결부되어야 한다."[8)]

롤즈의 정의관은 환경적으로 적용이 매우 용이한 편이다. 무지의

---

8) 존 롤즈, 『사회정의론』, 81-82, 103쪽.

베일을 쓰고 사회제도에 대한 합의를 보게 될 때 자연으로부터 누릴 혜택의 공정한 분배는 물론 그 과정에서 초래될 환경적 부담까지 고려할 수 있기 때문이다. 예컨대 러브커넬 사건처럼, 보상 책임을 질 주체가 불분명하거나 또는 책임 주체가 명확해도 보상 능력을 결여하고 있을 경우, 국가가 보상을 하는 접근을 취하도록 할 수 있다. 무지의 베일을 쓴 사람들은 자신들이 사회적 약자가 되어도 부당하게 받게 될 피해를 줄이면서 이익을 최대로 늘리는 제도 마련에 동의할 것이기 때문이다. 실제로 1978년 러브커넬 사건이 터졌을 때 이것을 해결하는 방도를 모색하던 중 1971년에 제기되어 사회적으로 쟁점이 되던 롤즈의 정의관이 다원주의적 특성을 지닌 미국 사회에 일정한 영향을 끼쳐서 슈퍼펀드법을 제정하는 데 도움을 준 것으로 볼 수 있다.[9)]

다만 롤즈의 환경정의에도 다소간의 한계는 있다. 그의 견해는 인간 사회가 정의로운 제도를 채택하는 것으로 짜여져 있기 때문에 기본적으로 자연을 고려하고 있지 않다는 데 있다. 다만 미래세대에 대한 배려를 염두에 두고 있기 때문에 이를 기반으로 환경적 확장을 도모할 수 있는 여지는 있다. 그럼에도 불구하고 결정적인 문제는 생물권의 생명부양 체계를 유지하는 데 핵심인 생태계의 안정성과 생물 종의 다양성을 반영할 수 있는 여지가 없다는 데 있다. 따라서 사회정의의 초록화를 도모하기보다 순수한 환경정의의 모색이 필요한 실정임을 부인할 수 없다.

---

9) Peter S. Wenz, *Environmental Justice*, p.244.

4. 새 시대의 환경정의와 정책

역사 속에서 환경정의에 대한 본격적 문제의식은 세계 최대의 산업 선진국이면서 인종차별이 가장 심한 미국에서 먼저 나타났다. 환경 부정의의 발생이 직접적 계기였다. 1978년에 발생한 뉴욕주의 러브커넬 사건은 세대 간(inter-generational) 환경정의의 문제로 볼 수 있다. 앞선 세대가 자연으로부터 혜택을 누리면서 발생시킨 환경 유해물질이 후세대에게 환경적 불이익을 주었기 때문이다. 1979년에 텍사스 휴스턴시 노스우드매너 구역에 거주하던 흑인 주민들이 자신들의 주거지에 들어선 폐기물 시설을 철회시키기 위해 시민권 소송을 제기한 것은 세대 내(intra-generational) 환경정의의 문제로 볼 수 있다. 이것은 산업화 과정에서 불가피하게 요청되는 혐오시설, 즉 환경적 유해시설을 동일 시대 이해 관계자인 주민의 민주적 참여에 의하지 않고 사회적 약자인 흑인 밀집지역에 두는 것으로써 일방적으로 결정했다는 점에서 한 세대 내에서의 환경 부정의로 볼 수 있다.

더 실질적인 환경 부정의 사례는 1982년에 노스캐롤라이나의 워렌카운티에서 일어난 사건을 들 수 있다. 한 기업이 노스캐롤라이나 14개 카운티 도로 곳곳에 유독성이 몹시 강한 폴리염화비페닐 3만 1천 갤런 분량을 불법으로 투기했고, 이것이 주 정부에 의해 포착되어 고발되었다. 주 의회는 부득이 이 유해 화학물질 폐기물을 수거하여 어딘가로 집중 매립하기로 결정을 내렸는데, 그곳이 워렌카운티 쇼코타운십이었다. 이 지역 주민들로서는 자신들의 의사와 무관하게 내려진 이 결정에 도저히 승복할 수 없었다. 왜냐하면 노스캐롤라이나주에서 워렌카운티의 흑인 비율은 64%였고, 또 쇼코타운십의 비율은 75%에 이르렀기 때문이다. 결국 주민의 참여

없이 일방적으로 흑인에게 불리한 결정이 내려진 처사에 불복할 수 밖에 없어서 인권 운동을 전개하던 채비스 목사(Rev. Chavis, Jr.)의 주도 속에 대대적인 비폭력 시민불복종 시위를 전개했고, 이것을 기점으로 미국 전역으로 환경정의 운동이 확산되는 계기가 마련되었다.[10)]

이렇게 역사적으로 환경정의는 전통의 환경운동 진영에 의해 촉발된 것이 아니라, 인권 운동의 차원에서 환경문제와 만나면서 전개되었다. 미국의 역사 속에는 백인우월주의가 깊이 뿌리를 박고 있고, 그것은 사회제도를 통해서 유지된다. 그 결과 사회정책의 결정과 집행에 의해 공동체가 모두 평등한 대우를 받지 못하는 현실로 드러난다. 이것이 환경문제와 연결될 때 사태는 참담하게 나타난다. 다시 말해서 인종차별주의로부터 백인은 자연의 혜택을 더 많이 누리는 반면, 흑인을 비롯한 유색인종은 그에 따른 환경상의 위해성에 더 많이 노출되어 피해를 입게 된다.[11)] 이렇게 환경 부정의는 역사적으로 환경 인종차별주의(environmental racism)로부터 나타났다.

흑인을 필두로 한 소수 인종의 환경적 차별이 사회문제로 부상하게 되자, 미국 정부는 이 문제를 정책적으로 끌어안지 않을 수 없게 된다. 그래서 1992년 환경청(EPA) 내에 환경평등국(1995년에 환경정의국으로 개편)을 설치하고, 1994년에는 대통령령으로 환경정의 행정명령(Executive Order 12898)을 발표하며, 그런 정책적

---

10) D. E. Newton, *Environmental Justice*(Sabta Barbara: ABC-CLIO, Inc., 1996), pp.1-2, 71-72.

11) Robert Bullard, “Environmental Racism and the Environmental Justice Movement”, C. Merchant(ed.), *Ecology*(Atlantic Highlands, N.J.: Humanities Press, 1994), p.254.

접근의 일환으로 환경정의를 정의하고 있다.12)

> 인종과 피부색, 국적, 소득수준에 관계없이 모든 사람들이 환경 법규와 규정, 정책의 시행에서 공정한 대우를 받도록 하는 것이다.

환경정의에 대한 EPA의 정의가 인종 개념을 넘어서서 소득수준 등을 포괄하고 있기 때문에 다소 확장된 것이 분명하지만, 이런 접근은 지나치게 정책적이어서 사회제도의 규제적 이념으로 볼 수 없다. 그야말로 자유주의 환경정의의 한 모습을 드러낸 것에 불과하다. 마르크스주의와 롤즈의 환경정의도 기본적으로 인간 중심주의에 머무르고 있다. 이것에서 더 나갈 필요가 있다. 마침 환경정의 운동을 학술적으로 지원한 브라이언트(B. Bryant)는 훨씬 더 넓은 접근으로 환경정의에 다가갔다.13)

> 환경정의는 범위에 있어서 환경적 형평성보다 더 넓다. 그것은 지속 가능한 공동체를 유지하는 문화적 규범과 가치, 규칙, 규정, 행동, 정책, 그리고 결정을 나타내는데, 그곳의 사람들은 자신들의 환경이 안전하고, 양육적이며 생산적이라는 확신 속에서 서로 결속되어 있다. 환경정의는 여러 형태의 무슨 '~주의(isms)'를 경험하지 않고서도 그들 자신의 최고 잠재력을 실현할 수 있을 때 구현된다. 환경정의는 알맞은 대우와 안정적 일자리, 양질의 교육과 여가, 적합한 주택과 적절한 건강 배려, 민주적 의사결정, 개인의 권한, 그리고 폭력

---

12) M. V. Melosi, "Environmental Justice, Political Agenda Setting, and the Myths of History", O. L. Graham Jr.(ed.), *Environmental Politics and Policy, 1960s-1990s*(University Park: The Pennsylvania State University Press, 2000), p.51, 66, n.3.

13) B. Bryant, "Introduction", B. Bryant(ed.), *Environmental Justice: Issues, Policies, and Solutions*(Washington, D.C.: Island Press, 1995), p.6.

과 마약, 빈곤으로부터 자유로운 공동체가 실현됨으로써 유지된다. 이런 곳은 문화 다양성과 생물 다양성을 존중하고 높이 숭상하며, 분배적 정의가 두루 확산되어 있는 공동체이다.

브라이언트의 환경정의는 형식적인 것에 머무르기 쉬운 환경 형평성 접근에서 더욱 진전시킴으로써 분배적 정의가 다양한 문화에서 각각 심화될 수 있도록 조성했다. 그러면서 생물 다양성을 존중함으로써 자연의 영역까지 포괄하고 있다. 다만 자연과의 관계 설정이 다소 약하다는 것이 흠이다.

필자는 사회적 약자인 인간이 자연으로부터 누리는 혜택과 그것으로 인해 초래되는 환경상의 부담이 공정하게 분배되는 것을 환경정의가 지향하고 있다는 점에서 인간 중심적 요소를 수반할 수밖에 없다고 본다. 그렇다고 해서 생태 중심적 정의를 지향하자니 그것은 지구 생물권의 모든 생명체를 위한 정의로서 인간 문화의 해체를 의미하고, 그에 따라 인간의 생존을 위태롭게 할 것이기 때문에 쉽게 취할 수 있는 것도 못 된다. 이에 인간 문화와 자연이 상생하면서 사회 구성원이 정의의 규범에 따르게 되는 인도적 생태주의 정의로 이행해야 한다고 본다. 따라서 필자는 생태정의(ecojustice)는 인간 사회의 문화적 필요에 따른 발전과 성숙이 생태계의 생명 부양 체계와 유기적 어울림의 관계에 놓임으로써 생물 종의 다양성이 구현되고 또 지구촌 문화의 다양성도 존중하며, 그런 자연-사회 연속체 속에서 인간 각자가 자유를 추구하면서 동료 구성원과 호혜적 관계를 형성하여 인간으로서 존엄을 유지할 수 있도록 사회적으로 응분의 대우를 받고 부담도 공정하게 짊어지는 사회, 즉 생태적으로 건전하면서 자유와 정의가 구현되는 사회를 실현해야 한다고 본다.

이와 같은 유형의 인도적 생태정의는 몇 가지 단계로 이루어지는 것으로 분별할 수 있다. 첫째 단계로 인간의 문화가 자연과 상생하는 관계를 유지해야 한다. 그러기 위해서 생태적으로 지속 가능한 사회를 구성해야 하는데, 이것은 현 생태계의 복합성과 생물종 다양성을 존중하는 것을 포함한다. 둘째 단계로 지구 생물권은 다양한 생태계로 구성되어 있고, 그런 생태계의 부분적 영향 속에서 인간이 특징적인 정신적 태도로 다가감으로써 고유한 문화를 조성했기 때문에, 생물권 및 생태계의 생명부양 체계가 존속되는 가운데 문화 다양성이 유지되도록 해야 한다. 셋째 단계로 문화적 인간 각자는 각자의 자유에 근거하여 지역 공동체를 자율적으로 운영하고, 이웃 공동체와 평화로운 연대를 도모하며, 그 과정에서 인간으로서 존엄을 유지할 수 있도록 자연으로부터 얻는 혜택과 이로 인해 발생하는 불가피한 환경상의 부담을 공정하게 향유하고 짊어져야 한다. 넷째 단계로 세대 내에서 이루어지는 생태정의는 세대 간에도 확장되어 실현되어야 한다. 다섯째 단계로 직간접적으로 관련된 사회 구성원은 누구나 의사 결정과 집행 과정에 참여할 수 있어야 한다.

이상의 세분화된 정의 이념에 따라 넓은 의미의 환경정의의 원칙을 다음과 같이 제시할 수 있다. 첫째, 현 생태계 복합성과 생물종의 다양성을 존중하는 생태적 건전성의 원칙을 지켜야 한다. 둘째, 고유 생태계에 근거한 문화 다양성의 원칙을 준수해야 한다. 셋째, 개인과 공동체 집단의 차원에서 구현되는 자율성 존중의 원칙을 지켜야 한다. 이것은 개인은 자유를 구가하고, 지역 공동체는 자율적으로 운영되어야 함을 뜻한다. 넷째, 평화적 연대의 원칙이다. 이것은 자율성에 바탕을 둔 공동체가 공동체 간의 상생을 위해 평화적으로 연대하고 교류를 해야 함을 뜻한다. 다섯째, 악행금지의 원칙을 지켜야 한다. 이것은 환경적 유해물질이 타인과 미래세대의 생명과 건강을 해칠 수 있으므로 제어되어야 하며, 이를 위해 사전 예방이 철저하게 이루어져야 함을 뜻한다. 여섯째, 선행의 원칙을 준수해야 한다. 인간이면 누구나 존엄한 삶을 살 수 있도록 자연으로부터 얻게 될 혜택을 최소한의 생기적 필요에 부응하면서 공정하게 분배되도록 배려해야 함을 뜻한다. 일곱째, 배상 및 보상의 원칙이다. 이것은 환경적 여건이 나빠지거나 특정 집단이 환경적 해를 입게 되었을 때, 원상회복이 가능하도록 원인 제공자나 사회가 책임의 일환으로 보상 및 배상을 세심하게 행해야 함을 뜻한다. 여덟째, 세대 간 형평성의 원칙이다. 각 세대가 누리는 자연적 및 사회적 혜택의 질이 동등해야 함을 뜻하는데, 이를 위해 미래세대의 입장에서 중요한 사태를 평가하는 미래세대 후견인 제도를 운영할 필요가 있다. 아홉째, 참여적 정의의 원칙이다. 대의 민주주의 절차를 넘어 참여 민주주의를 구현하며, 더 나아가 풀뿌리 민주적 절차를 충실하게 이행하는 단계로까지 나가야 한다.

상기 원칙은 인도적 생태정의를 포함하는 광의의 환경정의가 수용하여 이행해야 할 것들이다. 향후 이것에서 더욱 세부적인 지침도 도출할 수 있을 것이다. 따라서 환경정의의 기본 정신에 의거하여 다수의 원칙과 세부적 지침을 일관되게 실현할 필요가 있다. 다만 지금까지의 환경정의 접근에 한계가 없는 것은 아니다. 생태윤리의 내용을 좀 더 충실하게 반영할 수 있도록 더욱 확장 및 심화가 되어야 한다. 그럼에도 불구하고 남는 문제가 있다. 하나는 환경정의에 대한 원리적 정당화가 체계적으로 이루어져야 한다. 기존의 사회정의는 그런 체계적 정당화가 상세하게 이루어졌기 때문에 사회제도로 구현되는 데 큰 어려움이 없었다. 다만 기존 사회정의는 오늘의 인류가 직면한 환경문제까지 해결할 수 있도록 짜여진 것이 아니라는 데 그 한계가 노출되었다. 이에 환경정의도 세부적 과정을 거쳐야 할 것이다. 또 다른 하나는 인간의 관용이 제한적일 수밖에 없는 현실에서 더 많은 것을 원하다 보니 불가피하게 정의의 접근을 취하게 되었는데, 그렇다 하더라도 인간이 덕(virtues)을 쌓고 기르는 데 등한시해서는 안 된다는 점이다. 아니 선을 쌓는 덕성에 의해 정의가 인간 사회에서 자연에 이르기까지 물 흐르듯 이어지는 세상이 되도록 해야 할 것이다.

제 16 장

동아시아 자연관과 생명사상

1. 왜 동아시아를 주목해야 하는가?

오늘의 인류가 직면한 환경위기는 서양에 의해 초래되었다. 서양의 산업화 사회구조와 그 속에서 조성된 각종 법과 정책, 그리고 이런 구조에서 잉태된 생활양식은 더 많고 더 좋은 물질에 대한 탐욕을 실현하기 위한 하나의 거대 패러다임(paradigm)으로 작동하고 있다. 물론 이런 패러다임의 바탕에는 서양의 지배적(dominant) 의식 체계가 숨쉬고 있다. 그것이 인간 사회에서 인간 간의 지배와 억압으로 점철되고, 그리고 인간 문화에 의한 자연 억압으로 이어짐으로써 세상은 더욱 혼탁해지고 있다. 그래서 민족이나 국가, 종교, 인류의 이름으로 자행되는 온갖 대립과 분쟁, 수탈로 인해 전쟁과 테러, 환경재난, 자원을 둘러싼 갈등 등이 첨예화하고 있다.

20세기 이후 인류가 직면한 총체적 위기 극복을 위해서는 세계관 및 가치관을 포함해서 제도 및 생활양식까지 바꾸는 일대 전환이 일어나야 하는 것이 아니냐는 목소리가 나올 법한 상황이다. 바로 이런 시기에 서양에서 문명 패러다임을 전환하자는 목소리가 울려 퍼지기 시작했다. 그런 흐름을 주도한 사람 가운데 하나가 프리초프 카프라(Fritjof Capra)다. 그는 캘리포니아 버클리대학 물리학 교수로서 1975년에 『현대 물리학과 동양사상(*The Tao of Physics*)』이란 책을 출간했다. 이 책에서 저자가 말하려는 메시지는 분명한데, 그것을 다음의 두 가지로 집약할 수 있다.

첫 번째는 양자 물리학과 상대성 이론으로 구성된 현대 물리학으로 인해 뉴턴 물리학의 세계관이 종식을 고하게 되었고, 그에 따라 기계론적 세계관도 함께 종말을 맞이하게 되었다는 점이다. 17세기 전반기에 근대 합리론의 철학자 데카르트(René Descartes)는 정신과 물질을 이분법적으로 구분했고 그리고 "물질세계를 하나의 거대한 기계로 조립된 제각기 다른 객체의 군집"으로 보게 했다. "뉴턴(Isaac Newton)은 이것을 기초로 해서 그의 기계론적 역학을 구축함으로써 고전 물리학의 기반을 다졌다." 그런데 20세기 들어서서 탐구되고 받아들여진 "아원자 물리학에 있어서의 물질의 개념과 고전 물리학에서의 전통적인 실체관은 전혀 다른 것"이었다. 결국 실체를 보는 세계관, 즉 패러다임이 다르기 때문에 현대 물리학을 받아들이는 순간 기계론적 세계관에 의거한 고전 물리학 역시 퇴장할 수밖에 없다는 것이다.

두 번째가 결정적으로 중요한데, "20세기 물리학의 두 기반인 양자 이론과 상대성 이론이 어찌하여 힌두교도나 불교도, 도가(道家)들이 보는 것과 같은 방식으로 이 세계를 보게끔" 인도하느냐는 것이다. 그 이유는 "기계적인 서양적 관점과 대조적으로 동양의 세계관은 유기적"이라는 데 있다.[1] 물론 서양에도 유기적 세계관이 없지 않았지만, 서양에서 그것은 변방에 머물렀을 뿐인 데 비해 동양에서는 본류를 형성하고 있다는 점에서 카프라는 서양 패러다임에서 동양의 패러다임으로 전환해야 한다고 본 것이다.

카프라의 선도 속에 일부 서양인들은 자신들이 주도한 문명이 한계 상황에 이르렀다고 진단하고 있다. 특히 생명위기를 극복할 수 있는 훌륭한 단초나 해법이 동양에 담겨 있지 않느냐는 생각을 적극 피력하기 시작했다. 실제로 동양은 인간이 자연과 어울리는 세계관을 구축하고 있었기 때문에 유력한 대안으로 검토할 수 있다. 카프라는 동양의 사상을 한 마디로 신비주의(mysticism)라고 지칭하면서, 여기서 주옥같은 지혜를 찾을 수 있다고 여겼다. 그는 "해변에 앉아서 파도가 일렁이는 것을 바라보면서," 한편으로 물리학자로서 "수많은 입자들이 창조와 파괴의 율동적인 맥박을 되풀이"하는 것으로 여겼고 또 다른 한편으로 그것이 "힌두교도들이 숭배하는 춤의 신인 시바의 춤(dance of Shiva)이라는 것을 깨달았다."[2] 그는 신비주의의 대표적 사례로 힌두교와 불교, 도교, 주역 등을 꼽았다. 그리고 이런 신비주의 사상에 배인 실체관이나 세계관이 현대 물리학의 형이상학적 해석과 잘 맞아떨어진다는 점에서 기계론적 세계관을 대체할 수 있다고 보았다.

다만 필자는 신비주의에 대한 평가에 신중할 필요가 있다고 본다. 카프라는 좋은 뜻으로 표현했지만, 근대교육 이후 그것은 부정적 의미로 쓰이고 있기 때문이다. 서양의 역사에서 신비주의는 사회를 이성으로 채색하던 계몽주의 시대 이전의 전근대적 산물로 치부되는 경향이 강하다. 그래서 합리적인 대다수 서구인과 서구식

---

1) 프리초프 카프라, 김용정 외 옮김, 『현대 물리학과 동양사상』(범양사, 1994), 1장.

2) 위의 책, 머리말.

교육을 받은 다수 동양인조차도 신비주의를 배척하는 태도를 강하게 보인다. 대표적으로 사회 생태주의자 북친(M. Bookchin)마저 동양의 신비주의에 빠질 하등의 이유가 없다고 하면서 여전히 자신들의 전통인 변증법과 아나키즘 선상에서 해법을 모색하고 있다.

그렇다면 서구의 근대식 교육을 받았지만 동양적 세계관의 눈을 갖고 동양에서 살아가는 우리는 카프라가 그토록 경탄한 신비주의를 어떻게 평가해야 하는가? 이때 유의해야 할 점은 신비적이라는 표현 자체가 서양 합리성의 눈으로 보았다는 것이다. 아니 좀 더 구체적으로 이분법적 분리주의 이성의 눈으로 조망했다는 것을 의미한다. 그렇다면 사회와 세계, 우주를 서구적 합리성, 그것도 분리주의 이성으로만 보는 것이 바른가? 한 마디로 바르지 않다. 그 이유 몇 가지를 보자.

첫째, 서구적 이성에 의지해서 세계를 온전하게 파악할 수 있다고 볼 수 없다. 중세 시절에 상당수 서양 철학자들은 신이 은총의 산물로서 인간에게만 내려주신 이성에 의해 신조차도 증명할 수 있다고 여겼다. 이에 따라서 존재론적, 우주론적, 그리고 목적론적 증명을 시도했지만, 그런 이성적 시도에 의해 신의 존재가 증명된 것으로 판정되지 않았다.[3] 종교를 가진 일반 사람들은 인간이 신과 만날 수 있는 대표적 접점이 영성의 장임을 알고 있다. 그뿐만 아니라 자연과학에서도 천체 물리학에서 수행하는 것처럼 거시적 영역으로 확장하여 광대무변한 우주로 나아가거나 또는 양자 물리학에서 하는 것처럼 미시적 영역으로 계속 접근하다 보면 어느 순간 경험을 넘어선 한계 지평에 이르게 되는데, 이때 불가피하게 형이상학적 해석을 요구받는 지점에 이르게 된다. 이 지점 역시 신비의

3) 브라이언 매기, 수선철학회 옮김, 『위대한 철학자들』(동녘, 1994), 대화 3.

영역이다. 그래서 하버드대학의 과학사가 토머스 쿤(Thomas Kuhn)도 과학자들이 과학적 수수께끼를 푸는 패러다임 속에 이미 가치 및 믿음의 요소가 간직되어 있음을 드러낸 바 있다.4)

둘째, 서구적 이성에 의하면 신비적이지만 동아시아 이성에 의하면 신비적이지 않은 것이 존재한다. 이런 대표적 사례로 동의학(東醫學)을 들 수 있다. 서양의 이성은 양의학만을 신뢰한다. 이런 눈으로 보면 침구(鍼灸)에 따른 시술을 신비하다고 여겨서 배척하게 된다. 물론 음양 및 사상에 따른 체질 감별과 그에 따른 시술도 경원시할 것이다. 그러나 침구학이 갖는 강점을 이해하는 사람이라면 그것이 주술적 치료와 다른 것임을 안다. 예컨대 탁월한 침구사는 요란하게 CT나 MRI 기계장치를 동원하여 몸에 방사선을 쬐지 않더라도 진맥에 의해 병을 짚어내고 침구나 약재를 사용하여 질병을 치료한다. 때에 따라서는 양의학이 원인 진단도 못하거나 치료를 포기한 병자를 완치시키는 사례도 적지 않다. 어쨌든 이런 진맥과 처치의 노하우는 문하생들에게 전수된다. 이때 양의학이 개체론적(individualistic) 방법에 따른 분리주의 이성의 산물이라면, 중의학과 한의학은 전체론적(holistic) 방법에 따른 유기적 관계주의 이성의 산물이다. 이해를 돕기 위해서 서양식 표현을 쓰는 것이지만, 동아시아의 이성은 이성 아닌 것, 즉 감성이나 영성과 자연스럽게 연결된다는 점에서 배척을 하는 것이 아니라 오히려 요청한다고 여겨진다. 예컨대 서양은 오관만을 경험적인 것으로 분별하지만, 동의학의 의사는 진맥을 할 때 눈에 보이지 않는 신체 내 기의 흐름을 감지한다. 오관 이외에도 수련을 통해 기감(氣感)을 갖게 되었고, 이것을 이(理)로 판별하는 것이다. 이기가 연결되고 있음을 말

4) Thomas S. Kuhn, *The Structure of Scientific Revolution*(2nd ed., Chicago: University of Chicago Press, 1970), p.175.

해 준다.

물론 신비주의에 다가갈 때 신중할 필요가 있다. 납득할 만한 요소가 없는 한 신비한 것을 선뜻 받아들일 수 없기 때문이다. 아니, 신비한 것에 대해서는 일단 거리를 둘 수밖에 없다. 그러나 신비하다고 해서 그것을 무조건 배척할 이유가 없다는 점이다. 인간의 이성적 인식에는 분명한 한계가 있기 때문이다. 그래서 감성과 영성의 영역을 존중할 필요가 있다. 다만 감성이나 영성은 관계적인 이성과 연루되어야 한다. 왜냐하면 이성이 결여된 감성은 자칫 감각적 쾌락의 세계로 직행하기 쉽고, 이성의 제어가 없는 영성은 주술적 샤머니즘만이 판을 치는 세계로 미끄럼을 탈 수 있기 때문이다. 이런 균형적 접근이 잘 이루어진 곳이 동양에서도 동아시아이다.

카프라의 언급이 없다고 하더라도 생명위기 시대에 동아시아의 통찰은 정말로 중요하다. 그것은 기본적으로 인간과 자연의 관계를 서양처럼 인간 중심주의 시각으로 보고 있지 않다. 그리고 동아시아의 자연관과 세계관은 현대 물리학과 생태학의 형이상학적 해석이 제시하는 자연의 유기적 관계를 잘 반영하고 있다. 더 나아가 그것은 생태적으로 건전한 생활양식을 새롭게 구축하는 데 핵심이 될 가치관과 문화의 싹을 제공해 줄 수 있다. 생태학적 사실 파악과 생태윤리의 규범에 따라 자연보전이라는 실천적 지평을 활짝 열기 위해서는 그런 이론들과 궁합이 맞는 세계관과 가치관이 필요한데, 필자는 그런 것으로 동아시아의 그것이 제격이라고 본다. 동아시아의 자연관이 지역과 출처, 시대에 따라 내용이 다소 다르게 전개되었고, 그에 따라 부분적으로 서양의 가이아 신화나 스피노자의 범신론과 같이 유기체 전일론(有機體 全一論)의 성격을 갖는 것도 있다. 그러나 전체적으로 세계를 관계항들인 자연적 존재가 유기적으로 관련을 맺고 있는 복합적인 망(網)으로 보게 하는 유기적 전체론(有機的 全體論)의 특성을 띠고 있다.[5] 바로 이런 유기적 전체론에 따른 자연관이 생태 친화적 새 문화를 구축하는 데 결정적 도움을 줄 것이다. 따라서 동아시아에 초점을 맞추어 그 자연관과 생명 존중의 사상을 살펴보도록 하겠다.

2. 동아시아의 자연관과 생명사상

생태학은 자연에 대한 생물학적 이해가 불충분하기 때문에 서양에서 뒤늦게 출현했다. 그것은 열역학 물리학에 뿌리를 두고 있기 때문에 양자 물리학과 궤를 같이한다. 그런데 현대 물리학의 우주관이나 생태학의 자연관은 동아시아의 그것과 매우 잘 어울린다. 여기서는 동아시아에서 주류를 이룬 불교와 노장사상, 그리고 주역에 기반을 둔 유학에 의거하여 그 자연관을 살펴보고, 그것에 따른 생명 존중의 사상을 탐구할 것이다.

불교에서 물질의 순환 및 생명의 사멸과 탄생은 모두 연기(緣起)의 법칙에 따른다. 과거와 현재 그리고 미래를 관통하는 업(業, karma)은 여러 요인에 따른 직접적 인과관계와 간접적인 연(緣)의 산물이다. 업은 보통 행위로 표현되나 그보다 훨씬 광범위한 의미를 갖는다. 즉 행위에만 국한되는 것이 아니라 각각의 중생(衆生, sentient being)이 갖는 생각까지 포함한다. 우주의 온갖 현상, 좀 더 정확하게는 우주에서 나타나는 모든 현상은 각각의 개체적인 중생이 나타내는 자기 마음의 표현의 복합체로서 그 중생이 행위하고 말하고 생각할 때 그의 마음은 그 무엇을 하고 있으며 그 무엇이

5) 인간이 인체와 사회, 자연을 보는 방법론이 있는데, 그것은 개체론과 전체론으로 대비된다. 필자는 전체론도 유기체 전일론과 유기적 전체론으로 분별한다. 이런 것의 특징에 대해서는 10장 4절을 볼 것.

원인이 되어 아무리 먼 미래라고 할지라도 반드시 그 어떤 결과를 초래한다. 이 결과가 업의 응보이다. 업은 원인이며 그 응보가 결과이다. 각 개체는 인과의 연속된 고리로 생겨났다. 중생의 현생은 이러한 인과응보(因果應報)의 전 과정 중의 한 국면일 뿐이다.[6)]

불교에서 넓은 의미의 인과관계로 사용되는 인연은 물리학이 탐구하는 것으로 여겨지는 일인일과(一因一果), 즉 하나의 원인에 하나의 결과로 나타나는 것이 아니라 다인다과(多因多果), 즉 여러 원인에 의해 여러 갈래의 결과로 드러난다. 앞선 인연에 의해 나타난 생성은 과거와 현재 그리고 미래를 잇는 사슬처럼 유기적으로 계속되는데, 이 사슬을 분리하면 열두 가지가 있다고 하여 십이지인연(十二支因緣)이라고 한다. 이런 분지들은 서로 의존하는 '연기적 사슬'이다. 따라서 연기는 일반적으로 이렇게 공식화된다.

> 이것이 있으므로 저것이 있게 되고, 이것이 생기므로 저것이 생겨난다. 이것이 있지 않으므로 저것이 있지 않게 되고, 이것이 사라지므로 저것이 사라진다.[7)]

불교에서 시간은 시작도 끝도 없는 원으로 묘사된다. 살아가는 존재에게 죽음은 끝이 아니라, 또 다른 삶의 출생을 뜻한다. 따라서 삶과 죽음의 순환은 끊임없이 반복되는 윤회(輪廻, samsara)를 거친다. 이때 한 개체적 존재의 사멸과 탄생은 십이지인연의 다양한 복합으로 나타나기 때문에, 전체성 속에서 연속되는 것으로 파악될 수밖에 없다. 그러므로 삼라만상의 "모든 요인들은 서로 의존하고 있으며, 순수한 원인이나 결과로서 독립되어 있지 않고 모두

---

6) 풍우란, 정인재 옮김, 『중국철학사』(형설출판사, 1989), 305쪽.

7) 『雜阿含經』 卷 15 : 此有故彼有, 此生故彼生. 此無故彼無, 此滅故彼滅.

가 동시에 전개된다. 불교에서는 우주의 모든 사물들을 일련의 원인에 의존하는 존재로 본다."[8]

집약하자면, 불교에서는 우주의 모든 것이 고립되어 있는 것이 아니라 삼라만상이 인연관계에 따라 서로 맺음 속에서 존재한다. 이렇게 인간과 자연이 서로 인연에 의해 연결되어 있는데, 그것이 끊임없이 지속된다. 이에 동료 인간이나 자연에게 업을 잘못 쌓는 양태로 행위하면, 그것이 응보로 자신에게 화가 되는 형태로 되돌아오는 반면, 업을 바르게 쌓으면 복으로 돌아오게 된다. 이와 같은 이치로 사물이 갖는 본성, 즉 불성을 자각할 때 비로소 생사로 점철되는 윤회의 수레바퀴에서 벗어나 열반(涅槃, Nirvana)에 이를 수 있다. 따라서 살아 있는 모든 생명에 대해 선을 쌓는 행위를 해야 한다. 심지어 중국의 고승 승조(僧肇)는 "천지는 나와 뿌리가 같고 만물은 나와 몸이 동일하다"고 하였다.[9] 한 마디로 불교의 자연관에는 생명 존중 사상이 가득 깃들어 있다고 할 수 있다.

생명 존중의 관점에서 볼 때 도가(道家)의 자연관도 불교의 그것과 견주어서 결코 덜하지 않다고 할 수 있다. 『노자(老子)』에서는 자연으로 볼 수 있는 도(道)에 대해 이렇게 말하고 있다: "도를 언어로 표현하면 이미 본래의 도가 아니다. 이름을 언어로 표현하면 이미 본래의 이름이 아니다. 무(無)란 만물의 시초이고 유(有)란 만물의 모태이다. 그러므로 항상 무에서 오묘한 본래의 도를 관찰해야 하고, 유에서 광대무변한 도의 운용을 살펴야 한다."[10] 도란 만

---

8) 다카쿠스 준지로, 정승석 옮김, 『불교철학의 정수』(대원정사, 1989), 47-48쪽.

9) 僧肇, 『肇論』 : 天地與我同根, 萬物與我一體.

10) 『老子』 一章 : 道可道, 非常道. 名可名, 非常名. 無, 名天地之始. 有, 名萬物之母. 故常無, 欲以觀其妙. 常有, 欲以觀其徼.

물의 근원이다. 그런 도의 소재에 대해 동곽자가 장자(莊子)에게 물었다. 그러자 장자는 "도란 어디에도 존재하지 않는다고 답변했다." 또다시 동곽자가 집요하게 캐묻자, 개미나 피, 기와, 똥 등에도 있다고 답변한다. 그리고 이렇게 말한다. "당신은 도가 어디에 있다고 한정해서는 안 된다. 도가 사물을 초월해서 존재한다고 해서도 안 된다. 도란 이와 같은 것이다."11)

도가에서도 『노자』와 『장자』란 저술에 깃든 이념만을 일컬어 노장사상(老莊思想)이라 칭하는데, 그것은 인간을 비롯한 만물의 본성이 생성될 때부터 전체로서의 자연과 유기적으로 연관되어 있음을 무위자연설(無爲自然設)로 설파한다. 이때 무위(無爲)는 말 그대로 '행위하지 않음'이 아니라, 자발성에 기초한 '자연스러운 행위'이다. 반면 위(爲)는 자연적 흐름에 역행하는 '인위적인 것'이다. 따라서 자연을 거스르는 인간의 행위는 "인위적인 것으로 자연을 파멸시키고 고의로 생명을 파멸시키게" 되지만, "도는 늘 자연스러운 행위여서 이루지 못하는 일이 없다."12) 만물은 자연의 흐름에 일치할 수 있는 본성을 갖고 있으므로 서로 자발적인 요인에 따라 운동을 하면, 서로 다른 것들과 조화를 이루면서 존재할 수 있다. 이에 인간은 자연적 흐름에 순응하는 방식으로 살아갈 것이 요청된다. 따라서 인간이 만물 탄생의 우주론적 원리인 도에 의거하여 무위의 생활양식을 정착시킨다면 그 자체로 자연스럽게 생태계 복합성과 생물 종의 다양성을 원형 그대로 존속시키게 될 것이다.

---

11) 『莊子』「知北游」篇 : 東郭子問於莊子曰, 所謂道惡乎在? 莊子曰, 無所不在. 東郭子曰, 期而後可. 莊子曰, 在螻蟻. 曰, 何其下邪? 曰, 在稊稗. 曰, 何其愈下邪? 曰, 在瓦甓. 曰, 何其愈甚邪? 曰, 在屎溺. 東郭子不應. … 汝唯莫必, 無乎逃物. 至道若是.

12) 『莊子』「秋水」篇 : 以人滅天, 以故滅命. ; 『老子』 三十七章 : 道常無爲而無不爲.

노장사상은 인간이 도에서 비롯된 덕을 본성적으로 타고났다고 보아 일체의 교육이나 지식도 불필요하다고 여기는 무위의 삶을 주문하고 있는 반면, 법가(法家)는 인간이 본래 사악하다고 봄으로써 법의 강력한 통제 아래 두는 유위(有爲)의 정치를 해야 한다고 주장했다. 이에 반해 유학(儒學)은 법치를 반대하면서도 교육을 통해 덕을 연마함으로써 도가 구현되는 사회를 지향했다. 그래서 유학은 완전한 무위도 아니고 전적인 유위도 아닌 무이위(無以爲), 즉 보상을 바라지 않는 인간적 행위를 역설했다.[13)]

유학도 자연환경과 양립적인 측면을 띠고 있다. 동양 철학의 기본 패러다임은 생생불이(生生不已)로 표현된다.[14)] '생생'은 『주역(周易)』에서 유래한 것으로 '생성과 변화'를 뜻하고, '불이'는 『시경(詩經)』에서 유래한 것으로 "하늘의 뜻은 참으로 심오하여 끝이 없다"는 것을 의미한다. 그래서 생생불이는 사물이 끊임없이 생기고 변하는 모양을 나타내는데, 도가 바로 그것이다. 도는 끊임없는 운동과 다양한 형태로 나타나는 생명 창조의 길을 가리킨다. 유학에서 자연에 대한 인간의 관점은 정복자가 아니라 완성자이며 약탈자가 아니라 참가자이다. 공자가 "도가 인간을 기른다기보다 인간이 도를 기른다"[15)]고 한 말씀은 인간이 자연의 완성자이자 참가자임을 나타낸다.

유학은 양면성을 띠고 있다. 역사적 전개 과정을 거치면서 유학은 현실에 영합하게 되고, 그에 따라 보수적으로 흘렀다. 특히 계급사회를 용인한 것도 문제거니와, 주역의 음양론을 남녀의 관계에

13) 풍우란, 『중국철학사』, 57쪽.

14) Chung-ying Cheng, "On the Environmental Ethics of the Tao and the Ch'i", *Environmental Ethics* 8(1986), p.352.

15) 『論語』, 「衛靈公」篇 第十五 : 子曰, 人能弘道, 非道弘人.

적용하면서 가부장적 우열 관계로 해석한 것은 결정적 오류였다. 이런 경향이 인간 문화와 자연의 관계로 확장 적용된다면, 자연 친화적이지 못한 것으로 드러날 수 있다. 다만 공자와 맹자의 사상에서 나타나듯이 초기 유학의 기본 정신에 따르거나 또는 기학을 탐구한 신유학에 따를 경우 곳곳에서 인간의 문화가 자연과 공존할 수 있는 요소가 적지 않게 포함되어 있기 때문에 이런 대목에 주목해야 할 것이다.

3. 동아시아 의학과 인체 이해

동아시아의 자연관은 인간과 자연이 유기적으로 연관되어 있다고 보는데, 이런 방법론은 인체를 보는 견해에도 그대로 용해되어 있다. 동아시아는 고유하게 기학(氣學)을 발전시켰다. 그리고 이것에서 인간의 질병을 다스리는 의학도 나왔다. 그래서 동아시아 전통 의학을 기(氣)의 의학이라고 부를 수 있다. 이때 기란 우주만물의 원인인 도가 자신을 드러내는 형태이다. 『주역』의 표현에 따르면 태극(太極)에서 기가 출현했다. 따라서 자연은 물론 인간에게도 예외 없이 적용되는 기 개념을 배제하고는 동아시아 의학이 성립되지 않는다.[16] 기원전 3세기에 여러 학파의 철학을 집대성한 『여씨춘추(呂氏春秋)』는 기가 막힘으로 인해 병이 발생한다고 설명하고 있다. 즉 "흐르는 물은 썩는 일이 없고, 문의 돌대에는 벌레가 먹지 않는다. 항상 움직이고 있기 때문이다. 사람도 마찬가지여서, 신체를 움직이지 않으면 정기(精氣)가 흐르지 않는다. 정기가 흐르지 않으면 기혈(氣血)이 막히게 된다."[17] 질병이란 이렇게 해서 몸 안

---

16) 마루야마 도시아끼, 박희준 옮김, 『기란 무엇인가』(정신세계사, 1989), 98쪽.

의 기의 균형이 상실된 상태에서 나타난다.

몸 안의 기의 이상과 질병의 발생을 음양론적으로 파악하면 음양(陰陽)의 기의 역조 현상을 병이라고 생각할 수 있다. 『장자』에서도 인간의 질병을 기의 소통 부족에 따른 생기 부족으로 진단하였다. 이렇게 동의학에서 인간의 병이란 안팎의 요인으로 인해 기의 흐름이 끊겨서 생긴 것이다. 따라서 질병의 치료는 기의 흐름을 잇도록 하거나 기를 보강하는 것일 수밖에 없다. 이 과정에서 손상된 장기를 회복시키는 조치를 취하기도 한다. 그 처치술은 탕약(湯藥)을 통하거나 또는 침과 뜸을 활용하는 침구계(鍼灸系)에 의존한다. 탕약 처방은 주로 기의 보강에 초점이 맞추어지는 반면, 침구의 사용은 기혈의 흐름을 원활하게 하면서 기를 보강한다. 침구를 사용하여 침이나 뜸을 놓을 자리를 혈(穴)이라 하는데, 특히 경락선(經絡線)에서 반응이 더욱 현저하게 나타나는 기의 생체 반응점을 경혈(經穴)이라고 한다.

동의학에서는 예컨대 위장에 이상이 있을 경우, 그곳 부위와 거리가 먼 전신 각처의 경혈에 침을 놓아 고치거나 또는 위나 십이지장의 인근에 있는 다른 장기인 심장과 간의 기능을 제고시켜서 근원적으로 위와 십이지장의 질병을 고친다. 그런데 이것은 서양의 개체론적인 접근법으로는 생각할 수조차 없다. 왜냐하면 양의학은 서양에서 특성화된 개체론적 접근법을 취하여 위면 위, 심장이면 심장 등 개체적인 해당 장기에 초점을 맞춤으로써, 위나 심장의 이상이 다른 오장육부 및 나머지 신체와 경락체계에 의해 연결되어 있음을 제대로 보지 못하고 있기 때문이다.

"경락 학설은 동의학의 기초 부분에서 가장 중요하며 또한 최고

---

17) 『呂氏春秋』, 季春紀「盡數」篇 : 流水不腐, 戶樞不螻, 動也. 形氣亦然, 形不動則精不流, 精不流則氣鬱.

의 이론 체계의 하나이다." 경락은 기가 운행하는 전신 각처의 연결 통로인데, 대지를 관통하는 수로와 같다. 고전에 곧게 뻗은 간선은 경이고 거기에서 갈라진 지선은 낙(直行者經, 傍出者絡)이라 하였다. 결국 인간의 병이란 "외사(外邪)가 인체에 침습할 때에 만일 경락의 기가 자기의 기능을 상실하여 외감에 속하는 모든 질병을 제때에 막아내지 못한다면 경락의 통로를 통하여 표(表)로부터 이(裏)에 미치고 얕은 데로부터 깊은 데로 들어간다." 인체 내에서 기의 흐름이 원활하지 않아서 기가 끊기거나 또는 기가 약해지면 질병이 찾아드는 것이니, 동의학의 질병 처방은 인체의 경락을 통하여 기혈을 고르게 함으로써 정기를 보하고 사기를 몰아내는(扶助正氣, 袪除邪氣) 데 모아진다.[18]

양의학과 달리 동의학은 인체를 경락체계에 따라 기가 순환하는 장기들의 유기적 연관관계로 파악한다.[19] 그리고 그런 선상에서 건강 유지와 각종 질병에 대처한다. 이렇듯 동의학은 신체를 전체론적인 기의 순환체계로 간주하고 그에 따라 건강 유지와 질병에 처방하듯이, 필자는 환경문제의 원인 진단과 그 처방에도 동의학과 같은 형태의 진단과 처방을 적용할 수 있다고 본다. 왜냐하면 몸안의 기의 흐름이 끊기면 병이 생기듯이 생태계에서 생명 에너지 흐름이 끊기면 그곳에 거주하는 생명체가 죽거나 병들고 더 나아가 생태계 자체가 죽기 때문이다. 그리고 무엇보다도 인간 신체의 기는 자연의 기의 흐름의 일부로 간주되기 때문이다.

도(道)는 기(氣)를 낳고, 기는 음양(陰陽)을 낳는다. 그리고 음양은 음기와 양기 이외에 화기(和氣)를 낳으니, 셋이 어우러져 만물

18) 평양의학출판사 편, 『알기 쉬운 침구학』(열린책들, 1991), 76, 31쪽.

19) 하야시 하지매, 한국철학사상연구소 기철학분과 및 동의과학연구소 옮김, 『동양의학은 서양과학을 뒤엎을 것인가』(보광재, 1996), 18쪽.

을 낳는다.[20] 이렇게 도에서 출현한 기는 도와 마찬가지로 형이상학적 개념이므로 그것에 대한 정의를 내리는 것은 어렵다. 다만 구체화해서 생태학적으로 접근할 수 있다.

> 인간이 태어나기 전 시초에는 생명이 없었다. 생명이 없었을 뿐만 아니라 본래 형체도 없었다. 형체가 없었을 뿐만 아니라 본래 기도 없었다. 그저 흐릿하고 어두운 가운데 섞여 있다가 변해서 기가 생기고, 기가 변해서 형체가 생기며, 형체가 변해서 생명이 탄생되었다.[21]

순자(筍子)도 자연에 퍼져 있는 기를 이렇게 말하고 있다:

> 물과 불은 기가 있지만 생명이 없고, 풀과 나무는 생명이 있지만 지각을 못하고, 금수는 지각을 할 수 있지만 이성적 능력이 없다. 사람은 기가 있고, 생명이 있고, 지각을 할 수 있으며 또한 이성적 능력도 있다. 이런 까닭에 인간을 일러 천하에서 가장 귀하다고 한다.[22]

여기서 인간은 물론 동물과 식물 그리고 더 나아가 물, 불, 바람과 같은 무생명체에게도 있다고 여겨지는 기는 생태학적 기의 범주에 들어온다.

장자는 자연을 "기를 호흡하는 거대한 땅덩어리"라고 표현하면

---

20) 『老子』 四十二章 : 道生一, 一生二, 二生三, 三生萬物. 주석은 다음을 참조하였음. 余培林 主譯, 『老子讀本』(臺北: 三民書局印行, 1973), 76쪽.

21) 『莊子』 「至樂」篇 : 察其始而本無生, 非徒無生也而本無形, 非徒無形也而本無氣. 雜乎芒芴之閒, 變而有氣, 氣變而有形, 形變而有生.

22) 『筍子』 「王制」篇 : 水火有氣而無生, 草木有生而無知, 禽獸有知而無義. 人有氣有生有知, 亦且有義. 固最爲天下貴也.

서 인간의 생사를 기의 이합집산으로 파악하였다. "사람이 태어난다는 것은 기가 취합된다는 것이다. 기가 모이면 생명이 되고 기가 흩어지면 죽음이 된다."[23] 이 표현이 비단 사람에게만 적용되는 것이 아니라 모든 생명체에게 적용된다고 본다면, 기는 생태계에서의 생명 에너지이며 기의 흐름은 생명 에너지의 흐름이다. 따라서 생태학적인 기는 자연에 흐르는 생명 에너지이다.

4. 우리 민족 고유의 생명사상

동아시아 문화권을 대표하는 것이 중국 문명임을 부정할 수 없다. 그러나 그렇다고 해서 모든 것이 중화로 획일화될 수는 없다. 왜냐하면 우리 민족 전래의 고유 사상이 존재했는데, 그것은 홍익인간 이념으로 나타나기도 했고 또 달리 풍류(風流)로 지칭되는 것으로 드러났기 때문이다. 여기에 담긴 것은 오늘의 생명위기를 극복하는 데 결정적 도움을 줄 수 있을 만큼 생명사상의 모태로 작용할 수 있고 또 실제로 동학의 생명사상 등을 통해 발현되기도 했다.

신라 말의 뛰어난 유학 사상가 최치원은 「난랑비서(鸞郎碑序)」에서 "우리나라에 현묘한 도가 있으니 이를 풍류라고 한다. 가르침을 세운 근원은 선사에 자세히 실려 있는데, 사실 애당초 유불선 삼교를 포함하는 것으로서 중생과 접촉하여 이를 교화한다"[24]고 했다. 계속해서 예를 들자면, 공자의 충효와 노자의 무위, 그리고

---

23) 『莊子』「齊物論」篇 : 大塊噫氣. ; 「知北遊」篇 : 人之生, 氣之聚也. 聚則爲生, 散則爲死.

24) 김부식, 『삼국사기』, 신라본기, 진흥왕 37년조 : 國有玄妙之道, 曰風流. 設敎之源, 備詳仙史, 實乃包含三敎, 接化群生.

불교의 선행을 언급하면서, 이런 삼교의 정신이 이미 우리 고유의 전통인 풍류사상 속에 담겨 있어서, 이를 받아들이기에 용이했음을 적고 있다.

다소 고증이 취약해서일 뿐이지, 우리 민족은 오래 전부터 어질고 착한 군자의 나라였다. 한때 허황된 위서(僞書)로 취급을 받았지만, 근자에 갑골문에 대한 해독을 토대로 일부 신빙성이 확인된 요동의 지리서 『산해경(山海經)』은 동쪽 군자의 나라 사람은 천성이 유순(天性柔順)할 뿐 아니라 사양하기를 좋아하고 다투지 않는다(好讓不爭)고 적고 있다. 『이아(爾雅)』에서도 동쪽으로 해 뜨는 곳에 이르니, 그곳이 태평(太平)인데, 태평 사람은 어질다고 적고 있다. 공자도 『논어』에서 바다 건너 군자의 나라에서 살고 싶다고 술회하였으며, 이를 뒷받침하듯이 『한서(漢書)』 「지리지」에서는 공자께서 도가 행해지지 않음을 슬퍼하여 천성이 유순한 동이(東夷)에게로 가서 살고 싶어했다고 적시하고 있다.[25)]

우리 민족 고유의 사상은 평화를 도모하고 생명을 존중하는 것임을 일깨우고 있다. 이런 정신은 신화나 각종 설화, 구전 등을 통해 전래되면서 외부에서 들어온 종교와 사상이 쉽게 토착화하는 데 바탕이 되었고 그리고 고유 종교인 동학(東學)으로 발현되기도 했다. 동학의 기본 정신은 최제우가 주창한 시천주(侍天主)에 담겨 있는데, 그것은 "한울님을 모시라"는 것이다. 여기서 한울님은 초월자라기보다 곧 사람 하나하나이다. 그래서 최시형은 "사람이 바로 한울님이니(人乃天) 사람 섬기기를 한울님같이 하라"로 나타냈다. 그것도 조선시대 가부장제가 극에 달했던 19세기 말에 한 신도의 베 짜는 며느리를 가리키며, 베를 짜는 며느리가 한울님이니 온

25) 류승국, 『동양철학 연구』(근역서재, 1983), 59-62쪽.

갖 어려움을 겪는 며느리를 한울님으로 섬기도록 선포했다. 그뿐만 아니라 "밥 한 그릇이 만고의 진리다"라는 말을 통해 사람만이 아니라 천지만물이 모두 한울님을 자기 안에 모신 존재라고 가르쳤다. 그래서 베 짜는 며느리를 보고 "한울님이 베를 짠다"고 했을 뿐 아니라, "천지만물이 한울님 아닌 것이 없으니 사람이 음식 먹는 것을 보고 한울님이 한울님을 먹는다(以天食天)"고 했다.[26]

이렇게 우리 민족은 어질고 착할 뿐 아니라 다툼을 싫어하고 또 유불선의 기본 정신을 담은 고유의 풍류사상을 이전부터 갖고 있었으니, 한편으로 사회 속에서 동료 구성원의 어려운 처지를 헤아리고 보듬어주며 또 민족 간의 평화를 도모할 수 있었고, 더 나아가 자연과 더불어 살 수 있는 생명사상의 진수를 간직했던 것으로 보인다. 비록 사료적 가치가 있는 문헌으로 전하는 것이 매우 빈약하다고 해도, 그 기본 정신을 찾아 환경위기 시대에 고유의 생명사상으로 발전시키는 것이 불가하지 않을 것이다.

5. 평가와 전망

서양이 초래한 위기에 대처하고자 할 때 서양의 전통에서 다시 그 해법을 찾는 것이 결코 용이하지 않다. 그래서 서양에서조차 동양을 주목하고 있다. 실제로 다른 것은 몰라도 생명을 사랑하고 평화를 도모할 소중한 싹이 동양에 있음을 부정할 수 없다. 다만 과거의 것 그대로 재현할 수는 없는 노릇이다. 역사적으로 과거 그대로의 모습으로 회귀한 사례는 없기 때문이다. 흐르는 물은 상류로 되돌아갈 수 없다고 했다. 다만 물의 기본 요소는 강 상류에서 하

26) 김지하, 『생명』(솔, 1996), 133-138쪽.

류로, 그리고 바다로 흘러내리고, 그것은 수증기로 변하여 다시 강 상류에 비로 내릴 수 있다. 이런 이치는 결코 변함이 없다. 따라서 서양의 물질적 탐욕이 초래한 악순환의 고리를 동아시아의 생명 존중의 선순환 고리로 대체할 수 있다.

물론 좀 더 정확하게 표현하자면 우주생명을 모시는 동양의 신비주의 색깔에 서양의 올바른 합리주의 정신이 서로 합세하여 새로운 생태주의 사회를 도모할 수 있어야 한다. 이것은 자연과 상생하는 문화 사회를 새롭게 추구할 때 동서의 근간이 소중한 싹으로서 새로운 사상과 사회를 잉태해야 함을 뜻한다. 이때 이런 융합의 터전으로 동아시아가 적합하다. 왜냐하면 동아시아와 한국에서는 이기(理氣) 논쟁이 치열하게 전개된 데서 보듯이 전적으로 신비주의로 기울지도 않았고 그렇다고 해서 합리주의 일변도로 치닫지도 않았기 때문이다.

다만 동양에서 싹을 찾고자 할 때도 더욱 지혜로운 접근이 필요하다. 즉 이상을 지향하되 냉엄한 현실의 지평에서 다가가야 한다. 이상이 없는 현실적 노력은 표류할 것이고, 현실에 뿌리를 내릴 수 없는 이상은 공허할 것이기 때문이다. 이렇게 보면, 불교에서 말하는 모든 욕망에 대한 근절은 실현 불가능하다. 다만 욕망을 사악함에서 건전한 것으로 돌릴 필요가 있다. 마찬가지로 도교에서 말하는 완벽한 무위의 실현도 실천 불가능하다. 예컨대 소에게 코뚜레를 꿰지 말라거나 말에게 발굽도 달지 말라는 것은 실현 불가능하다. 더 나아가 사람에게 어떤 교육도 시키지 말라는 것도 수용할 수 없다. 농부가 농사를 지을 때 소의 도움이 필요할 수 있고, 행인이 길을 갈 때 교통수단의 도움이 필요할 수 있으며, 전적으로 선한 것만은 아닌 인간이 훌륭해지기 위해서 올바른 교육을 받아야 하기 때문이다.

또한 동양은 전체론(holism)의 관점에서 인간과 자연의 관계를 설정하고 있다는 점에서 개체론(individualism)의 접근을 취하는 서양과 구분된다. 그러나 동양의 전체론도 세분하면 두 가지 흐름으로 나타난다. 하나는 유기체 전일론의 흐름이고, 다른 하나는 유기적 전체론의 경향이다. 개체론은 우주나 자연, 사회를 더 이상 쪼갤 수 없는 요소로 구분한다. 그래서 구성원 간의 관계성은 절단된다. 이에 반해 유기체 전일론은 우주나 자연, 사회를 전체인 하나의 실체로 통합하여 인식한다. 이 경우 관계성이 통합 과정에서 삭제되고, 그에 따라 구성 부분의 자율성 역시 사장된다. 전체만이 부각되기 때문에 전체주의나 파시즘에 빠질 수 있다. 힌두교가 매우 훌륭한 우주관을 가졌지만, 인간에게 계급적 서열화를 획책하는 카스트 제도에 대해 외면한 것도 그런 배경에서 비롯된 것으로 보인다.

이제 개체론과 유기체 전일론이라는 양 극단의 중용을 찾는 것이 중요하다. 필자는 그런 것으로 유기적 전체론을 제시하고 있다. 이것은 지구와 사회가 개체로 분리될 수 없는 관계성을 지니면서, 전체로서의 우주와 지구, 사회를 단일한 유기체 실체로 간주하지 않고 그저 무수한 개체들이 생명을 유지하는 장(場)으로 간주한다. 그래서 개체나 구성단위의 상대적 자율성이 존중된다. 동아시아의 색심불이(色心不二)나 신토불이(身土不二), 이기 논쟁은 그런 의미에서 탄생한 것이다. 필자는 다음 장에서 동아시아의 유기적 전체론에 따른 자연 및 사회에 대한 인식을 바탕으로 인간 사회와 자연이 상생하면서 인간 구성원이 자율적으로 문화를 구축할 수 있는 기-생태주의 사상과 윤리를 제시할 것이다.

제 17 장

동아시아 생태윤리와 자연의 가치

1. 자연과 인류의 상생, 인도적 생태주의의 길

오늘날 서양의 주류 패러다임은 두 가지 핵심 요인의 결합으로 조성되어 있다. 기본적으로 분리주의를 획책한 주객 이분법의 사유체계가 정착되어 있고, 여기에 우열에 따른 지배 논리(logic of domination)가 결합되어 있다. 그래서 인간 사이에 지배와 수탈로 인한 제반 사회문제가 발생했고, 연장선상에서 자연을 착취하는 생명 일반의 위기가 초래되었다. 위기 극복을 위해서는 분리주의 지배 패러다임을 대신할 새로운 패러다임의 출현이 요구된다.

일찍이 토머스 쿤(Thomas Kuhn)은 과학사에 대한 연구를 토대로 과학에서는 이론이 계속 누적되는 점진적 발전 과정을 거치는 것이 아니라, 패러다임의 교체라는 혁명이 일어난다고 밝힌 바 있다. 쿤에 따르면, 과학자 사회가 공유하는 일종의 믿음 및 가치 체계에 의해 수수께끼를 푸는 과정이 과학이다. 패러다임 자체가 그 기반으로 믿음 및 가치 체계를 포함하고 있는 까닭에 패러다임의 교체는 믿음 및 가치 체계의 변화와 같고, 그런 의미에서 일종의 종교적 개종과 같은 체험이다.1)

주체와 대상의 구분에 기초하는 뉴턴의 고전 물리학은 인간 주체와 자연이라는 대상이 내적으로 단절되어 있다고 보았다. 이때 고립된 자연은 인간의 목적 달성을 위해 도구로 쓰이는 외적 연관 관계로만 파악될 뿐이다. 이런 태도와 세계관이 오늘날의 환경위기를 초래했다. 반면 양자역학으로 대표되는 현대 물리학의 혁명은 고전 물리학에 전제되어 있던 '분리 가능성의 원리(principle of separability)'를 폐기하도록 만들었다. 왜냐하면 양자역학이 관찰과 실험을 통해 얻게 되는 "확률함수가 객관적 요소와 주관적 요소의 결합"을 나타내는데, 그것은 "부분적으로 사실과 부분적으로 그 사실에 대한 우리의 인식의 혼합"을 드러내기 때문이다.2) 이렇게 과학지식이 주객의 상호작용의 산물인 것으로 밝혀지면서, 객관적 기술에만 근거하는 고전적 결정론은 종말을 고하게 되고 또한 주체와 대상의 이분법이라는 패러다임이 더 이상 유효하지 않게 되었다.

물리학에서 패러다임 전환이 일어날 시기에 자연에 대한 이해에도 같은 사태가 초래되었다. 전통 생물학은 생명체를 무생명체와 분리해서 파악했다. 이때 자연은 수동적이고 죽은 대상으로서 기계론적 법칙이 적용되는 것으로만 간주되었다. 그런데 20세기 초의 생태학자들은 지구를 포괄적인 유기적 존재로 표상하기 시작했다.

---

1) Thomas S. Kuhn, *The Structure of Scientific Revolution*(2nd ed., Chicago: The University of Chicago Press, 1970), p.151.

2) W. Heisenberg, *Physics & Philosophy*(New York: Harper & Row, 1958), p.53, 45.

이 성과에 대한 통찰을 토대로 셰퍼드(P. Shepard)는 "사물들의 관계가 사물만큼 실재한다"고 선언함으로써 생태학의 형이상학적 의미를 개진하였다.3) 이것이 뜻하는 바는 자연을 구성하는 자연적 존재들이 고립되어 있는 것이 아니라 서로 내적으로 관련되어 있는데, 이 내적 관계가 유기체와 마찬가지로 실재한다는 통찰이다. 비로소 새로운 패러다임에 따라 자연적 존재들 간의 유기적 관계(organic relation)가 드러난 것이다. 실제로 자연적인 관계적 여건 속에서 숱한 생명체가 공존하고 있다. 이렇게 해서 뒤늦었지만 자연의 공생관계(relation of symbiosis)가 부각되었다.

과학으로서 생태학은 자연을 이루는 숱한 구성단위가 유기적으로 얽히고설킨 공생관계에 놓여 있음을 드러내주고 있다. 이제 자연에 대한 인식을 바탕으로 인간 사회가 갈 방향을 어떻게 조망하느냐에 따라 사회와 자연의 관계를 다음과 같이 세 가지로 분별할 수 있다. 첫 번째는 지금처럼 서양이 형성한 지배적 자연관의 태도로 인간만의 물질적 행복을 추구하는 것이다. 이것이 전통적인 인간 중심주의의 길이다. 그런데 이런 접근은 죽음의 그림자를 드리우고, 그것이 악순환 관계의 망을 통해 우리에게 되돌아옴으로써 현 문명을 극도로 교란시키게 될 것이다.

두 번째는 인간 사회를 자연을 이루는 평범한 한 구성단위에 편입시키는 것이다. 이것은 생태 중심주의의 길이다. 이때 인간 사회는 후면으로 밀려나고 전면으로 부상하는 것은 자연이나 지구 생물권이 된다. 이 길은 지구를 구하거나 자연을 보전하는 데 탁월할 수 있지만, 인간의 사회적 삶은 곤궁해질 수밖에 없다. 때에 따라

---

3) Paul Shepard, "Ecology and Man: A Viewpoint", P. Shepard and D. McKinley(eds.), *The Subversive Science*(Boston: Houghton Mifflin Co., 1969), p.3.

서는 전체인 지구를 먼저 고려하는 과정에서 그 부분에 불과한 인간 사회나 인간 구성원은 희생될 수 있다. 언제든 에코 파시즘(eco-fascism)이나 전체주의의 망령이 배회할 수 있는 것이다.

그리고 마지막 세 번째 길을 모색할 수 있다. 그것은 양 극단에서 중용의 방도를 취하는 인도적 생태주의(humanitarian ecologism)의 길이다. 그것은 일단 자연을 수탈하는 문명의 길이 아니고 그렇다고 해서 인간 사회를 자연에 편입시키면서 문화 해체로 미끄럼을 타는 길도 아니다. 인도적 생태주의는 존엄한 인간이 자율적 인간으로 살아가는 데 부족함이 없으면서 자연과 상생하는 길이다. 자연과 사회를 보는 눈 자체도 다르다. 일단 분리주의를 낳은 인간 중심주의의 개체론적 접근을 거부한다. 그래서 전체론의 접근을 수용한다. 이때 신중해야 할 점은 자칫 전체주의의 수렁에 빠질 수 있다는 점이다. 예컨대 전체를 인간 사회로만 국한할 경우, 우익이든 좌익이든 전체 사회를 우선시할 때 그 과정에서 그 구성원인 일부 개인을 희생시키는 우익 파시즘과 좌익 전체주의 과오를 범할 수 있다. 마찬가지로 전체를 지구 자연으로 부각시킬 경우 자연을 위하는 과정에서 인간의 희생과 도태를 당연한 것으로 받아들임으로써 반인도주의의 미끄럼을 탈 수 있다. 이것은 생태 중심주의와 그것이 방법론으로 채택한 유기체 전일론(有機體 全一論)이 걷게 될 길이다. 이런 우려스러운 사태가 나타날 수 있는 이유는 방법론적으로 전체를 구하는 과정에서 그 부분들의 관계성을 지워버리는, 다시 말해서 해소하는 우를 범하게 되기 때문이다.

최종적 해법은 부분들의 유기적 관계성을 살리고 그에 따라 부분들의 자율성을 중시하는 유기적 전체론(有機的 全體論)의 눈으로 사회와 자연을 조망하는 것이다.[4] 이 길을 가장 잘 드러내는 것 가운데 하나는 동아시아 자연관에 의거한 것으로서 필자가 주창한 기(氣)-생태주의(Ch'i ecology)라고 본다. 그것은 자연에서 인간 사회로 흐르는 기 개념에 의거하기 때문에 한편으로 자연과 인간 사회의 유기적 관계성에 따른 생태주의를 도모하면서 또 다른 한편으로 이(理)와 기의 조화 속에서 인간 사회가 자율적으로 도(道)를 구현하는 인도주의의 지평을 열어준다.

2. 동아시아의 기-생태주의와 윤리, 그리고 자연의 온가치

동의학은 인체를 경락(經絡)체계에 따라 기가 순환하는 오장육부 및 신체 부위들 간의 유기적 연관관계로 파악한다. 마치 씨줄과 날줄이 교차하는 것처럼 경맥과 낙맥이 교차하는데, 그 통로를 따라 기가 운행하여 생명 에너지를 전달하는 것으로 보는 것이다. 이때 각 장기와 세포는 관계 망을 통해 생기(生氣)를 받아 고유한 역할을 수행하고 그리고 상호간의 협력적 호응에 힘입어 인간의 건강을 유지하게 한다. 이렇게 동의학은 인체를 각 장기와 신체 부위 간의 관계성에 의해 파악하고 처방한다는 점에서 전체론적으로 접근한다.

동의학에서 인간의 병은 안팎의 요인으로 인해 생기 흐름이 끊기거나 약화됨으로써 발생한다. 경우에 따라서는 몸의 저항력이 취약한 상태에서 풍습한(風濕寒)과 같은 사기(邪氣)에 노출될 경우, 그 사기가 몸 안에 내습하여 발병하기도 한다. 질병에 대한 진단이 경락체계의 관계성에 의거하여 전체론적 차원에서 이루어지기 때

4) 지구나 사회와 같이 전체를 인식하는 방법을 둘로 나눌 수 있는데, 개체론과 전체론으로 대비된다. 이런 전통적 구분에 덧붙여서 필자는 전체론도 유기체 전일론과 유기적 전체론으로 구분한다. 각각의 특성에 대해서는 10장 4절을 참조할 것.

문에 치유법도 같은 형세로 진행된다. 침구요법은 경락체계에 따라 경혈(經穴)을 잡고 그곳에 침을 놓거나 뜸을 떠서 순환체계를 회복하고, 그럼으로써 병이 난 장기에 생기가 공급되어 소생하도록 한다. 때때로 자연으로부터 취한 약재를 복용하게 하여 생기를 보강하도록 한다. 모두 오장육부와 신체 부위가 연관되어 있고 그리고 '인간의 신체가 자연과 이어져 있다(身土不二)'는 유기적 전체론에 의한 처방이다.

이렇게 동아시아에서는 눈에 보이지 않더라도 기의 흐름과 같은 관계성이 사물과 마찬가지로 실재한다고 여긴다. 동아시아의 전통의학은 기의 의학이라고 볼 수 있다. 이때 기란 우주 만물의 원인인 도(道)가 자신을 드러내는 형태이다. 『노자(老子)』에 따르면, 도는 기를 낳고, 기는 음양을 낳는다. 음양은 분별되지만, 음기(陰氣)와 양기(陽氣)로 표현되듯이 기로 이어져 있는데, 그로부터 화기(和氣)가 출현하면서 셋이 어우러져 만물을 낳았다. 따라서 인체에 흐르는 기는 자연에서 온 것이다. 자연에는 기가 퍼져 있고 그리고 인간의 생사도 기의 이합집산에 따른 것이다.

자연에는 기가 흐르고, 그것은 인체에도 들어온다. 물론 인간에게는 기만 있는 것이 아니라 기의 주재 원리인 이(理)를 파악하는 이성도 있다. 순자(荀子)는 이렇게 말하고 있다.

> 물과 불은 기가 있지만 생명이 없고, 풀과 나무는 생명이 있지만 지각을 못하고, 금수는 지각을 할 수 있지만 이성적 능력이 없다. 사람은 기가 있고, 생명이 있고, 지각을 할 수 있으며 또한 이성적 능력도 있다.5)

---

5) 『荀子』 「王制」篇 : 水火有氣而無生, 草木有生而無知, 禽獸有知而無義. 人有氣有生有知, 亦且有義. 固最爲天下貴也.

인간은 분명 다른 자연적 존재에게 없는 고유한 특성을 지닌다. 그러나 인간은 다른 자연적 존재, 즉 생명체 및 무생명체 모두와 공유하는 것도 있는데, 그것이 바로 기이다. 따라서 기는 자연에 존재하면서 생명 유지에 필수적인 것인데, 각 자연적 존재는 기를 생성하고 또 서로간의 관계 속에서 기를 전하여 자연에 숱한 생명체가 탄생하게 된다. 필자는 이런 의미의 것을 '생태학적 기(ecological Ch'i)'로 규정하고자 하는데, 이것은 오늘날 생태학에서 말하는 생명 에너지와 유사한 개념이다.

인간은 자연에서 기를 받아 생명을 유지한다. 이런 자연의 기는 다양하게 분별된다. 예컨대 한국인은 산소가 들어 있는 공기(空氣)를 무생명체라고 하지 않으며 우리가 들이마시지 않으면 안 되기 때문에 비어 있는 가운데서도 우리에게 꼭 필요한 것으로 보았다. 물론 식사 때가 되어 허기(虛氣)지면, 곡기(穀氣)로서 배를 채웠다. 이때 식물의 생명을 죽이느냐 아니면 존중하느냐의 서양식 논쟁거리 문제로 접근하지 않았다. 자연스럽게 자연으로부터 기를 받고 또 우리의 기가 소진되어 죽음을 맞게 되면 흙으로 되돌아가서 우리의 남은 기를 자연으로 돌려준다고 여겼다. 생태학에서 말하는 자연의 생명 에너지 흐름이 한국인과 동북아시아인의 생활 속에는 그대로 용해되어 있는 셈이다.

기가 모이면 생명이 되고 기가 흩어지면 죽음에 이른다. 이것은 인간은 물론 지구상의 개별 생명체 모두에게 적용된다. 기는 생태계의 생명 에너지이고, 기의 흐름은 생명 에너지의 흐름이다. 단위 생태계는 지역의 토착 생명체가 고유한 역할을 통해 기를 생산하고 그리고 생태계 먹이사슬 체계를 통해 기가 순환하는 작은 생명의 장(場)이다. 그리고 지구 자연은 단위 생태계가 또다시 서로간의 관계 속에서 연결되는 더 큰 규모의 생명의 장으로서 숱한 지구 생명체를 부양하는 기의 연결망이다. 따라서 기-생태주의는 지구를 그 자체의 생명 실체로 보는 것이 아니라, 숱한 생명체들이 더불어 살아가는 생명의 장(field of lives)으로 간주한다.

기-생태주의는 인간인 우리가 생명 존중의 태도를 취할 때, 자연이 어떤 특징적 가치를 지닌다고 본다. 필자는 이것을 온가치(Onn value)라고 명명하였다.[6] 온갖 자연적 존재는 자신이 처한 터전에서 자신에게 고유한 생태적 역할을 수행함으로써 기를 조성하고 그리고 자연은 내재적인 그물망을 통해 기가 순환하도록 하여 온갖 자연적 존재가 서로 기대어 더불어 살아갈 수 있는 생명의 장으로 기능한다. 따라서 인간을 비롯한 자연적 존재의 생명 유지와 긴밀하게 이어져 있는 생기가 흐르는 그물망으로서의 자연은 온가치를 가지며 또한 생기 조성에 기여하는 생물 종도 온가치를 갖는다. 이렇게 온가치는 그물로서의 자연과 자연적 존재인 그물코가 생명적 관계 속에서 이어짐으로써 갖는 관계적 가치(relational value)이다. 그래서 그것은 이분법의 산물인 도구적 가치나 내재적 가치와 다르다.

자연의 도구적 가치(instrumental value)는 개체론적 접근에 의거한 강한 인간 중심주의의 소산이다. 이때 자연은 단지 인간의 물질적 풍요라는 목적 달성을 위한 도구에 그칠 뿐이다. 기-생태주의는 이와 같이 이분법의 산물인 자연의 도구적 가치를 거부한다.

온가치는 내재적 가치(intrinsic value)와도 다르다. 자연 및 자연적 존재가 갖는 내재적 가치는 자연이나 동식물 그 자체가 본래부터 갖는 성질의 것이다. 그러나 자연적 존재가 본래부터 목적으로 대우를 받을 내재적 가치를 가질 경우, 인간이 그런 가치를 존중하

6) 초기 출처로 다음을 볼 것. 한면희, 『환경윤리』(철학과현실사, 1997), 5장 「기-중심적 환경윤리와 자연의 온가치」.

며 산다는 것은 불가능하다. 왜냐하면 우리의 식생활 자체는 개체 생명체의 희생을 기반으로 이루어지는데, 그럴 때마다 자연에게 내재적 가치가 있다고 주장하면서 그것을 스스로 해치는 자기모순을 범하게 되기 때문이다. 기-생태주의는 인간의 섭생을 "하늘(생명)이 하늘(생명)을 먹는다(以天食天)"는 토착 종교인 동학의 말[7]로 생기 흐름을 자연스럽게 표현하지, 다른 생명에 대한 죽임은 예외로 인정하자는 구차스런 방식으로 접근하지 않는다. 그래서 온가치는 내재적 가치와 다르다.

온가치는 탈이분법적 가치인 반면, 내재적 가치는 이분법의 잔재가 드리워진 가치라는 점에서 또 다르다. 본래 내재적 가치 자체가 이분법의 구도 속에서 생겨난 것이다. 분리주의 지배 논리에서 주체로서의 인간은 목적으로 대우를 받기 때문에 내재적 가치를 갖고 그리고 대상인 자연과 자연적 존재는 도구적 가치를 지니게 된다. 그런데 이를 거부하는 심층 생태주의에 따르면, 인간인 나는 내재적 가치를 갖고 그리고 나는 자기실현을 통해 자연적 존재 및 자연과 하나가 되므로, 자연적 존재 및 자연도 내재적 가치를 갖는 것으로 드러난다. 한편으로 이분법의 선이 지워지지만, 또 다른 한편으로 애초의 설정 자체가 이분법 구도에서 조성된 것이기 때문에 내재적 가치는 이분법의 잔재가 드리워진 개념인 셈이다.

온가치는 기본적으로 관계적이기 때문에 탈이분법적이다. 이것은 캘리콧(J. B. Callicott)이 설정한 자연의 고유한 가치(inherent value)와 비슷하다. 그는 자연의 탈도구적 가치를 둘로 세분하였다. 그가 분별한 내재적 가치(intrinsic value)는 인간의 의식적 평가와 무관하게 자연이 객관적으로 갖고 있다고 여겨지는 것인 반면, 고유

7) 김지하, 『생명』(솔, 1996), 138쪽.

한 가치는 의식적 평가와 상관적인, 그러나 자연 그 자체를 위해 의미가 있는 종류의 것이다. 고유한 가치가 인간 중심적인 것의 소산은 아니지만 인간-기원적(anthropo-genic)인 것은 분명하다. 온가치도 캘리콧의 고유한 가치와 흡사하게 인간 기원적이다. 초월자를 설정하지 않을 경우, 가치는 어떤 형태로든 의식적 평가에 의존한다고 본다. 다만 캘리콧의 고유한 가치는 양자 물리학에서 조성된 관찰자 나와 관찰 대상의 상호작용에서 나온 것이기 때문에 양자(兩者) 관계에 바탕을 둔 견해인 반면, 필자의 온가치는 동아시아 자연관을 배경으로 나와 나머지 자연적 존재 간의 다자(多者) 관계에 바탕을 둔 견해라는 점에서 차이가 있다.

온가치의 다자 관계성은 '온(Onn)'이란 언어적 표현의 사용과 관련된다. '온' 개념은 조선시대에 한글 창제 정신을 담은 용비어천가 58장의 "온 사람 다리샤"에서 나온 것이다. 세종대왕이 한글을 창제할 때, 온 백성이 서로 제각기 역할을 수행하면서 살아가되, 쉬운 우리글을 사용함으로써 서로 기대고 협력하여 삶을 영위하도록 배려한 것이다. 따라서 '온'은 부분들의 단순 합인 '모든'의 의미가 아니고, 개체의 자율성을 존중하는 관계적인 전체를 의미한다고 볼 수 있다. 온가치는 이런 의미에서 유기적 전체론에 부응하는 가치 개념이다.

기-생태주의는 강한 인간 중심주의에 서 있지 않고 또한 생태 중심주의라는 정반대 편으로 치우쳐 있지도 않다. 그것은 양 극단의 중용에 해당하는 인도적 생태주의이다. 일단 인간과 자연의 생명적 관계성을 중시하기 때문에 생태주의에 해당한다. 그리고 자연과 인간의 관계 속에서 인간을 조망할 때 개인의 자율성을 존중하고 배려하는 인도주의 차원에서 접근한다. 기-생태주의는 자연의 생기 흐름을 원활하게 조성하는 선상에서 인간적 관점을 취하기 때문에 자연에 위압적인 것이 아니라 자연과 상생적이다. 이것은 동의학과 같은 반열에 위치해 있는 셈이다.

동의학은 자연에 흐르는 기를 인간과 연결지을 때 둘로 분별한다. 하나는 생기(生氣)인데, 인간에게 좋은 기운이다. 자연의 것 대부분이 그런 것인데, 특별한 사례를 들자면 피톤치드와 같이 소나무 군락지에서 느낄 수 있는 성질의 것도 있다. 다른 하나는 그 반대인 사기(邪氣), 즉 인간에게 나쁜 기운이다. 무엇보다도 인간의 생활에 밀착된 형태로 다가오는 풍기(風氣)와 습기(濕氣), 한기(寒氣)를 예로 들 수 있다. 그런 것에 지속적으로 노출되면 풍을 맞아 신체마비가 오거나, 관절염을 앓게 되거나 또는 감기에 걸릴 수 있다. 자연 자체가 내보내는 기에 좋고 나쁜 것이 없지만, 인간의 눈으로 볼 때 그렇게 분류될 수 있다. 다만 이런 동의학의 분류와 접근이 인간에게는 이로우면서도 자연 그 자체에 해악을 끼치지 않는다는 데 있다. 동의학에서 질병을 치유하기 위해 침구를 사용하거나 또는 주변 산하에서 약재를 구할 때 그것이 주는 부담은 자연이 감내 가능한 정도에서 이루어진다. 오히려 신토불이 약재를 통한 치유를 도모하기 때문에 자연에 더욱 애착을 갖게 된다. 왜냐하면 인간의 신체와 그것이 필요로 하는 것을 제공하는 땅이 둘로 분리되어 있지 않고 생명의 기운으로 이어져 있기 때문이다. 마찬가지로 기-생태주의의 온가치에 따른 접근은 인간에게 좋으면서도 자연에 의미 있는 해악을 끼치지 않는다는 데 있다. 그래서 문화와 자연의 상생이 가능한 것이다.

그렇다면 기-생태주의는 환경문제를 어떻게 진단하고 또 어디를 지향하는가? 동아시아는 근대에 들어서서 서구 제국주의의 침략을 받으면서 힘의 열세를 극복하고자 산업화를 받아들이기 시작했고 또 그 이후부터 물질 중심의 서구 생활양식을 좇게 되었다. 그런데 그 과정에서 문제가 발생하기 시작했다. 산업화에 따른 오염과 공해 요인이 맑고 깨끗한 공기와 물, 토양을 인공적 사기가 들끓는 곳으로 변모시키기 시작한 것이다. 결국 생기가 돌던 생태계도 사기가 조성되면서 생물 종의 다양성이 약화되면서 척박해졌다. 이 과정에서 숱한 생명체가 병들어 죽어갔고, 그리고 자연과 함께 공존하던 문화적 인간에게도 질병과 죽음을 전하고 있다. 이에 기-생태주의는 자연을 단순한 자원(resources)이 아니라 생명의 원천(source of lives)으로 간주하며, 그런 선에서 다시 생기가 조성되어 순환하는 새로운 대안 문명을 개척하고자 한다.

3. 기-생태주의 지리 인식과 고유한 문화

인간은 행복을 추구하면서 그것이 상대적으로 욕망의 달성 여부에 달려 있다고 보는 경향이 강하다. 이때 더 많은 것을 바라면서 이를 갈구하여 채우려고 할 수 있다. 서양은 이런 길을 걸어왔고, 그래서 무한 성장주의를 경제의 기본 목표로 삼아왔다. 이에 반해 동양은 불교나 힌두교, 도교, 유교 등의 종교적 영향을 받아서 성장주의 일변도로 치닫지 않았다. 오히려 동양인은 자연과 어울리는 살림살이를 도모한 측면이 강하다고 할 수 있다. 이것은 한반도에서도 나타났는데, 특히 기-생태주의 이념에 부합하는 형태의 자연 친화적 문화로 정착된 것을 확인할 수 있다.

대표적으로 한반도의 지리 인식과 서양의 그것을 비교하면 확연히 드러난다. 서양은 산맥 개념 체계를 구축했다. 이것은 땅속 지질 개념에 의거한 것으로서 인간이 땅속 자원을 적극 활용하겠다는 것으로 접근한 것이다. 그런데 문제는 성장주의 경제관과 결합되고 근대의 억압적 과학기술이 동력으로 작동하여 자연 이용의 수준을 넘어서서 자연 착취의 단계로 돌입했다는 데 있다. 그 결과 빠른 시일 내에 지구상의 재생 불가능한 자원은 고갈 상태에 빠질 수밖에 없게 된 것이다.

이에 반해 동아시아의 우리나라는 독자적으로 자연 친화적인 지리 체계를 구축하고 있었다. 한반도의 지리는 이미 신라시대부터 시작해서 조선시대에 들어서서 대간(大幹)과 정맥(正脈)의 체계로 선명하게 짜여지는데, 백두대간으로 상징화되었다. 서양의 고지도가 대부분 18세기 이후의 것들인 데 반해, 조선 초인 1402년에 세계 지도에 해당하는 혼일강리역대국도지도(混一疆理歷代國都地圖)가 있었고, 이것에는 대간과 정맥에 해당하는 산줄기들이 그려져 있으며, 18세기 조선의 지리서 산경표(山經表)에 더욱 구체적으로 확연하게 나타나 있다.[8] 여기서 대간과 정맥 개념은 땅속 지질 구조에 의한 파악이 아니라 바깥으로 드러난 지형 개념이다.

한반도 지리 체계의 핵심은 '산자분수령(山者分水嶺)'으로 압축된다. 이것은 산이 물을 가르는 선이라는 뜻이다. 모든 산줄기는 내리는 물을 두 개의 물길로 갈라서 각각 한쪽 비탈을 타고 아래로 흐르게 한다. 아래로 갈수록 다른 비탈을 타고 내려온 또 다른 지류와 합류하여 내를 이루고, 내는 천이 되며, 마침내 강을 이루어 바다로 향한다. 내에서 시작하여 강에 이르기까지 독립된 한 물줄기를 나무로 비유할 경우, 나무 한 그루가 차지하는 공간 전체가 유역이다. 그런데 여기서 물줄기를 다 그려 놓고 남은 공간을 선으로 그으면 그것이 곧 산줄기가 된다. 모든 물길이 하구로 향하듯, 모든 산줄기도 하나의 구심적으로 향한다. 한반도에서 하나를 제외한 산줄기는 바다에 이르러 고개를 숙이는 반면, 하나만이 내륙을

8) 조석필, 『태백산맥은 없다』(사람과산, 1997), 26-27, 260쪽.

향해 치솟는데, 가장 높은 백두산으로 향하기 때문에 이 산줄기를 일러 백두대간이라고 한다. 물론 백두대간은 다시 중국 내륙의 곤륜산으로 향하고, 그것은 또다시 지구의 지붕 히말라야로 이어진다.

백두대간에서 다시 14개의 산줄기가 가지를 치고 나왔는데, 이것을 14개의 정맥이라고 한다. 핵심은 대간과 정맥의 산줄기가 자연친화적 문화와 관련된다는 데 있다. 동북아시아에서는 인간이 살아가는 도읍과 마을, 집의 터를 잡을 때 풍수학(風水學)의 평가를 존중했다. 풍수학이 샤머니즘과 결합하여 죽은 사람의 묘 자리를 고르는 음택풍수(陰宅風水)로 나간 것은 잘못이지만, 인간의 삶의 거처를 파악하는 양기풍수(陽基風水)는 생태학적으로도 의미가 있다. 풍수에서는 '물을 얻는 것(得水)'이 으뜸이고 그 다음이 '바람을 막는 것(藏風)'이다.[9] 사람이나 생명체나 물이 있어야 생명을 유지할 수 있는데, 그러려면 습기를 머금은 바람을 가두어야 한다. 바람을 가두는 일은 우뚝 솟아 힘차게 뻗은 산이 감당한다. 그래서 풍수학에서는 뻗어 내리는 산줄기를 신령스런 용(龍)으로 표현한다.

풍수학의 명당은 흔히 좌청룡 우백호 북현무 남주작(左靑龍 右白虎 北玄武 南朱雀)으로 표현된다. 한반도에서 가장 높은 백두산에서 대간을 타고 내려오다가 정맥으로 갈라지고 그리고 거기에서 또다시 작은 산줄기가 나타나 좌우의 행렬을 거느리면서 앞으로 치닫다가 평지를 만나 맺히게 된다. 그런데 맺히는 바로 이곳에 생기가 가장 많이 조성된다. 좌우로 청룡과 백호를 거느린 현무가 머리를 내밀듯 음래(陰來)로 다가오면 평지 속의 얕은 산이나 고인 물이 주작의 형세로 양수(陽受)하듯 맞이하는데, 이런 곳이 명당으

9) 최창조, 『한국의 풍수사상』(민음사, 1984), 75쪽.

로서 생기가 유난히 많이 맺히는 곳이다.

이곳저곳 고유한 생태계 여건에서 숱한 개체 생명체가 생산한 기운이 백두대간과 정맥의 산줄기를 타고 내려오다가 어느 시점에 이슬 맺히듯이 생기를 머금는다. 이런 곳에서는 또 다른 생명체가 왕성하게 탄생한다. 습기를 포함한 구름을 우뚝 솟은 산이 자꾸 가두어 농도를 짙게 하면서 비를 내리게 하고, 거기서 개울물이 흘러 내가 되고, 천으로 이어져 마침내 큰 강으로 조성된다. 이렇게 숱한 생명체가 탄생하는 가운데 또 물이 있으니 왕성하게 번식하여 기후대의 다름과 맞물려서 생물 종의 다양성이 구현되고 또 한 종의 개체수의 풍부함으로 나타난다. 기-생태주의는 생물 종의 다양성과 개체수의 풍부함이 구현되는 생태계일수록 생기가 가득 조성된다고 보고, 이런 곳은 유난히 온가치를 많이 갖는다고 여긴다. 그래서 기-생태주의는 풍수학과 연루된 생태계 복합성과 생물 종의 다양성을 보전하는 데 탁월한 통찰을 제공해 줄 수 있다.

그뿐만 아니라 풍수학의 명당 언저리는 동식물만이 아니라 인간 공동체에게도 가장 좋은 생활의 터전이 된다. 명당에 터전을 마련한 인간 문화의 생활양식이 생기 조성과 순환을 원활히 이루어지도록 하는 범위 안에서 지속되는 것이 얼마든지 가능하다. 대간과 정맥의 영향 속에서 산과 물로 이루어진 생태문화적 공동체는 자체적으로 자립적이고 고유한 문화를 조성한다. 한반도 남한에서는 백두대간을 기준으로 동서로 갈리게 된다. 그런데 상대적으로 산세가 험하고 긴 낙동강이 굽이치는 동해 쪽의 영남에서는 동적인 춤이 특징적으로 발달했고, 평야지대가 많은 호남에서는 정적인 판소리가 두드러졌다. 호남에서도 백두대간과 호남정맥으로 둘러싸인 섬진강 유역권 안에서는 지리산과 섬진강 지형의 영향을 받아 창법이 웅건하면서 청담하고 발성초가 신중하며, 구절의 끝마침이 분명한 동편제가 등장했다. 반면 호남정맥을 넘어 서해 바다 쪽의 호남에서는 소리제의 특성이 부드러우면서 구성지고 애절하며, 꼬리 달듯이 소리가 길게 이어지는 서편제로 특성화되었다.[10] 따라서 기-생태주의는 생태계의 일정한 영향을 받아 조성된 문화의 고유성과 다양성을 존중한다.

기-생태주의는 문화 고유성과 다양성을 가능하게 하는 생태계 고유성과 생물 종의 다양성을 몹시 중시하며, 그곳에 높은 온가치를 부여하여 보전하고자 한다. 물론 인간의 관점에서 평가하기 때문에 사회 구성원의 생명과 자율성, 기초 공동체의 고유문화 등을 중시하는 것은 두말할 필요가 없다. 그러므로 기-생태주의는 인간의 생명과 문화는 자연과 긴밀하게 연관되어 있고 또 상호작용 속에서 영향을 주고받더라도 지속 가능한 문화로 이어지도록 하기 때문에, 인간과 문화에 대한 진지한 배려 속에서 가치가 높은 생태계와 멸종에 처한 종을 보전하는 데 알맞다고 할 수 있다.

4. 기-생태주의의 규범적 원리

기-생태주의는 자연에서 생기가 조성되어 순환하되 인간의 문화로 이어짐으로써 생태적으로 지속 가능한 사회가 구축되면서 정의가 사회제도의 규범이 되고, 그에 따른 문화적 혜택과 부담이 구성원에게 공정하게 분배되어 누구나 자유인으로서 서로 협력하여 활기찬 삶을 누리도록 한다. 이때 자연에서 인간 사회로 이어지는 생기의 흐름을 온가치의 눈으로 평가함으로써 제어하고자 하기 때문에 인간의 이성적 접근이 필수적이다. 자연의 기가 인간 사회에서

10) 최동현, 『판소리 이야기』(인동, 1999), 84쪽.

이(理)와 연루되는 지평에 이르게 되는 것이다. 생태주의는 이념이기 때문에 이미 이성적 접근이 가득하다. 따라서 기-생태주의는 세 가지 근간이 되는 규범적 원리로 이루어지게 된다. 첫째는 생기(生氣) 존중의 원리이고, 둘째는 이기(理氣) 호혜성 원리이며, 셋째는 이(理)의 자율성 원리이다.

동아시아 자연관에서 인간과 자연이 애초부터 존재론적으로 분리되어 있지 않았다. 다만 인식의 편의를 위해 분별하는 표현을 사용할 수 있다. 이때 첫 번째 생기 존중의 원리는 자연의 영역에 해당하는 것이다. 이 원리는 생기가 소생하여 순환하는 자연에서 온가치를 식별하고, 이를 존중하도록 한다. 이에 생태계의 복합성과 생물 종의 다양성이 생기의 발생과 순환에 기여하므로 적극 존중되어야 한다.

두 번째 이기 호혜성의 원리는 자연에서 인간으로 이어지는 선순환 관계의 영역에 해당하는 것이다. 이것은 만물의 주재 원리이자 인간의 문화를 존속시키는 이에 의해 생기가 조성되어 순환하고 사기가 차단되도록 함으로써 기-생태주의 사회를 유지하도록 요청한다. 그런데 이미 오늘의 인류는 이 원리에서 너무 벗어난 지평에 놓여 있다. 이에 생태적으로 지속 가능한 사회를 새롭게 구성하기 위해 노력해야 한다. 이를 위해 대표적으로 생태적으로 지속 가능한 경제를 다시 구축해야 하고, 곡기를 생산할 때 농약 등 사기가 침투하지 않도록 하는 생명농업의 정신으로 돌아가야 하며, 그리고 자연에 다가가는 과학기술이 기-생태주의 이념에 부응하도록 새롭게 일신되어야 한다. 결국 자연에 대해 책임 있는 생활양식을 정착하도록 해야 하고, 이를 위해 자연의 온가치를 존중하도록 노력해야 한다.

세 번째 이의 자율성 원리는 인간 사회의 영역에 해당하는 것으로서 사회제도의 규범 등으로 나타난다. 기본적으로 인간은 자연에서 호연지기를 기르면서 덕(德)을 쌓아 사회를 건강하게 유지하는 데 기여해야 한다. 다만 인간의 선의에 한계가 있을 수밖에 없기 때문에 합리적인 사회제도를 구축할 수밖에 없다. 이때 근간이 되는 것은 자율과 정의의 원칙이다. 개인은 누구나 자유를 향유하면서 활기차게 일을 하는 것이 보장되고, 개개인들로 구성된 소공동체는 고유문화를 유지하면서 자율성을 가져야 하며, 이런 공동체의 연합체는 정의로운 제도에 의해 운영되어야 한다. 물론 정의는 한 세대 내에서 통용될 뿐 아니라 세대 간에도 이룩되어야 한다.

여기서 첫째에서 둘째, 셋째 원리로 이어지는 과정이 분리되어 있는 것이 아니라 이어져 있음에 주의해야 한다. 이와 기가 서로 연이어져 있기 때문이다. 자연에서 기가 발생하고, 이것이 인간 사회로 이어짐에 따라 이가 신중하고 분별 있게 이런 것을 주재할 수 있어야 한다. 여기서 기가 소생하는 자연에서 인간은 생태적 감성을 느낄 수 있고 또한 생태 영성을 기를 수 있다. 그리고 이런 바탕 위에서 사회에서 획득한 생태적 합리성의 인도에 따라 자연에 대해 책임 있게 실천하는 자세로 다가가야 할 것이다.

5. 평가와 전망

세계와 사회, 인체를 보는 방법이 다를 수 있다. 서양의 주류 방법론은 개체론이다. 초기에 환경보전을 위해서 생명을 존중하자는 시각도 개체론적 방법에 의거했다. 인간 중심의 환경주의는 인간 하나하나가 이성을 지닌 자유로운 존재로서 자유와 생명, 행복추구와 같은 권리를 갖기 때문에 인간의 그것을 존중하기 위해서 자연을 보호하고자 했다. 또 같은 방법으로 동물과 생물의 생명을 존중하자는 접근도 나타났다. 필자는 이런 접근이 개체로서 인간 생명이나 동식물 생명 존중에 유리하지만 자연보전에 적합할 수 없다고 보았다.

개체론적 접근이 한계에 봉착하자 서양에서는 전체론적 접근에 의해 자연에 다가가는 시도가 나타났고, 지구 가이아 가설 또는 생태 중심주의가 펼쳐졌다. 가이아 가설은 지구 생명체에 대한 새로운 자각을 조성함으로써 지구를 경외하게 만드는 데 기여했고 그리고 심층 생태주의가 대변하는 생태 중심주의는 아름다운 생태계와 멸종에 처한 종 보전에 탁월한 지혜를 가져다주었다. 특히 인류가 잃어버린 영성을 되찾을 수 있게 한 것은 크나큰 기여였다. 그러나 다소간의 한계도 드러냈다. 가이아 가설의 경우, 자연 그 자체를 위해서 자연보호를 해야 할 필요성이 약화되게 되었다. 심층 생태주의의 경우, 인간의 지위가 동식물의 그것과 같이 평범한 것으로 격하된 상태에서 자연의 법칙에 맡겨질 때 자칫 반인도주의로 미끄럼을 타게 되는 결정적 한계에 봉착할 수 있다는 것이 명확한 한계로 드러났다.

필자는 서양의 생명 존중 접근이 다소 한계에 봉착하게 된 연유가 있다고 본다. 개체론적 접근은 개체 생명체 존중에 치중하는 과정에서 집합적 개념으로서 생태계와 종 보전을 간과하게 되는 우를 범하게 되는 반면, 전체론적 접근은 전체로서의 지구를 생명 실체화하거나 또는 그것으로 미끄럼을 타게 됨으로써 지구나 생태계 보전에 대단히 유리하지만 인간을 비롯한 개체 생명의 안위를 무시하게 되는 결과로 나타난다는 점이다. 서양의 환경윤리와 생명사상이 이렇게 흐른 것은 서양 전통과 생활양식의 특징과 한계에서 비롯되었다고 보인다.

서양과 달리 동양, 특히 동아시아에서는 고유한 생명 문화가 생활 속에서 뿌리를 내리고 있었기 때문에 문제를 좀 더 잘 풀 수 있는 해법을 찾을 수 있다고 본다. 필자는 이것을 기-생태주의로 창안해서 생명 존중의 생태주의 접근으로 구체화했다. 기-생태주의는 인체를 생명 실체이자 생명의 장으로 보지만, 각 장기를 생명 실체로 간주하지 않는다. 마찬가지로 인간을 비롯한 개별 생명체를 생명 실체로 보지만, 자연을 생명 실체로 간주하지 않고 생명의 장으로만 인식한다. 자연적 존재는 각각의 생태학적 역할을 함으로써 고유한 기를 생산한다. 그리고 이것은 생명의 그물망인 생태계를 통해 자연으로 전해져서 모든 자연적 존재가 생명 에너지로 삼아 더불어 살아갈 수 있게 된다. 그런데 기-생태주의는 인간의 시각으로 자연의 생기와 사기를 분별하여 파악함으로써, 사기 조성을 차단하고 생기가 흐르도록 함으로써 인간 자신의 생명은 물론 인간의 생명이 의지하게 되는 생명의 장인 자연을 온전하게 보전하고자 한다.

기-생태주의는 오늘의 환경문제를 푸는 데 좋은 통찰을 제공해 준다. 그것은 물질 중심의 산업문명이 인간만을 위한 성장으로 치달으면서 자연의 생명부양 여력을 과도하게 초과하고 또 그 과정에서 현재의 동식물 존재와 인간에게 극도로 해로운 오염물질을 배출하는데, 이것을 자연의 생기 왜곡과 사기 방출에 따른 문제로 파악한다. 그리고 그 해법으로 인간의 문화 유지에 따른 사기 배출량(α)이 사기를 생기로 바꾸는 자연의 정화량(β)과 인간의 생태 친화적인 과학기술에 의한 사기의 생기 정화량(γ)보다 적어지도록 제어함으로써($\alpha \leq \beta + \gamma$) 지속 가능한 문화를 구축하고자 한다. 다만 한계는 동의학이 그런 것처럼 보이지 않는 것을 보이는 것으로 객관화하여 펼쳐야 할 중요한 과제를 갖는다고 할 수 있다. 어쨌든 기-생태주의는 생명을 죽이는 현 생활양식을 새롭게 바꾸는 것에서 출발하고자 한다. 그리고 그런 대안적 생활양식의 원형을 동아시아에서 찾을 수 있다고 본다. 물론 문화 공동체의 구성원 각자는 자유를 구가하는 가운데 서로 협력하여 선을 이룰 것이다. 이 과정에서 서양의 생태주의 사상은 건강한 사회제도 형성에 중요한 통찰을 제공해 줄 것이다. 따라서 동서양의 자연 친화적 생태주의 사상과 윤리가 합세하여 인간의 건전한 생명 문화를 조성하되, 그것이 생명의 원천으로 생태계와 자연을 보전하는 데까지 이를 수 있게 될 것이다.

제 18 장

지속 가능한 발전의 이념과 정책

1. 지속 가능한 발전 개념의 태동 배경

환경재난이 산업 선진국에서 한창 빈발하던 20세기 중반 무렵부터 환경문제에 대한 깊이 있는 인식이 싹트기 시작했다. 이런 흐름에 결정적 물꼬를 튼 것은 레이첼 카슨(Rachel Carson)의 저서 『침묵의 봄』이다. 1962년에 출간된 카슨의 저서는 현대 과학기술의 산물인 화학약품으로 인해 농산물 수확이 대폭 증가하는 변화가 초래되었지만 그런 화학약품의 독성이 생태계 먹이사슬 체계를 통해 자연과 인간에게 어두운 그림자를 드리우는, 그래서 봄이 왔지만 새조차 우짖지 않는 죽음의 세상이 올 수 있다는 경고 메시지를 담고 있다.

1960년대는 국제적으로 전쟁 반대와 평화를 외치는 분위기가 함께 조성되기도 했다. 미국의 월남전 참전이 이루어졌기 때문이다.

이런 시대적 상황에서 1968년 프랑스에서 뉴에이지(New Age) 운동이 촉발되었다. 늘 인류 사회를 짓눌렀던 계급문제 이외에도 반전 평화, 생태계 보전, 여성 해방 등 다양한 형태의 목소리가 증폭되면서 메아리친 것이다. 그리고 1970년 4월 미국 뉴욕 맨해튼을 비롯하여 전 세계 대도시 곳곳에서 수백만 명의 시민이 참여하여 위기에 처해 있는 지구를 구하자는 '지구의 날' 행사가 펼쳐졌다. 이런 국제사회의 분위기를 반영하여 1972년에 스웨덴 스톡홀름에서 첫 번째 UN 인간환경회의가 개최되었다.

국제사회의 행보는 더딘 반면, 환경 전문가의 우려의 목소리는 계속 이어졌고, 환경단체의 행보도 빨라졌다. 1970년 지구의 날 행사를 주도한 미국과 캐나다 출신의 일부 시민들은 함께 모여 1971년에 그린피스를 출범시켰다. 운동 전략으로 비폭력 시민불복종과 직접적 현장대응, 여론매체를 통한 적극적 홍보를 채택한 덕분에 주요 환경단체 가운데 가장 늦게 출발했지만, 곧바로 전 세계 시민의 열화와 같은 호응 속에 최대의 국제 NGO로 부상했다. 1972년에는 로마클럽(Rome Club)이 『성장의 한계』라는 보고서를 내놓아 현재와 같은 성장 일변도의 산업화 추세는 한계에 봉착할 것이라는 전망을 내놓았고, 같은 해 영국의 유명한 환경잡지 『이콜로지스트』는 「생존을 위한 청사진」이란 글을 통해 새로운 초록 빛깔의 미래상을 제시했다. 1973년에는 슈마허(E. F. Schumacher)가 『작은 것이 아름답다』라는 저술에서 목적은 풍부하지만 방법은 간단한 경제체제를 권유했고, 1976년에 코모너(B. Commoner)는 『권력의 빈곤』에서 미국 자본주의 경제체제를 근본적으로 검토하지 않으면 안 된다고 논의했으며, 1980년에 리프킨(J. Rifkin)은 『엔트로피』에서 쓸 수 있는 에너지가 쓸모없는 에너지로 바뀌는 과다한 자원 사용에 대해 깊은 우려를 표명했다.

이와 같이 환경단체와 전문가, 시민들의 압박이 가중되는 여건에서 UN은 1983년 총회에서 세계환경발전위원회(WCED)를 구성하기로 결정한다. 노르웨이의 수상으로서 여성 정치인인 브룬트란드(G. H. Brundtland)가 의장을 맡은 이 위원회는 4년에 걸친 연구조사를 거쳐 마침내 1987년에 『우리 공동의 미래』라는 보고서를 내놓게 된다. 이 보고서는 미래 사회의 화두가 되는 한 개념을 제시하고 있는데, 그것이 바로 지속 가능한 발전(sustainable development)이다.

지속 가능한 발전 개념의 창안 자체는 1980년으로 거슬러 올라간다. IUCN과 UNEP, 그리고 WWF의 세 국제단체가 세계보전전략의 일환으로 이것을 제시하였는데, 여기서는 생태적 지속 가능성과 자연자원의 보존에 주안점을 둔 것이었다. 그런데 이 개념은 1987년 브룬트란드 보고서에서 국제정치적 의미를 지닌 것으로 재단장하여 탄생하게 된다.

환경문제에 대한 근본적인 목소리가 1970년대에 표출되었다면, 1980년대 들어서서는 이런 목소리에 대한 평가가 냉정하게 이루어졌다. 다양한 형태의 평가적 주장이 제기되었지만, 기본적으로 두 가지 흐름으로 집약되었다. 첫 번째 흐름으로서 시민과 환경단체의 압박에 공감한 선진국이 전 지구적 차원의 환경보호에 모두 함께 참여하지 않고서는 더 이상 지구촌 사회가 지속될 수 없다는 '지속 가능성' 논제에 주목하기 시작했다. 두 번째 흐름으로서 후진국은 빈곤 상태에서 벗어나지 않고서는 인간다운 삶을 영위할 수 없다는 본격적인 '발전' 논제에 눈을 뜨기 시작했다.

물론 후진국의 발전 개념에는 아이러니가 도사리고 있었다. 제2차 세계대전 이후 식민지 국가의 독립이 이루어지는 가운데 UN은 후진국 지원 프로그램을 10년 단위로 가동하고 있었는데, 그 출발은 1960년대부터 후진국 산업화를 지원하는 형태로 이루어졌다. 그러나 당시에 창출된 극히 일부 부는 후진국 지배계층으로만 흘러들어갔다. 이에 1970년대 들어서서 기층 민중의 생산성을 높이는 '인간개발'이 강조되었다. 그러나 1973년 국제사회의 원유 가격 급등에 따른 석유파동이 발생하자, 후진국은 선진국으로부터 빌린 외채 상환 위기에 내몰렸다. 당연하게도 후진국의 산업은 외화벌이 위주로 재편되었고, 이 과정에서 전통농업은 붕괴되면서 민중은 더욱 극심한 식량난에 시달렸다. 그리고 후진국의 천연자원은 선진국 다국적기업에 의해 값싸게 팔려나갔다. 빈곤의 나락으로까지 몰린 후진국 기층 민중은 기초적 생계를 유지하기 위해 작은 몫의 생산물이라도 취득해야 했고, 그 결과 임계점에 처한 생태계의 생명부양 체계는 더욱 나빠지는 악순환에 놓이게 되었다. 그래서 1980년대는 UN과 후진국에게 '상실의 10년'으로 불리고 있다.[1)]

이런 배경에서 양자의 이해를 절묘하게 조율하여 탄생한 지속가능한 발전은 한편으로 선진국의 환경보호 내용을 담고 있고 또 다른 한편으로 후진국의 발전 요구에 부응하는 내용도 포함하고 있다. 외형적으로 이 개념이 국제사회에서 쉽게 수용될 수 있었던 데는 이해를 달리하지만 발전을 보는 시각의 일치 덕분도 있다. 다시 말해서 선진국이 환경보호에 나섰다고 하더라도 다국적기업으로 몸집을 불리던 선진국이 지속적 경제성장을 도모하리라는 것은 분명했다. 반면 후진국의 발전 요구에는 남북 간 부의 불평등 분배와 자원 수탈이 후진국을 어렵게 만들고 있기 때문에 지구적 차원의 정의의 회복과 더불어 후진국의 경제성장이라는 두 가지 요인이 병존하고 있는 셈이다.

---

1) 로지 브라이도티 외, 한국여성NGO위원회 여성과환경분과 옮김, 『여성과 환경 그리고 지속 가능한 개발』(나라사랑, 1995), 45-46쪽.

어찌되었든 지구상의 다양한 이해관계는 지속 가능한 발전이라는 단일한 깃발 아래 모일 수 있었다. 그래서 1992년 브라질 리우데자네이루에서 개최된 UN 환경개발회의(UNCED)는 선언문과 채택한 '의제 21(Agenda 21)'에서 지속 가능한 발전 개념을 핵심적 화두로 천명하게 된다. 그래서 '의제 21'에는 환경파괴를 우려하는 전통적 내용으로만 국한되어 있는 것이 아니라 정치 및 경제적 발전 화제도 다루고 있다. 총 50개의 장 가운데 절반은 환경적 화제를 다루고 있는 반면, 나머지 절반은 사회정의 및 경제성장이라는 생태적 화제와 무관한 내용으로 이루어져 있다. 그리고 리우회의는 생물 다양성 협약과 기후변화 협약을 함께 채택하였고, 이것은 지속 가능한 발전 과제와 더불어 2002년 남아프리카공화국 요하네스버그에서 열린 지속가능발전세계정상회의(WSSD)로 이어져서 오늘에 이르고 있다.

2. 지속 가능한 발전의 이념

지속 가능한 발전의 이념은 무엇인가? 그것은 정치적 타협의 산물인 까닭에 다양한 의미를 갖고 있다. 그것의 의미를 좀 더 구체적으로 파악하기 위해서는 브룬트란드 보고서가 내린 정의에서 출발할 필요가 있다:

> 지속 가능한 발전은 미래세대 인간의 필요 여력에 손상을 주지 않으면서 현세대 인간의 필요에 부응하는 것이다.

보고서는 이어서 다음의 두 가지 핵심 개념이 본 정의에 포함된다고 밝히고 있다. 첫째, 그것은 필요(needs)의 개념을 적극 제시하고 있는데, 특히 세계의 가난한 사람들의 본질적 필요가 우선적으로 충족되어야 한다는 것이다. 그런데 이런 필요는 정의(justice)의 실현과 직결되어 있다. WCED는 1986년 9월에 아프리카 나이로비에서 공청회를 개최했는데, 방청석에서 나온 다음 발언은 그것을 잘 말해 주고 있다.

> 만일 사막이 늘어가고, 숲이 사라지고, 영양실조에 걸린 사람들이 증가하며, 도시지역의 거주자들이 아주 불결한 상태에서 살아간다면, 그 원인은 자원 부족 때문이 아니라 지배자들이, 엘리트 집단이 집행한 정책이 잘못되었기 때문입니다.2)

오늘날 식량 생산은 전 세계 인구가 전부 먹고도 적지 않게 남을 정도로 과잉 생산이 이루어지고 있다. 그런데 지구촌 일각에서 빈곤과 기아에 놓여 있는 이유는 선진국이나 다국적기업, 엘리트 집단의 독점에 따른 분배적 부정의 때문이다. 빈곤의 나락에 떨어진 사람들은 생존을 위해 무슨 일이든 하지 않을 수 없는데, 그런 일 가운데 하나는 척박한 자연에 다시 기댈 수밖에 없다는 것이다. 그 결과 불가피하게 환경을 더욱 악화시키는 일에 동참하게 된다. 나이로비 공청회에 참여한 한 대학생의 말은 이것을 입증해 주고 있다.

> 개발도상국, 즉 대부분의 제3세계에서 우리가 해결해야 할 주된 문제는 많은 사람들이 고용기회를 갖지 못하는 데서 찾을 수 있습니다. 실업상태에 있는 대부분의 사람들이 농촌을 떠나 도시로 이주하며, 남아 있는 사람들은 언제나 뭔가를 가공하는 일에, 예를 들어 목탄을 굽는 일에 매달리게 됩니다. 이 모든 과정이 삼림파괴를 야

2) WCED, 조형준 · 홍성태 옮김, 『우리 공동의 미래』(새물결, 1994), 81쪽.

기합니다. 그러므로 환경 관련 조직들이 개입하여 이러한 파괴를 방지할 수 있는 방도를 찾아야만 합니다.[3)]

후진국 국민의 인간다운 삶의 질 유지를 위해 발전이 도모되어야 하지만 국내외적으로 공정한 절차에 따라 정의로운 분배가 이루어짐으로써 가난한 사람들의 본질적 필요가 충족되고, 그에 따라서 불가피하게 환경파괴의 굴레로 떨어지지 않도록 하는 세심한 주의가 필요하다.

다만 본질적 필요를 넘어서는 생활이 이루어지는 모든 곳에서는 그 소비가 지속 가능성을 존중할 때만 가능할 수 있다. 하지만 에너지 사용의 경우에서 보듯이 이미 많은 사람들이 세계의 환경적 자산의 한계를 넘어선 단계에서 살아가고 있다. 역시 WCED가 1986년 12월 모스크바에서 개최한 공청회에서 한 전문가의 다음 지적은 온당한 것이었다.

역사상 처음으로 사람들은 자신들이 상대적으로 가난하다는 생각을 갖게 되었으며, 그로부터 삶의 질을 향상시키고자 하는 욕망을 갖게 되었습니다. 물질적 삶의 질이 개선되어 이전보다 더 잘 먹고 잘 살게 되면서, 한때 사치품으로 여겼던 많은 것들을 필수품으로 간주하는 경향이 나타나고 있습니다. 그 결과 식료품, 원료 그리고 권력에 대한 수요가 인구증가보다 훨씬 빠른 속도로 증가하고 있습니다. 수요가 증가하면서, 필요한 생산물을 생산하기 위해 이 세계의 한정된 토지에는 점점 더 커다란 부담이 가해지고 있습니다.[4)]

이에 브룬트란드 보고서는 필요 개념과 더불어 또 다른 개념 하

3) 위의 책, 88쪽.
4) 위의 책, 86쪽.

나를 제시하고 있다. 둘째로 한계(limits)의 개념을 설정하고 있는데, 현 상태의 기술과 사회조직이 현재와 미래의 필요를 충족시키기에는 무리일 정도로 환경의 능력에 한계가 있기 때문에 자연에 대한 인간의 요구를 조절하여 완화하도록 해야 한다는 것이다. 정착 농경과 수로 전환, 광물자원 추출, 상업적 목적의 임업, 유해가스의 대기 방출, 오염물질의 하천 및 해양 생태계 방류 그리고 최근의 유전자 조작에 이르기까지 인간이 자연에 개입한 숱한 사례로 인해 지역적 차원에서는 물론 지구적 차원에서도 생명부양 체계에 큰 위협이 초래될 정도가 되었다. 자연은 생명체를 부양하는 데 일정한 한계를 갖고 있다. 그 한계를 넘어서게 되면 생태학적 재앙이 발생한다. 따라서 지속 가능한 발전은 인구 변동의 추세에 맞추어 생태계의 변화하는 생산능력과 조화를 이룰 때에만 추구될 수 있다고 본다.

지속 가능한 발전은 생태계의 한계를 염두에 두면서 발전을 도모하고자 한다. 물론 이때의 발전에는 성장에 따른 일자리와 혜택이 공정하게 분배되어야 함도 포함하고 있다. 이렇게 지속 가능한 발전은 그 개념의 탄생 과정에서 드러나듯이 후진국의 발전 요구를 수용한 것이고, 그것은 남북 간 부의 형평성이 구현됨으로써 후진국 시민도 인간다운 생활을 유지할 수 있을 때 지구환경 보호에도 동참할 수 있다는 것을 내용으로 하고 있다. 이것은 선진국과 후진국 사이의 국제적 분배 부정의를 시정함으로써 후진국도 성장에 따른 혜택을 공정하게 누릴 수 있도록 하자는 것이다. 따라서 지속 가능한 발전은 오늘을 살아가고 있는 세대 내 형평성(intragenerational equity) 개념을 포함하고 있지만, 미래세대까지 고려하고 있기 때문에 세대 간 형평성(intergenerational equity) 개념도 아우르고 있는 셈이다.

지속 가능한 발전은 경제성장과 자연보호 가운데 어느 하나를 선택해야 하는 곤혹스러운 대립적 국면에서 양자의 이해를 한 깃발 아래 통합한 구원의 화신이었다. 무엇보다도 성장은 후진국에게 발전의 기회를 제공함으로써 빈곤한 시민들의 삶의 질을 개선할 수 있도록 하기 때문에 좋은 것으로 받아들여졌고 또한 선진국에게도 자연보호의 명분을 가지면서도 물질적 풍요를 그대로 유지할 수 있는 기회를 제공했다.

그러나 지속 가능한 발전은 아름다움과 마찬가지로 사람들의 눈속에 있는 개념이다. 즉, 주관적으로 해석할 소지가 풍부하다. 각자가 자기에게 유리한 방식으로 해석하고 실행한다. 그래서 그것은 이윤을 추구하는 자본가를 비롯해서 경제성장을 기획하는 국가 관료, 선거 때 표를 의식하는 정치인, 노동자, 농민, 빈민, 사회운동가 그리고 환경운동가에 이르기까지 모두를 포괄하고 있다. 지속 가능한 발전이 모두를 만족시킬 수 있다는 것은, 이를 뒤집어볼 때 모두를 만족시키지 못할 수도 있음을 뜻한다. 지속 가능한 발전에는 이런 카멜레온의 특성이 있다.[5] 지속 가능한 발전에는 자본주의 경제와 지속적인 경제성장을 가능하게 하는 보수적 특성이 존재한다. 반면 어떤 목표는 매우 급진적이다. 빈곤의 제거와 지구적 차원의 형평성 추구, 군비지출의 감축, 그리고 무엇보다도 소비적 생활양식의 전환 등은 요란한 구호로 외칠 수는 있어도 실현이 결코 쉽지 않은 사안들이다. 이에 따라 국제회의에서 각 나라가 주안점을 두는 것도 각양각색이다. 예컨대 아프리카 나라들은 북에서 남으로 흐르는 부의 지구적 재분배 필요성을 강조하는 반면, 선진국의 다국적기업들은 파이를 키울 때만이 빈곤 퇴치가 가능하기 때문에 일

5) N. Carter, *The Politics of the Environment*(Cambridge: Cambridge University Press, 2001), p.199.

단 성장을 가속화해야 한다고 주장한다.

지속 가능한 발전은 다양한 취향을 한 깃발 아래 엮어놓았기 때문에 그 의미가 모호하다고 할 수 있다. 제도와 정책에 반영할 때 무엇을 채택하고 어떤 방향의 미래를 지향해야 하는지가 분명하지 않다. 이에 브룬트란드 보고서의 개념적 의미를 좀 더 분명하게 한정하는 시도가 이루어졌다. 먼저 경제학자 집단에 의해 시도되었다. 지속 가능성에 대한 경제학적 접근의 핵심은 자본 개념에 있다. 특히 자원 경제학은 자본을 인공 자본(man-made capital)과 자연 자본(natural capital)의 둘로 구분한다. 인공 자본에는 인간과 인간의 지식, 기술, 사회제도 등이 포함된다. 자연 자본은 물질인 자원뿐 아니라 유전적 정보, 생물 다양성과 생명부양 체계 등을 포함하여 자연적으로 나타나는 유기적 및 비유기적 자원 모두를 가리킨다.

경제학적으로 지속 가능한 발전은 세대를 계속 거치면서도 발전이 축소되지 않거나 지속적으로 이루어지는 것이다. 이것은 크게 두 가지로 대비되는데, 약한 것과 강한 것으로 분류된다. 한 국가 차원에서 볼 때 약한 지속 가능한 발전(weak sustainable development)은 국민총생산(GNP)에서 소비된 자본을 뺀 국내순생산(NNP)의 성장이 세대를 거치면서 지속되는 것을 가리킨다.6) 여기서 GNP는 재화와 용역의 총생산량이다. 한 나라 차원이든 전 세계적으로든 이익으로 산출된 재화와 용역의 총생산량에서 비용으로 쓴 자원을 뺀 나머지 순생산량이 세대에서 세대로 이어지더라도 줄지 않거나 늘면 지속 가능하게 된다. 어떤 미래세대도 최소한 같은 정도로 순생산량에 따른 사회적 혜택을 누리게 되기 때문이다. 이렇게 지속 가능성은 사회적 자본의 누적 총량이 유지되는 것으로 간

6) R. Ayres et al., "Strong versus Weak Sustainability: Economics, Natural Science, and Consilience", *Environmental Ethics* 23(2001), p.157.

주된다. 따라서 그것은 자연 자본을 포함하지만, 인공 자본과 자연 자본의 무한한 대체를 허용한다. 즉 자연 자본이 사용되어 사라진다 하더라도 인공 자본이 그만큼의 양을 채우는 한에는 발전이 지속된다고 여긴다. 인간의 필요가 계속 만족되는 한, 부를 창출하는 자본이 있으면 되는 것이지 그것이 자연적이든 인공적이든 관계하지 않는다.

반면 강한 지속 가능한 발전(strong sustainable development)은 세대를 거치면서 삶의 질과 기회가 감소되지 않는 것을 뜻한다. 이것은 삶의 질 유지에 핵심인 인공 자본과 기술의 잠재성, 자연 자원, 그리고 환경적 질의 누적 총량이 보존되지만, 일정한 영역에서는 서로 대체되지 않은 채 유지됨으로써 성취될 수 있다.7) 이에 강한 지속 가능성은 인공 자본과 자연 자본의 구분에 관심을 갖는다. 자연 자원의 경우 재식목이나 재활용과 같은 과정을 통해 충족되는 선에서 또는 공동체 질의 향상이나 불평등 감소와 같은 사회적 중대에 의해서만 그 사용을 허용하고, 중요하게 부상한 자연 자원(오존층과 원시림, 산호초 군락지 등)은 반드시 유지되어야 함을 요구한다. 그것도 다음에 언급할 지속 가능한 발전의 핵심 정책에 해당하는 사전 예방의 원칙을 폭넓게 적용하는 선에서 특정 자연 자본을 그대로 유지하고자 고수한다. 이것을 주장하는 기본 동기는 자연 자본이 경제성장과 소비, 복지의 영역에서 인공 자본에 의해 대체될 수 없는 본질적 요소라는 데 있다. 또 다른 동기로는 자연의 순결을 지키자는 윤리적 요구를 부분적으로 또는 최대한 수용하자는 데 있다. 이에서 더 나아가면 심층 생태주의와 생명 지역주의 진영에서조차 상당히 수긍하는 매우 강한(very strong) 지속 가능성

7) Ibid., pp.159-160.

의 단계로까지 들어가게 된다. 이것은 지구 생물권의 하위 체계인 모든 단위 생태계와 다양한 생물 종, 그리고 물리적 자산이 그대로 보전되어야 함을 요구한다. 그뿐만 아니라 기초 생태계 단위에 근거하는 지역의 자립성을 시늉으로 구현하는 것이 아니라 엄격하게 정치사회적으로 이룩하고, 경제적으로도 안정-상태 경제에 의해 운영되어야 한다고 본다. 이쯤 되면 강한 지속 가능성 단계는 경제적 차원을 넘어 사회정치 및 윤리적 지평에 이르게 되는 셈이 된다.

지속 가능한 발전의 경제학적 접근은 의미 규정을 조금은 분명히 함으로써 현실 속에서 정책적 실천을 가능하게 하는 장점이 있다. 이런 관점에서 보면, 현재 세계 각 나라는 모두 약한 지속 가능성의 단계에 놓여 있다. 다만 선진국은 좀 더 앞서 있다고 여겨진다. 향후 환경위기가 가시화될수록 강한 단계로 좀 더 가까이 다가갈 것으로 전망된다. 그러나 이런 경제학적 접근은 자연조차 자본으로 간주하는 것에서 출발하고 있기 때문에 태생적으로 인간 중심적인 한계에 봉착하게 된다. 어찌 수려한 자연에서 인간이 향유하게 될 미적 가치를 돈의 가치로 환산할 수 있겠는가? 더 나아가 장관을 이루며 펼쳐진 대자연에서 인간이 느낄지 모르는 영성적 감흥을 물질적 자본으로 환산하여 평가할 수 있겠는가? 다만 사태를 이렇게 근본적으로 조망한다고 해서 덥석 지속 가능성을 폐기할 필요는 없다. 그것은 요란하게 환경보호의 구호를 외치는 가운데서도 간과된 사회적 약자를 위한 삶의 질 개선과 사회정의를 포함하고 있고 그리고 현실 속에서 많은 사람들을 단일한 깃발 아래서 화해할 수 있는 여지를 제공하고 있기 때문이다. 따라서 브룬트란드 보고서의 지속 가능한 발전 의미를 경제학적으로만 제약하지 말고 더 지평을 넓혀서 정치사회적으로, 그리고 윤리적으로까지 확장할 필요가 있다.

3. 지속 가능한 발전의 정책

탄생 배경으로 살펴본 지속 가능한 발전에는 인류의 복지를 위한 발전과 사회정의, 그리고 자연보호의 가치가 함께 결합되어 있다. 그런데 이런 가치들은 자칫 상충되기 십상이다. 양적 규모를 키우는 성장은 언제든 부정의를 동반하고 자연보호를 외면하게 되기 때문이다. 이에 지속 가능한 발전의 정책원리를 분명하게 드러내지 않는다면, 선진국은 인간을 위한 발전과 자연보호의 가치에 초점을 맞출 것이고 후진국은 남북 사이의 부의 재분배라는 정의와 발전 화제에 주안점을 두게 될 것이다. 마침 카터(N. Carter)는 지속 가능한 발전과 관련된 다양한 입장들을 받쳐주는 것으로서 다음의 다섯 가지를 핵심적인 정책 원리로 꼽고 있는데,[8] 브룬트란드 보고서의 의미를 반영하고 있기 때문에 유용하다고 여겨진다.

첫째는 형평성(equity)의 원리이다. 1972년 스톡홀름의 UN 인간환경회의는 1960년대 말 이후의 생태주의 운동의 흐름을 부분적으로 집약하면서 자연에 대한 관심과 자연보호를 다른 어떤 것에도 우선하는 분위기를 풍기고 있다. 그러나 후진국 가난한 민중의 직접적인 기초적 필요(basic needs)보다 자연이 우선할 수 없다. 그런 경우 굶어 죽으라는 것과 다를 바가 없기 때문이다. 이런 사태로 일이 전개된 연유는 그들의 삶의 고단함을 헤아릴 수 없었던 엘리트 정책의 소산 때문이었다. 반면 브룬트란드 보고서는 후진국의 강력한 요청을 받아들여서 지속 가능한 발전이 핵심적인 두 개념을 담도록 했다. 그 하나가 본질적 필요에 대한 부응이다. "개발도상국 대다수 사람들의 본질적인 필요, 즉 식량, 의복, 거주지, 직업과

8) N. Carter, *The Politics of the Environment*, pp.203-211.

같은 필요는 제대로 충족되고 있지 않으며, 이들은 또 당연히 이러한 기초적 필요를 넘어서 삶의 질을 향상시키고자 하는 열망을 갖고" 있음을 승인하면서, 이를 위해 발전이 요청됨을 드러낸 것이다. 그런데 발전이 이루어지더라도 가난한 사람들의 본질적 필요가 충족되려면 가장 우선해서 사회정의가 구현되어야 한다. 그런 규범적 사회정의에 형식적으로 접근할 때 드러나는 것이 형평성이다. 따라서 지속 가능한 발전은 가난한 사람들을 포함하여 "모든 사람들의 기본적 필요를 충족시키고, 더 나은 삶을 향한 열망을 만족시킬 수 있는 기회를 모든 사람들에게 확대해야 한다."[9] 다만 이런 형평성 원리는 남북 간에만 적용되는 것은 아니다. 왜냐하면 선진국 내에도 빈곤층이 적지 않게 존재하기 때문이다. 이에 그것은 전 지구적 시민에게 적용되어야 한다.

둘째, 민주주의(democracy)의 원리이다. 환경과 관련된 정책을 펼칠 때 엘리트 집단은 자신들에게 유리한 지평을 조성한다. 자연을 이용하여 누리게 되는 혜택이 주로 지배계급에게 돌아가는 것이 그런 연유이다. 그뿐만 아니라 그 과정에서 발생하는 환경상의 부담 요인(공해산업과 유해 폐기물 처리장 등)은 사회적 약자에게 전가하는 경향이 강하다. 이때 부정적 영향을 받는 지역주민의 동의 없이 전개되기가 일쑤다. 따라서 민주주의도 대의제 형태로는 불충분하다. 권한 위임을 받은 국회의원이나 지방자치 단체장들 역시 대부분 지배계급으로 구성되기 때문이다. 이에 주민의 직접적이면서 자발적인 참여적 민주주의가 요청된다.

셋째, 사전예방의 원리(the precautionary principle)이다. 그 일단이 1992년 리우선언의 원칙 15에 명시되어 있다. "각 나라는 환경

9) WCED, 『우리 공동의 미래』, 76쪽.

을 보호하기 위하여 자신의 능력에 맞추어 사전예방의 조치를 널리 시행해야 할 것이다. 심각하거나 회복 불가능한 피해를 입을 우려가 있을 경우, 과학적 불확실성이 환경악화를 방지하기 위한 비용-효과적 조치를 지연시키는 구실로 이용되어서는 안 된다." 대표적 사례로 유전자조작 산물(GMOs)은 인간에게 해를 끼치고 생태계를 교란시킬 것으로 의심을 받고 있다. 과학이 안전함을 입증하지 못하는 한 실험실 바깥으로 확산되어 유통 및 소비되지 않도록 하는 것이 사전예방 조치의 일환일 수 있다. 이런 예방적 접근이 충실하게 이루어질 때 비로소 지속 가능할 수 있다. 이렇게 보면, 사전예방의 원리는 생태적 지속 가능성에 포섭되는 성격의 것이라고 할 수 있다.

넷째, 정책통합(policy integration)의 원리이다. 각 나라에서는 경제와 행정, 문화예술, 보건, 교육, 환경 등 고유한 역할을 하는 다양한 부서로 나누어 일을 추진하고 있다. 그러나 어떤 부서의 일도 환경과 무관한 것은 거의 없다고 해도 과언이 아니다. 경제부서가 오직 성장만을 도모한다거나 또는 행정부서가 정책에 영향을 받을 주민의 의견을 반영하지 않은 채 일을 추진한다거나, 문화관광부서가 자원을 과도하게 낭비하는 형태로 문화산업을 이끈다거나, 또는 보건복지부가 국민의 환경보건이나 사회적 약자의 건강 증진을 소홀히 하면서 사업을 전개하는 것이 가능한데, 이럴 경우 지속 가능한 발전은 공염불에 그칠 것이다. 따라서 배려나 예방의 차원에서든 또는 규제의 영역에서든 모든 부서가 지속 가능한 발전의 이념과 정책 목표에 맞추어 통합적 관리 속에서 구체적 사안을 계획하고 집행해야 할 것이다.

다섯째, 계획(planning)의 원리이다. 일부 시장주의자들은 자연보호와 이용 여부를 시장에 맡기자는 태도를 취하고 있다. 실제로 시장에 맡길 때 자원 사용이 효율적이어서 그만큼 오염 요인이 적어질 수 있고 자원 절약도 가능할 수 있다. 그러나 전적으로 시장기능에만 맡길 수는 없다. 왜냐하면 자유주의 시장은 사회적 약자에게 냉정해서 그들의 인간다운 최소한의 삶도 보장하지 않고 또한 자연 자체도 돈이 된다면 언제든 희생시킬 수 있기 때문이다. 이런 경우 시장제도에만 맡기는 것은 오히려 지속 가능한 발전의 기본 취지에 반하게 됨을 뜻한다. 그래서 지속 가능한 발전은 계획되어야 한다. 물론 이것이 전적으로 국가 계획경제로 가자는 것을 의미하지 않는다. 효율성이 요구된다거나 또는 기업과 시민의 자발적 참여를 이끄는 사전예방의 영역과 같은 분야는 시장제도를 통해 달성하도록 하고 그것과 달리 환경상의 규제가 불가피하게 요청된다거나 단계별 목표에 따른 접근이 요구되는 분야는 계획에 의해 추진되어야 한다. 결국 시장제도에 맡기는 분야 자체도 계획 속에 있어야 함을 뜻한다. 다만 계획이 정부의 일방적 추진을 뜻하는 것으로 간주되어서는 안 된다. 오히려 중앙정부는 지방자치단체와 기업, 그리고 시민단체 등 다양한 이해와 관심을 갖고 있는 집단과 숙의하여 계획을 세우고, 결정하며, 집행해야 함을 요구한다. 그래서 계획에는 최소한 거버넌스(governance) 체계의 구축을 함축한다.

4. 생태적 근대화

지속 가능한 발전을 이행하기에는 많은 장애가 도사리고 있다. 특히 선진국과 후진국의 입장 차이가 확연하다는 것이 주된 걸림돌이다. 이에 선진국 일각에서는 지속 가능한 발전과 연결되지만 다소 다른 생태적 근대화(ecological modernisation)를 도모하고 있다. 근대화는 반이성적이었던 봉건제 사회의 잔재를 청산하기 위해 계몽주의의 기치 아래 등장한 시대적 흐름이었다. 마찬가지로 생태계 문제를 이성적으로 풀자는 일환으로 생태적 근대화가 등장한 것이다. 생태적 근대화의 정치적 메시지는 현존하는 정치와 사회, 경제 제도를 개선함으로써 자본주의를 더욱 환경 친화적으로 만들자는 것이다.

생태적 근대화는 국가가 기업에게 환경보호에 적극 동참하는 것이 이익이 될 수 있다는 지평을 조성하는 데 달려 있다. 즉 다양한 생태적 기준을 물질적 생산 과정에 반영하도록 하는 것이다. 과거에는 온갖 환경법을 통해 굴뚝과 공장 폐수구에서 오염물질이 배출되지 못하도록 하는 사후관리 해법(end-of-pipe solutions) 위주였다. 이런 배출구 위주의 규제 정책은 기업의 참여를 소극적으로 만든다. 이제 정책을 바꾸어서 기업이 자발적으로 참여하도록 조성하고자 한다. 그 일환으로 정부는 환경오염이 발생하는 곳에 세금을 징수하고 그렇지 않은 곳에 세제 혜택을 주는 강력한 환경세(eco-taxes)를 도입하는 형태로 세제 개편을 단행해야 한다.10)

공급의 측면에서 보면, 기업은 원천적으로 자원을 덜 사용하는 공정을 개발해서 자원 사용의 합리화와 상품생산 공정의 효율화를 도모하게 된다. 결국 자원을 획기적으로 덜 사용하여 그만큼 자연을 보호하게 된다. 또한 적게 사용하는 만큼 적게 발생하는 오염에 대해서도 추가로 과학기술 개발에 따른 오염정화를 결합시킬 때 기업은 세금도 적게 냄으로써 순이익은 늘게 되니 자발적 참여가 가능해진다. 재생 가능한 자원 사용의 경우에는 사용하는 것에 비례해서 자원의 재순환에 투자하거나 또는 재활용하는 것에 대해서도 같은 이점이 적용되도록 한다. 이렇게 되면 생태적으로 건전하지

---

10) N. Carter, *The Politics of the Environment*, p.212.

못한 전통적인 굴뚝산업과 같은 거대 생산체계는 점차 쇠락하게 된다. 수요의 측면에서 보면, 오염저감 설비나 재생 가능한 에너지 설비와 같은 초록기술의 개발이 늘어날 것이다. 초록 소비주의의 확산은 재활용 자원을 사용하거나, 포장을 간소화하거나, 또는 유해물질을 덜 함유하도록 하는 것과 같이 제품의 생산과 유통, 소비과정에서 환경파괴를 최소화하는 제품에 대한 수요를 자극하여, 기업이 이에 부응하도록 할 것이다.

이와 같은 사회의 제도적 전환은 다음 몇 가지 핵심적 착상에 기인한다. 첫째, 과학과 기술이 비록 부분적으로 환경문제 발생에 관련이 되어 있다고 해도 여전히 문제 해결에 관건인 것으로 부각된다. 둘째, 생산자와 금융기관, 소비자가 각각 자기 고유의 역할을 수행하는 가운데 시장이 환경적 실천을 위해 핵심적 역할을 하는 것으로 수용된다. 특별히 중요한 것은 과거 오염요인을 굴뚝과 폐수구를 통해 외부에 전가하던 행태에서 벗어나 비용을 들여서라도 내부에서 해결하는 방식으로 처리가 된다. 이를 위해 정부는 환경세와 오염자 부담 원칙을 적용하는 당근과 채찍의 방책을 사용하고, 기업은 환경회계와 같은 기법을 사용하여 환경적 요인을 적극 반영한다. 셋째, 정부는 과거 규제 위주의 집중화된 역할에서 벗어나 산업계와 과학자, 환경단체와 긴밀히 연계된 협력적 역할을 하는 탈집중화된 형태로 전환한다.

생태적 근대화는 현재의 자본주의 시장제도 틀 안에서 환경문제를 적극 끌어안는 시도이다. 그것은 무엇보다도 기업이 선호하는 경제적 이익이라는 개념에 호소함으로써 기업이 자발적으로 참여하는 전환된 체계를 구축하자는 것이다. 그런 만큼 실효성이 있기 때문에, 서유럽 환경 선진국들이 이를 실행하는 과정에 있다. 다만 생태적 근대화는 근본적으로 다음의 두 가지 문제를 갖고 있다고 보인다. 첫째, 생산 과정에 주안점을 둘 뿐 소비에 대한 관심을 두지 않음으로써 자본주의의 소비적 생활양식이 초래할 생태계 붕괴를 막기 어렵다. 둘째, 기업의 이익에 호소하는 전략을 채택함으로써 자본에 의한 사회 부정의 심화를 방치하게 된다. 따라서 다소 버겁더라도 생태적 근대화의 틀에서 지속 가능한 발전의 실질적 단계로 이행해야 한다.

5. 평가와 전망

현재의 자본주의 시장제도 안에서 정부와 기업이 손을 잡고 더 쉽게, 그러면서 어느 정도 자발적으로 환경문제 해결에 임하는 제도가 생태적 근대화이다. 이에 당장의 실천적 지침을 정부와 기업에게 구체적으로 제시할 수 있는 생태적 근대화 실현은 필요하다. 그러나 그것으로 충분하지는 않다. 그것은 단기적이면서 최소 수준의 접근일 수는 있어도 장기적이며 근본적일 수 없다. 왜냐하면 생태적 근대화의 틀에서 이루어지는 생산과 소비는 결국 성장의 한계에 봉착할 것이고 또한 지속 가능한 발전 개념이 담고 있는 지구촌 정의 실현에는 관심을 갖고 있지 않기 때문이다. 그래서 불가피하게 지속 가능한 발전으로 넘어가지 않을 수 없다. 지속 가능한 발전은 그 탄생 배경에서 드러나듯이 세 가지 내용, 즉 발전을 통한 인간의 복지 구현과 정의 실현, 그리고 자연의 가치를 보호하는 것을 핵심으로 하고 있다.[11] 실제로 이 세 가지 화두를 서로 어우러지게 현실화하는 것은 절실하게 요청된다. 그래서 지속 가능한 발전은 중요한 의미를 갖는다고 평가할 수 있다.

---

11) A. Holland, "Sustainability", D. Jamieson(ed.), *A Companion to Environmental Philosophy*(Malden, MA: Blackwell, 2001), p.393.

그러나 지속 가능한 발전에도 한계가 분명히 있다. 첫째, 그것이 미래세대 환경윤리 접근을 취하고 있기 때문에 그다지 속 좁은 것은 아니라고 할 수 있지만, 도처에 인간 중심주의가 도사리고 있다는 것이 문제이다. 브룬트란드 보고서는 "미래세대의 필요 여력에 손상을 주지 않으면서 이루어지는 현세대 인간의 필요 부응"으로 그 의미 규정을 하고 있는데, 이것이 탄생 배경의 기본 취지를 잘 반영한 것이라고 보이지 않는다. 무엇보다도 "현세대가 누리는 것과 같은 정도로 다음 세대도 자본의 혜택을 누릴 수 있도록 하는 것이 지속 가능한 발전"이라는 경제학의 접근은 상당히 빗나간 것으로 여겨진다. 기본적으로 인공 자본과 자연 자본에 대한 분류 자체가 그 본질적 한계를 잉태하고 있는 셈이다. 자연 자본이라는 것은 순수한 자연의 혜택이 아니라 자연을 파괴하여 얻는 것일 수 있다. 백보 양보해서 인간이 만든 것이야 자본으로 환산할 수 있다고 해도 자연 자체를 자본으로 간주하는 태도는 환경위기를 초래한 뿌리로서 바로 그 강한 인간 중심주의 세계관의 자세일 뿐이다.

둘째, 지속 가능한 발전은 매우 민감하다고 여겨지는 선진국의 소비적 생활양식에 대해 침묵을 지키고 있다는 점에서 문제가 된다. 특히 약한 지속 가능성 속에서 이루어지는 산업 자본주의의 지속적 경제성장이 한계에 봉착할 수 있음을 명료하게 인식하고 있지 못하다고 보인다. 그래서 워스터(D. Worster)는 지속 가능한 발전의 이상이 세속적인 물질적 성장주의를 무비판적으로 수용하고 있기 때문에 신뢰할 수 없다고 밝히고 있다.[12)]

셋째, 지속 가능한 발전이 그 내부에 소중한 몇 가지 핵심 개념을 잉태하고 있지만, 그것의 조화와 조율에 실패할 경우 자칫 공허

12) D. Worster, "The Shaky Ground of Sustainability", G. Sessions(ed.), *Deep Ecology for the 21st Century*(Boston: Shambhala, 1995), p.425.

한 이상의 천명으로 그칠 공산이 크다는 점이다. 발전을 통한 인간 복지의 구현은 자연을 희생시킬 공산이 크고, 자본에 의거한 지속적 소비의 유지와 확장은 자본의 속성에 따른 불평등 심화를 초래할 가능성이 높다는 데 있다.

지속 가능한 발전이 몇 가지 중대한 한계에 봉착해 있다고 하더라도, 모처럼 전체 인류를 한 깃발 아래 모이게 한 것은 큰 장점이라고 할 수 있다. 기본적으로 지속 가능성이라는 화두 아래 미래세대를 고려하면서 자연보호에 주력할 수 있게 되었고 그리고 발전이라는 이름 아래 후진국 민중을 비롯한 사회적 약자의 인간다운 최소한의 삶을 보장하고자 하는 시도는 바람직한 것임이 분명하다. 특히 강한 지속 가능성의 개념으로 이행하면 현재와 같은 자본주의 경제의 틀을 넘어설 수 있는 지평이 열리기 시작하고, 더 나아가 매우 강한 지속 가능성의 단계로 접어들면 새로운 문명의 단계로도 이행할 수 있는 여지가 놓여 있다는 것은 다행이다. 따라서 물질적 소박함과 영성적 풍요를 중시하는 동아시아 전통과 진보적 생태주의 이념이 지속 가능한 사회로 이끌기에 따라서는 인류에게 희망이 없지 않다고 할 수 있다.

참고문헌

김지하, 『생명』, 솔, 1996.
김태길, 『윤리학』, 박영사, 1979.
박기갑 외, 『환경오염의 법적 구제와 개선책』, 소화, 1996.
류승국, 『동양철학 연구』, 근역서재, 1983.
이두호 · 박석순, 『지구촌 환경재난』, 따님, 1994.
이광조, 『채식이야기』, 연합뉴스, 2003.
주광렬, 『과학과 환경』, 서울대학교 출판부, 1986.
조석필, 『태백산맥은 없다』, 사람과산, 1997.
진순석, 『환경 공해의 법률 지식』, 청림출판, 1993.
최동현, 『판소리 이야기』, 인동, 1999.
최창조, 『한국의 풍수사상』, 민음사, 1984.
평양의학출판사 편, 『알기 쉬운 침구학』, 김영진(감수), 열린책들, 1991.
푸른우포사람들 외, 『원시 숨결이 가득한 곳 우포늪』, 자료집, 2000.
한면희, 「환경철학의 세계관과 윤리」, 『철학연구』 제35집, 1994.
_____, 「자연환경에 대한 도덕적 고려」, 『철학』 제46집, 1996 봄.
_____, 『환경윤리』, 철학과현실사, 1997.
_____, 「가이아 가설과 환경윤리」, 『철학』 제59집, 1999 여름.
_____, 「생명 존중의 동아시아 환경윤리」, 『대동문화연구』 제37집, 성대

대동문화연구원, 2000.
____, 「환경정책철학의 원리와 필요성」, 『우리 시대 환경의 과제』, 한면회 외, 도서출판 환경정의, 2001.
____, 「자연 친화적 사회의 환경정의와 생태윤리」, 최병두 외, 『녹색전망』, 도요새, 2002.
____, 「세계화 시대의 환경정의」, 『인문과학』 제32집, 성대 인문과학연구소, 2002.
____, 「한반도 녹색공동체의 이념」, 『환경철학』 창간호, 2002.
____, 「산업 자본주의 및 사회주의 자연 이념의 특성과 한계」, 『환경철학』 제2집, 2003.
____, 「남성 생태주의자가 본 페미니즘 사상」, 『철학과 현상학 연구』 제23집, 2004 가을.
____, 『초록문명론』, 동녘, 2004.
____, 「환경윤리의 눈으로 조망한 환경운동」, 『환경철학』 제4집, 2005.
____, 「환경운동사로 본 환경정의」, 『철학과 현상학 연구』 제28집, 2006 봄.
한면희 · 이종훈, 『현대사회와 윤리』, 철학과현실사, 1999.
한면회 외, 「환경정의와 NGO 운동」, 『교보교육문화논총』 제3집, 2000.
환경연합동물복지모임, 『서울대공원 동물원 보고서: 슬픈 동물원』, 자료집, 2001.
황경식, 『개방사회의 사회윤리』, 철학과현실사, 1995.

다카쿠스 준지로, 『불교철학의 정수』, 정승석 옮김, 대원정사, 1989.
도날드 휴즈, 『고대 문명의 환경사』, 표정훈 옮김, 사이언스북스, 1998.
데이비드 애튼보로, 『식물의 사생활』, 과학세대 옮김, 까치, 1995.
데자르뎅, 『환경윤리』, 김명식 옮김, 자작나무, 1999.
로즈마리 퍼트남 통, 『페미니즘 사상』, 이소영 옮김, 한신문화사, 2000.
로지 브라이도티 외, 『여성과 환경 그리고 지속 가능한 개발』, 한국여성NGO위원회 여성과환경분과 옮김, 나라사랑, 1995.
레스터 브라운, 『에코 이코노미』, 한국생태경제연구회 옮김, 도요새,

2003.
마루야마 도시아끼, 『기란 무엇인가』, 박희준 옮김, 정신세계사, 1989.
마르크스, 『칼 맑스 · 프리드리히 엥겔스 저작 선집』 1권, 최인호 외 옮김, 박종철출판사, 1991.
마리아 미스 · 반다나 시바, 『에코페미니즘』, 손덕수 · 이난아 옮김, 창작과비평사, 2000.
맥클로스키, 『환경윤리와 환경정책』, 황경식 외 옮김, 법영사, 1995.
머레이 북친, 『사회 생태론의 철학』, 문순홍 옮김, 솔, 1997.
_____, 『사회 생태주의란 무엇인가』, 박홍규 옮김, 민음사, 1998.
베일리, 『에코스캠』, 이상돈 옮김, 이진출판사, 1999.
브라이언 매기, 『위대한 철학자들』, 수선철학회 옮김, 동녘, 1994.
숀 쉬한, 『우리 시대의 아나키즘』, 조준상 옮김, 필맥, 2003.
슈마허, 『작은 것이 아름답다』, 원종익 옮김, 원음사, 1992.
아이린 다이아몬드 외 편저, 『다시 꾸며보는 세상』, 정현경 외 옮김, 이대출판부, 1996.
알도 레오폴드, 『모래 군의 열두 달』, 송명규 옮김, 따님, 2003.
앨리슨 재거, 『여성 해방론과 인간 본성』, 공미혜 외 옮김, 이론과실천, 1992.
유진 오덤, 『생태학』, 이도원 외 옮김, 민음사, 1995.
장 프레포지에, 『아나키즘의 역사』, 이소희 외 옮김, 이룸, 2003.
제임스 러브록, 『가이아: 생명체로서의 지구』, 홍욱희 옮김, 범양사, 1990.
_____, 『가이아의 시대: 살아 있는 우리 지구의 전기』, 홍욱희 옮김, 범양사, 1992.
존 롤즈, 『사회정의론』, 황경식 옮김, 서광사, 1985.
토다 키요시, 『환경정의를 위하여』, 김원식 옮김, 창작과비평사, 1996.
폴 테일러, 『윤리학의 기본 원리』, 김영진 옮김, 서광사, 1985.
풍우란, 『중국철학사』, 정인재 옮김, 형설출판사, 1989.
프리초프 카프라, 『현대 물리학과 동양사상』, 김용정 외 옮김, 범양사, 1994.
피터 싱어, 『동물해방』, 김성한 옮김, 인간사랑, 1999.

하야시 하지매, 『동양의학은 서양과학을 뒤엎을 것인가』, 한국철학사상연구소 기철학분과 및 동의과학연구소 옮김, 보광재, 1996.
WCED, 『우리 공동의 미래』, 조형준 외 옮김, 새물결, 1994.

『論語』.
『老子』.
『三國史記』.
『筍子』.
『呂氏春秋』.
『莊子』.
『雜阿含經』.
『肇論』.

Ayres, R., "Strong versus Weak Sustainability: Economics, Natural Science, and Consilience", *Environmental Ethics* 23, 2001.
Barbour, I. G., *Technology, Environment, and Human Values*, Westport, CT: Praeger, 1980.
Beauchamp, T. L., *Philosophical Ethics*, New York: McGraw-Hill, 1982.
Blackstone, W. T.(ed.), *Philosophy & Environmental Crisis*, Athens: University of George Press, 1974.
Bookchin, M.(revised ed.), *The Ecology of Freedom*, New York: Black Rose Books, 1991.
_____, *Defending the Earth*, Boston: South End Press, 1991.
_____, *The Philosophy of Social Ecology*(2nd ed.), New York: Black Rose Books, 1995.
_____, "What is Social Ecology", M. E. Zimmerman et al.(eds.), *Environmental Philosophy*, Englewood Cliffs, N.J.: Prentice Hall, 1993.
Boulding, K. E., "The Economics of the Coming Spaceship Earth", H. E. Daly et al.(eds.), *Valuing the Earth: Economics, Ecology, Ethics*,

Cambridge: The MIT Press, 1993.

_____, "Spaceship Earth Revisited", H. E. Daly et al.(eds.), *Valuing the Earth: Economics, Ecology, Ethics*, Cambridge: The MIT Press, 1993.

Bryant, B., "Introduction", B. Bryant(ed.), *Environmental Justice: Issues, Polices, and Solutions*, Washington, D.C.: Island Press, 1995.

Bullard, R., "Environmental Racism and the Environmental Justice Movement", C. Merchant(ed.), *Ecology: Key Concepts in Critical Theory*, Atlantic Highlands, N.J.: Humanities Press, 1994.

Callicott, J. B., "Non-Anthropocentric Value Theory and Environmental Ethics", *American Philosophical Quarterly* 21, 1984.

_____, "Intrinsic Value, Quantum Theory, and Environmental Ethics", *Environmental Ethics* 7, 1985.

_____, *In Defense of the Land Ethic: Essays in Philosophy*, Albany: State University of New York Press, 1989.

Capra, F., *The Tao of Physics*(3rd ed.), Boston: Shambhala Publications, 1991.

Carter, N., *The Politics of the Environment*, Cambridge: Cambridge University Press, 2001.

Cheng, Chung-ying, "On the Environmental Ethics of the Tao and the Ch'i", *Environmental Ethics* 8, 1986.

Clark, J., "Marx's Inorganic Body", *Environmental Ethics* 11, 1989.

Commoner, B., *The Closing Circle*, New York: Bantam, 1971.

Costanza, R., "Goals, Agenda, and Policy Recommendations for Ecological Economics", R. Costanza(ed.), *Ecological Economics*, New York: Columbia University Press, 1991.

Daly, H. E., "Sustainable Growth: An Impossible Theorem", H. E. Daly et al.(eds.), *Valuing the Earth: Economy, Ecology, Ethics*, Cambridge, Mass.: The MIT Press, 1993.

Dasmann, R., "Future Primitives: Ecosystem People versus Biosphere People", *CoEvolution Quarterly* 11, 1976.

Desjardins, J. R., *Environmental Ethics: An Introduction to Environmental Philosophy*, Belmont, CA: Wadsworth Publishing Co., 1993.

Devall, B. & G. Sessions, *Deep Ecology*, Salt Lake City: Peregrine Smith Books, 1985.

Dobson, A., *Justice and the Environment*, Oxford: Oxford University Press, 1998.

Engels, F., *The Origin of the Family, Private Property and the State*, New York: International Publishers, 1972.

Feinberg, J., "The Rights of Animals and Unborn Generations", W. T. Blackstone(ed.), *Philosophy & Environmental Crisis*, 1974.

Ferre, F & Peter Hartel(eds.), *Ethics and Environmental Policy*, Athens, Georgia: Georgia University Press, 1994.

Folse, H. J., Jr., "The Environment and the Epistemological Lesson of Complementarity", *Environmental Ethics* 15, 1993.

Fox, W., *Toward a Transpersonal Ecology*, Boston: Shambhala Publications, 1990.

Frankena, W. K., "Value and Valuation", *The Encyclopedia of Philosophy* V. 8, New York: Macmillan & Free Press, 1967.

Gaard, G.(ed.), *Ecofeminism: Women, Animals, Nature*, Philadelphia: Temple University Press, 1993.

Gewirth, A., "Human Rights and Future Generations", M. Boylan(ed.), *Environmental Ethics*, Upper Saddle River, N.J.: Prentice Hall, 2001.

Goodpaster, K. E., "On Being Morally Considerable", *Journal of Philosophy* 75, 1978.

Graham, O. L., Jr.(ed.), *Environmental Politics and Policy, 1960s-1990s*, University Park, Penn.: The University State University Press, 2000.

Griscom, J. L., "On Healing the Nature/History Split in Feminist Thought", *Heresies #13: Feminism and Ecology* 4, 1981.

Hardin, G., "The Tragedy of the Commons", H. E. Daly et al.(eds.), *Valuing the Earth: Economics, Ecology, Ethics*, Cambridge: The MIT

Press, 1993.

Hartley, T. W., "Environmental Justice: An Environmental Civil Rights Value Acceptable to All World Views", *Environmental Ethics* 17, 1995.

Heisenberg, W., *Physics and Philosophy*, New York: Harper Torchbooks, 1958.

Holland, A., "Sustainability", D. Jamieson(ed.), *A Companion to Environmental Philosophy*, Malden, MA: Blackwell, 2001.

James, W., *Varieties and Existence*, New York: Longmans, Green, 1925.

Kheel, M., "From Heroic to Holistic Ethics", G. Gard(ed.), *Ecofeminism*, Philadelphia: Temple University Press, 1993.

King, Y., "Toward an Ecological Feminism and A Feminist Ecology", P. C. List(ed.), *Radical Environmentalism: Philosophy and Tactics*, Belmont, CA: Wadsworth Publishing Co., 1993.

Kuhn, T., *The Structure of Scientific Revolutions*(2nd ed.), Chicago: University of Chicago Press, 1970.

Leopold, A., *A Sand County Almanac: And Sketches Here and There*, New York: Oxford University Press, 1949.

List, P. C.(ed.), *Radical Environmentalism: Philosophy and Tactics*, Belmont, CA: Wadsworth Publishing Co., 1993.

Machan, T., "Pollution and Political Theory", T. Regan(ed.), *Earthbound*, Prospect Heights, Ill.: Waveland Press, 1984.

Martell, L., *Ecology and Society*, Cambridge: Polity Press, 1994.

Marx, K., *Grundrisse: Foundations of the Critique of Political Economy*, New York: Vintage Books, 1973.

_____, *Critique of the Gotha Program*, R. C. Tucker(ed.), *The Marx-Engels Reader*, New York: W. W. Norton & Co., 1978.

McLaughlin, A., *Regarding Nature*, Albany: State University of New York Press, 1993.

Melosi, M. V., "Environmental Justice, Political Agenda Setting, and the Myths of History", O. L. Graham, Jr.(ed.), *Environmental Politics and Policy, 1960s-1990s*, University Park, Penn.: The University State University Press, 2000.

Merchant, C., *The Death of Nature: Women, Ecology, and the Scientific Revolution*, New York: Harper and Row Publishers, Inc., 1983.

_____(ed.), *Ecology: Key Concepts in Critical Theory*, Atlantic Highlands, N.J.: Humanities Press, 1994.

Miller, G. T., Jr., *Living in the Environment*, Belmont, CA: Wadsworth Publishing Co., 1985.

Morowitz, H., "Biology as a Cosmological Science", *Main Currents in Modern Thought* 28, 1972.

Naess, A., "The Shallow and the Deep, Long-Range Ecology Movement: A Summary", *Inquiry* 16, 1973.

_____, David Rothenberg(tr. & rev.), *Ecology, Community and Lifestyle*, Cambridge: Cambridge University Press, 1989.

Nash, R. F., *The Rights of Nature: A History of Environmental Ethics*, Madison: The University of Wisconsin Press, 1989.

Newton, D. E., *Environmental Justice*, Santa Barbara, CA: ABC CLIO, 1996.

Norton, B. G., "Environmental Ethics and Weak Anthropocentrism", *Environmental Ethics* 6, 1984.

Nozick, R., *Anarchy, State, and Utopia*, New York: Basic Books, 1974.

Partridge, E., "Future Generations", D. Jamieson(ed.), *A Companion to Environmental Philosophy*, Malden, MA: Blackwell, 2001.

Passmore, J., *Man's Responsibility for Nature*, New York: Scribner's, 1974.

Perry, R. B., *General Theory of Value*, Cambridge: Harvard University Press, 1954.

Plumwood, V., "Feminism and Ecofeminism: Beyond the Dualistic

Assumptions of Women, Men and Nature", *The Ecologist* 22, 1992.

Pojman, L. P., *Ethical Theory*, Belmont, CA: Wadsworth Publishing Co., 1995.

_____, *Global Environmental Ethics*, Mountain View, CA: Mayfield Publishing Co., 2000.

Prall, D. W., *A Study in the Theory of Value*, Berkeley: University of California Press, 1921.

Rawls, J., *A Theory of Justice*, Cambridge: Harvard University Press, 1971.

Regan, T., *The Case for Animal Rights*, London: Routledge, 1983.

_____, "Animal Rights, Human Wrongs", M. E. Zimmerman et al. (eds.), *Environmental Philosophy*, Englewood Cliffs, N.J.: Prentice Hall, 1993.

Reuther, R. R., *New Women/New Earth*, New York: The Seabury Press, 1975.

Ritter, A., *Anarchism*, London: Cambridge University Press, 1980.

Rolston, H., III, *Environmental Ethics: Duties to and Values in The Natural World*, Philadelphia: Temple University Press, 1988.

Rosen, B., *Strategies of Ethics*, Boston: Houghton Mifflin Co., 1978.

Rootes, C.(ed.), *Environmental Movements: Local, National and Global*, London: FRANK CASS, 1999.

RSPCA, *Policies on Animal Welfare*, West Sussex: RSPCA, 1999.

Sagan, D. & L. Margulis, "The Gaian Perspective of Ecology", *The Ecologist* 13, 1983.

Sagoff, M., "Ethics and Economics in Environmental Law", T. Regan (ed.), *Earthbound*, Prospect Heights, Ill.: Waveland Press, 1984.

_____, "Animal Liberation, Environmental Ethics: Bad Marriage, Quick Divorce", M. E. Zimmerman et al.(eds.), *Environmental Philosophy*, Englewood Cliffs, N.J.: Prentice Hall, 1993.

Sale, K., *The Green Revolution*, New York: Hill and Wang, 1993.

Scarce, R., *Eco-Warriors*, Chicago: The Noble Press, 1990.

Schweitzer, A., A. G. Lemke(tr.), *Out of My Life and Thought*, New York: Holt, 1990.

Sellars, R. W., *Preserving Nature in the National Parks*, New Haven: Yale University Press, 1997.

Sessions, G.(ed.), *Deep Ecology for the 21st Century*, Boston: Shambhala, 1995.

Shepard, Paul, "Ecology and Man: A Viewpoint", P. Shepard and D. McKinley(eds.), *The Subversive Science*, Boston: Houghton Mifflin, 1969.

Shrader-Frechette, K., *Environmental Justice*, New York: Oxford University Press, 2002.

Stone, C. D., *Should Trees Have Standing? Toward Legal Rights for Natural Objects*, Los Altos, CA: William Kauffman, 1974.

Talbot, C., "Environmental Justice", *Encyclopedia of Applied Ethics*, Vol. 2, San Diego, CA: Academic Press, 1998.

Taylor, P. W., *Respect for Nature: A Theory of Environmental Ethics*, Princeton, N.J.: Princeton University Press, 1986.

Urban, W. M., "Value and Existences", *Journal of Philosophy, Psychology and Scientific Methods* 13, 1916.

Warnock, G. J., *The Object of Morality*, New York: Methuen, 1971.

Warren, K. J., "Feminism and Ecology: Making Connections", *Environmental Ethics* 9, 1987.

_____, "The Power and the Promise of Ecological Feminism", *Environmental Ethics* 12, 1990.

Wenz, P. S., *Environmental Justice*, Albany, N.Y.: State University of New York Press, 1988.

Weston, A., "Forms of Gaian Ethics", *Environmental Ethics* 9, 1987.

White, L., Jr., "The Historical Roots of Our Ecological Crisis", *Science* 155, 1967.

Worster, D., *Nature's Economy: The Roots of Ecology*, Garden City, N.Y.: Anchor Books, 1979.

_____, “The Shaky Ground of Sustainability”, G. Sessions(ed.), *Deep Ecology for the 21st Century*, Boston: Shambhala, 1995.

Zimmerman, M. E., “General Introduction”, M. E. Zimmerman et al. (eds.), *Environmental Philosophy*, Englewood Cliffs, N.J.: Prentice Hall, 1993.

한 면 희(韓勉熙)

호는 가언(駕言). 1956년 충남 청양 태생으로 성균관대학교 중문학과(서양철학 부전공)를 졸업하고, 같은 대학원 철학과에서 「환경윤리와 자연의 가치」로 박사학위를 취득하였다. 서강대학교 연구교수를 거쳐, 녹색대학교 녹색문화학과 교수로 재직 중이다. 주요 논문으로 「생명 존중의 동아시아 환경윤리」, 「가이아 가설과 환경윤리」, 「남성 생태주의자가 본 페미니즘 사상」, 「환경운동사로 본 환경정의」 등이 있고, 저서로 『환경윤리』(1997), 『현대사회와 윤리』(1999), 『초록문명론』(2004) 등이 있다.

미래세대와 생태윤리

■

2007년 1월 10일 1판 1쇄 인쇄
2007년 1월 15일 1판 1쇄 발행

지은이 / 한 면 희
발행인 / 전 춘 호
발행처 / 철학과현실사
서울시 서초구 양재동 338-10
전화 579-5908 · 5909
등록 / 1987.12.15.제1-583호

ISBN 89-7775-613-8 03190
값 15,000원